绿色饭店建筑全过程管理技术导则

The Technical Guide for the Whole-process Management of Green Hotel Buildings

住房和城乡建设部科技与产业化发展中心
中国饭店协会　编著

中国建筑工业出版社

图书在版编目（CIP）数据

绿色饭店建筑全过程管理技术导则 ＝ The Technical Guide for the Whole-process Management of Green Hotel Buildings / 住房和城乡建设部科技与产业化发展中心，中国饭店协会编著. — 北京：中国建筑工业出版社，2022.10

ISBN 978-7-112-27777-3

Ⅰ. ①绿⋯ Ⅱ. ①住⋯ ②中⋯ Ⅲ. ①饭店-生态建筑-建筑设计 Ⅳ. ①TU247.4

中国版本图书馆 CIP 数据核字（2022）第 158371 号

本书由 14 部分组成，包括总则、策划阶段、规划与场地、建筑设计、建筑结构与建材、暖通空调专业、电气专业、给水排水专业、室内环境质量、施工管理、运营管理阶段、碳排放计算、绿色饭店项目案例等。

本书可供绿色饭店或绿色建筑的业主方、设计方、施工方、运营方等相关人员参考。

责任编辑：齐庆梅　毕凤鸣
文字编辑：胡欣蕊
责任校对：赵　菲

绿色饭店建筑全过程管理技术导则
The Technical Guide for the Whole-process Management of Green Hotel Buildings
住房和城乡建设部科技与产业化发展中心　编著
中国饭店协会
*
中国建筑工业出版社出版、发行（北京海淀三里河路9号）
各地新华书店、建筑书店经销
北京鸿文瀚海文化传媒有限公司制版
北京市密东印刷有限公司印刷
*
开本：787毫米×1092毫米　1/16　印张：19¼　插页：1　字数：479千字
2023年4月第一版　　2023年4月第一次印刷
定价：**88.00**元
ISBN 978-7-112-27777-3
（39794）

编委会名单

主　编：刘新锋

副主编：梁　浩、酒　淼、韩　明

编　委：（不分先后，按章节顺序排列）

陈新华　丁志刚　张乐然　宋　凌　李宏军

郭　昊　Dr. Ommid Saberi　Autif Mohammed Sayyed

胡炳熙　孟世荣　李　建　王大承　郝佳俐

张　波　柳　澎　杜　松　王昌兴　李晓锋

陈　娜　庄　钧　赵　锂　钱江锋　曾　捷

杨建荣　张　颖　范宏武　徐俊芳　赵陵川

韩继红　赵　平　廖　琳　谭　华　陶　舰

张志康　吴本佳　路小北　王英俊　吴景山

肖阳明　孙多斌　刘　军　李　翔　林　喆

陈交顺　廖鸣镝　高　鹏　潘小科　吴中华

潘　嵩　张　川　宫　玮　龚维科　杨润芳

张瑞刚　刘金忠　庞宇馨　韩　迪　权　悦

李　科　王海山　全先国

参编单位：

中国建筑设计研究院有限公司

中国建筑科学研究院有限公司

中国建筑材料科学研究院

清华大学

北京市建筑设计院有限公司

上海市建筑科学研究院有限公司

清华同衡规划规划设计研究院有限公司

IDM 酒店研究院

禾建咨询（北京）有限公司

富豪酒店投资管理（上海）公司

万达酒店管理集团

北京京师大厦酒店管理集团

绿地酒店管理集团

北京京伦酒店管理集团

北京瑰丽酒店集团

仲量联行

北京兆泰集团股份有限公司

北京旭曜建筑科技有限公司

北京中建协认证中心有限公司

上海开艺设计集团

序　一

应对气候变化、实现可持续发展是当前和今后一个较长时期各国面临的重要挑战，《巴黎协定》的正式实施加快了全球经济社会发展绿色转型。改革开放后，我国在经济发展中高度重视资源的节约利用，多次提出要实现经济发展方式由粗放向集约的转变。党的十八大以来，针对日益突出的资源环境承载力约束，我国大力采取多项措施，统筹各方力量推进绿色可持续发展，并将"绿色"作为新发展理念之一积极主动加以贯彻，成效显著。

饭店业作为重要的社会服务行业，是现代经济体系不可或缺的重要组成部分，但饭店建筑资源消耗强度通常较高。为此，近年来"绿色饭店"日益成为国际饭店业发展的潮流趋势。建立绿色规范化管理制度、倡导绿色低碳生活方式，对于提升饭店运营效益、推动饭店业绿色可持续发展具有重要意义，也是扩大内需、促进消费、优化供给、转变发展方式的重要抓手。

多年来，我国根据经济社会发展需要，持续更新、完善绿色饭店行业标准，有力提升了绿色饭店标准化发展水平。2002 年，原国家经贸委发布实施现行行业推荐标准《绿色饭店等级评定规定》SB/T 10356；2007 年，商务部等六部委联合发布实施现行国家推荐标准《绿色饭店》GB/T 21084；2015 年，国务院 85 号文明确将绿色饭店作为生活服务业消费升级的重要新业态加以培育；2021 年，现行国家推荐标准《绿色餐饮经营与管理》GB/T 40042 发布，以绿色饭店为引领的"2030 饭店业碳达峰碳中和行动"正式启动，将成为未来 10 年饭店行业实现效率提升、效益增长的新动力。

当前，绿色饭店在我国日益深入人心，产业发展保持良好态势。据中国饭店协会对全国 2000 多家绿色饭店的统计数据显示，与非绿色饭店相比，绿色饭店帮助企业平均节电 15%，平均节水 10%，让企业平均收入增长 12%～20%。新冠肺炎疫情期间，绿色饭店在用于临时隔离和复工复产中也发挥了重要作用。

《绿色饭店建筑全过程管理技术导则》旨在引导饭店建筑从绿色策划、规划、设计、施工、采购、运营和改造等多个环节入手，实现绿色饭店建筑全过程的绿色低碳和可持续发展。本书受众范围广、可操作性和可读性强，将引导业主方、设计方、施工方与运营管理方明确职责分工，加强沟通协作，实现绿色饭店全过程可持续发展。

衷心希望本书的出版能够为促进我国饭店业绿色转型发展贡献力量！

商务部原副部长
全国饮食服务标准化技术委员会主任
2022 年 10 月

序　二

　　这本技术导则，以绿色饭店建筑全生命周期为对象，对项目策划、规划选址、建筑设计、施工建造、物业管理、室内环境质量以及材料和设备选择等阶段，应当遵循的技术原则提出了明确要求，确定了量化指标，尤其是首次对饭店建筑碳排放关键指标、计算方法和统计管理做了深入系统的研究，得出了有价值有意义的结论，具有理论知识与工程实践相结合的鲜明特点。

　　推动绿色建筑发展，加强绿色建筑全过程管理，使建筑领域为实现碳达峰碳中和目标承担起应尽责任，满足人民群众美好期盼，是我们义不容辞的使命。

　　经济发展社会进步至今，饭店已经不再单单是满足人类果腹的场所了，人民群众期望饭店有良好的室内外环境，有适宜的就餐氛围，舒适的入住体验，整个过程应当是物质与精神结合的惬意过程。需求提高了，使得饭店的功能扩展了，业态升级了，饭店建筑成了集多项功能于一体，满足多项需求于一身的建筑，正是在这样的趋势引导下，绿色饭店建筑应运而生，因需而兴。

　　为了推动各行业更好地依靠科技进步促进经济转型发展，特别是确定了如期实现"双碳"目标的任务，党中央国务院出台了《关于完整准确全面贯彻新发展理念做好碳达峰碳中和工作的意见》，意见要求持续提高新建建筑节能标准，加强绿色低碳技术研发。住房城乡建设部、国家发改委等七部委联合印发了《绿色建筑创建行动方案的通知》，有关部委也出台了相关文件，明确了政策性和技术性的具体要求，为绿色建筑健康发展创造了难得的机遇。

　　住房城乡建设部科技与产业化中心与中国饭店协会，联合组织几十位专家学者编写的这本技术导则，是促进饭店行业落实国家绿色建筑发展的创新性举措，其创新性体现为建筑业与饭店业的有机结合，体现为两个行业的技术要求统一在了饭店建筑之中，体现在了饭店建筑全生命周期不同阶段应当遵循的贯穿全过程的绿色低碳内核。

　　希望技术导则切实发挥作用，指导绿色饭店的建设实践，促进提高饭店品质，满足广大人民群众的期盼，也希望导则的主编单位和专家学者及时总结实践经验，调整完善导则内容，保持其创新性、先进性和实用性，推动绿色建筑向深度和广度发展。

陈宜明

住房和城乡建设部原总工程师

中国房地产协会副会长兼秘书长

2022 年 10 月

前　言

　　近年来，为应对全球气候变化，国家积极推进节能减排工作，提升能源利用效率，生态环境质量明显改善，绿色发展迈出坚实步伐。我国经济已由高速增长阶段转向高质量发展阶段。但同时看到，我国能源资源利用效率与世界先进水平相比仍有差距，污染物排放总量依然较高，节能降碳潜力巨大。下一阶段将着力推动产业结构、生产方式、生活方式，加快发展方式绿色低碳转型，促进高质量发展。

　　饭店建筑作为我国建筑领域的重要组成部分，对节能减排、实现建筑领域碳达峰、碳中和路径具有重要意义。随着人民生活水平与生活品质的不断提升，选择旅游与度假酒店的人数逐年增长，饭店行业呈迅猛发展态势。然而，传统饭店的建设与运营管理在发展模式和发展瓶颈等方面存在诸多问题，主要表现在如下几个方面：一是饭店建筑的设计与运营需求不匹配，上下游产业链缺少密切沟通，导致设计产品不能满足运营需求；二是设计和施工阶段存在大量变更，导致建造阶段成本激增；三是饭店项目全过程参与主体较多，缺少统筹管理，导致设计、施工及设备产品说明等资料未能有效交付至运营管理阶段，后续运营及维修改造的可查资料不足；四是饭店建筑属高耗能建筑类型，在运营过程中以消耗大量能源和消费品为客人创造舒适的住宿、餐饮、商务、会议、休闲等服务，导致运行成本巨大；五是随着消费体验升级和需求多样化，饭店行业竞争越发激烈，以降低利润换取市场份额。因此，饭店行业亟需加强全过程管理，转变发展方式，探索高质量发展和可持续发展之路。

　　绿色饭店即"Green Hotel"或"Ecology-Efficient Hotel"，在规划、建设和经营过程中，坚持以节约资源、保护环境、安全健康为理念，以科学的设计和有效的管理、技术措施为手段，以资源效率最大化、环境影响最小化为目标，为消费者提供安全、健康服务的饭店，实现环境效益和经济效益的双赢。绿色饭店优势明显，包括：一是在建筑设计过程中融入绿色技术及产品设备，提升建筑综合性能；二是施工采购过程中注重绿色施工和绿色建材采购，确保施工过程减少环境污染，提供健康安全的建筑品质保障；三是运营管理阶段加强管理操作培训和能耗监测管理，提升绿色化运行水平和建筑运行能效，同时加强资源循环再利用，实现综合节约项目运营成本目标；四是提供绿色服务和高质量室内环境品质，为消费者/宾客提供健康、环保、舒适，绿色客房服务，引导消费者的绿色健康生活理念。综上，绿色饭店通过绿色设计、绿色施工采购、绿色运营，实现绿色饭店建筑全寿命周期的节约资源、保护环境和绿色可持续发展，在日趋激励的市场竞争环境下，提升经济效益的同时，实现社会效益和环境效益。

　　我国绿色饭店相关的标准规范已逐步建立，但随着行业发展需求仍待进一步完善。现阶段，我国绿色饭店的相关标准规范与操作指南仅停留在对部分环节的规范指引，尚未实现绿色饭店行业全过程规范引导。例如：2006年，国家旅游局为保护环境、实施和改进环境管理，首次发布《绿色旅游饭店》LB/T 007标准，并于2015年发布了《绿色旅游饭店评定标准》LB/T 007，绿色旅游饭店分为金叶级和银叶级两个等级。2007 年，为引导绿色宾馆、饭店发展绿色经营、提供绿色服务和营造绿色消费，由商务部等几部委联合提出的现行国家推荐标准《绿色饭店》GB/T 21048，从节约资源、保护环境和提供安全、健康的产品和服务等方面，将绿色饭店分为五个等级，用银杏叶标识，从一叶到五叶，五叶级为最高级。2016 年，为规范和引导绿色建筑评价，体现饭店建筑类型的特色与差异性，住房和城乡建设部发布现行国家推荐标准《绿色饭店建筑评价标准》GB/T 51165，将绿色建筑等级分为一星级到三星级，三星级为最高等级。此外，现行国家推荐标准《绿色建筑评价标准》GB/T 50278 中增加基本级。综上，目前国内现有的标准规范仅关注于饭店行业的某个阶段，未从全过程的角度考虑如何建设与运营绿色饭店。

本书探索性地提出绿色饭店建筑全过程管理，适用于绿色饭店行业上下游全产业链人员。本书通过转变建设方式、管理方式和生活方式，从绿色饭店策划、设计、施工、运营管理等不同阶段，引导饭店行业构建业主方、设计方、施工方和运营管理方等不同饭店行业参与主体，引导绿色设计、绿色施工采购和绿色运营与改造，打通上中下游全产业链，明确绿色低碳目标，实现绿色饭店全过程的绿色低碳和可持续发展。本书的受众面广，可操作性强，条文涵盖从设计至运营的基本内容、标准规范和具体实施路径；本书的可读性强，部分导则条文配有案例说明，可加强读者对条文的理解应用；绿色低碳目标融入全过程，此举具有创新性和前瞻性，从架构内容到条文设置，体现了对未来 5～10 年绿色饭店行业发展方向引导，具有行业引领作用。

本导则从编写至出版历时近五年，编写组怀着对推动饭店行业绿色低碳与高质量发展的情怀与热忱，从课题科研、指标构建、标准规范、项目调研、试点示范等逐步深入，书籍编写过程倾注了大量心血与精力，望能为绿色饭店的可持续发展贡献力量。本书各章节编组包括：策划、规划与建筑设计章节的主要编写者有：郝佳俐、张波、柳澎、杜松；建筑结构建材章节的编写者有：韩继红、王昌兴、廖琳；暖通空调专业章节的编写者有：李晓锋、陈娜；电气章节的编写者有：庄钧、陈娜、徐俊芳；给排水章节的编写者有：赵锂、钱江峰、曾捷；室内环境质量章节的编写者有：杨建荣、张颖、谭华；施工管理章节的编写者有：范宏武；运营管理章节及案例章节的编写者有：李建、王大承、陶舰、张志康、吴本佳、路小北、王英俊、吴景山、肖阳明、孙多斌、刘军、李翔、林喆、陈交顺、廖鸣镝、高鹏、潘小科、吴中华等行业专家学者。本书内容中如有疏漏和不妥之处，还请各位读书批评指正。随着我国绿色饭店行业的技术发展水平不断提升，标准不断完善，本书内容也将继续更新完善。

最后，衷心感谢住房和城乡建设部标准定额司、商务部服务贸易和商贸服务业司、世界银行国际金融公司等对本书的大力支持。加快发展方式绿色转型、共同奋斗创造美好生活，满足人民对美好生活的需要，期待本书的正式出版引导我国饭店行业的绿色低碳与高质量发展！

目　　录

1

总则

1. 本书编写目的

鉴于多数绿色饭店建筑项目是从建筑策划与设计到施工管理和运营阶段缺乏有效衔接和过程沟通，本书旨在引导绿色饭店建筑项目将前期明确的绿色目标，贯彻实施到设计、施工管理与运营各个阶段实现绿色饭店建筑项目全过程管理的统一、建立高效工作机制，减少过程阶段变更，提高全过程建造效率和运营效率，以提升绿色饭店建筑项目全过程的社会效益、环境效益和经济效益。

2. 本书适用范围

本书用于目标为建成绿色建筑的新建饭店项目，既有饭店绿色改造项目以及正在运营的绿色饭店项目。现行国家推荐标准《绿色饭店建筑评价标准》GB/T 51165 中指出"饭店建筑"的定义是：以提供临时住宿为主，并附带饮食、商务、会议、休闲等配套服务功能的公共建筑，也常称为旅馆建筑、饭店建筑、宾馆建筑、度假村建筑等。饭店建筑类型按经营特点可分为商务型饭店建筑、会议型饭店建筑、度假型饭店建筑、公寓型饭店建筑、单纯住宿型（快捷性）饭店建筑等。

3. 本书面向对象

本书用于指导饭店建筑上中下游全产业链的从业人员，包括：饭店业主（开发建设方）、饭店项目策划、建筑设计人员、施工管理人员、采购服务人员、运营管理和服务人员等。本着可落地、可操作、便捷易行的原则，为绿色饭店建筑从业人员从设计到运营阶段提供技术建议和有益指导。

4. 本书主要内容

本书涵盖绿色饭店建筑项目全过程和各专业，包括：策划阶段、场地规划阶段、建筑设计阶段（含建筑结构与建材专业、暖通空调专业、电气专业、给水排水专业、室内环境质量）、施工管理阶段、运营管理阶段，以及饭店建筑碳排放（表 1-1）。

5. 本书条文要求

本书条文分为【基本项】和【推荐项】，其中【基本项】是指符合绿色饭店建筑基本要求的条文，【推荐项】是指在国家绿色饭店建筑相关标准要求之上予以提升的指标要求。条文包含设立背景、设立依据和实施途径，用于引导项目不同阶段、不同角色人员，以达到绿色饭店目标要求。

2

策划阶段

阶段	涉及主体		一般规定	前期调研	定位目标	绿建策略	绿评策划	技术经济分析
策划阶段	业主方		●	●	●	●	●	●
	设计方	建筑师	●	●	●	●	●	●
		结构工程师	○	○	○	●	●	○
		给水排水工程师	○	○	○	●	●	○
		暖通工程师	○	○	○	●	●	○
		电气工程师	○	○	○	●	●	○
		经济分析师	○	○	○	●	●	●
	运营方		●	●	●	●	●	●
●表示相关人员需重点关注内容；○表示相关人员需了解内容								

绿色饭店建筑策划阶段条文见表2-1。

绿色饭店建筑策划阶段条文 表 2-1

子项	条文编号	条文分类	条文内容	勾选项
2.1 一般规定	2.1.1	基本项	同时进行饭店建筑项目策划和绿色饭店建筑策划	□
	2.1.2	基本项	策划团队协同工作	□
2.2 前期调研	2.2.1	基本项	进行市场调研	□
	2.2.2	基本项	进行场地调研	□
	2.2.3	基本项	进行社会环境调研	□
2.3 项目定位与 目标分析	2.3.1	基本项	分析明确饭店项目自身特点和要求	□
	2.3.2	基本项	分析确定饭店建筑的相关绿色标准等级或要求	□
	2.3.3	基本项	确定适宜的绿色实施目标	□
2.4 绿色饭店策略	2.4.1	基本项	可持续的一体化、系统化原则	□
	2.4.2	基本项	与运营管理紧密联系的原则	□
	2.4.3	推荐项	以人为本的原则	□
	2.4.4	推荐项	因地制宜的性能化原则	□
	2.4.5	推荐项	被动性技术优先的原则	□
	2.4.6	推荐项	经济、适用的原则	□

子项	条文编号	条文分类	条文内容	勾选项
2.4 绿色饭店策略	2.4.7	推荐项	问题导向的原则	☐
	2.4.8	推荐项	计算机模拟与BIM技术应用	☐
	2.4.9	基本项	与设计阶段的高效衔接	☐
	2.4.10	基本项	施工过程中的各项环境保护措施	☐
	2.4.11	基本项	施工过程中的各项资源节约与利用措施	☐
	2.4.12	推荐项	绿色施工组织、实施与过程控制	☐
	2.4.13	推荐项	制定并组织实施施工人员健康保障、安全管理、技术培训计划	☐
	2.4.14	基本项	与设计、施工的高效衔接	☐
	2.4.15	基本项	建立完善的绿色运营管理制度	☐
	2.4.16	推荐项	通过相应的质量管理体系认证及行业认证	☐
2.5 绿色设计预评价	2.5.1	推荐项	系统完善的专项工作组织	☐
	2.5.2	推荐项	绿色设计预评价内容	☐
	2.5.3	推荐项	策划报告	☐
2.6 技术经济 可行性分析	2.6.1	基本项	基于绿色饭店建筑目标的技术可行性分析	☐
	2.6.2	基本项	经济效益、环境效益与社会效益分析	☐
	2.6.3	基本项	风险评估分析	☐

1. 章节设立背景

为保障各项目标、措施得以被科学决策、有效落实，绿色饭店建筑应在规划、设计之前进行建筑策划研究。建筑策划的理论与实践在国际建筑学领域上已有半个多世纪的发展，国内也已形成普遍认同的理论体系，并得到越来越广泛的实践应用，发挥着日益重要的作用。

建筑策划是根据项目建设、总体规划的目标设定，以实态调查为基础，结合实际运营使用要求及相关规范、标准研究，运用系统化科技手段，对研究目标进行客观的分析，对设计、建造、运营的方法、手段、过程和关键点进行探求，得出相应的定性、定量结果，开展实现既定目标所应遵循的方法和程序的研究工作。

建筑策划是对建筑设计、建造、运行的目标及达成目标所需的方法进行调查、研究和结论生成的过程。建筑策划向上以"项目计划书"与总体规划相联系，向下以"建筑策划报告书（设计任务书）"与建筑设计相联系。

绿色饭店建筑策划不应被简单地视为"建筑策划＋绿色专项"的模式，而更应该强调整体的系统性和融合性。从内容和形式上看，绿色可作为一个专项而自成体系，具有一定的独立性，同时更重要的是，绿色应成为一个内在属性体现在建筑策划的各个方面，成为建筑策划的一种理念和思考方法。一体化是绿色饭店建筑策划的原则和基本特征。

2. 实施内容与步骤

（1）外部条件调查

主要围绕建筑的社会、经济、人文、技术、地理、地域、气候条件，总体规划、城市设计及相关管理要求等展开。

（2）内部条件调查

主要围绕建筑使用方法及其使用方式、建设方要求以及运营方的管理和功能性条件、要求等展开。

（3）目标设定

基于地域条件、市场环境的功能定位、规模、标准，以及施工建造、运营管理、社会经济效益等方面的预测和设想。

（4）空间布局策划

对建筑总平面布局、环境、空间、功能流线、经营效率以及建筑外在的形式、风格等问题的研究。

（5）技术策划

对建筑、结构、机电等相关各专业专项技术系统、技术性能与标准、产品与材料，以及建造工艺、施工组织管理与技术、气候应用等问题的研究。

（6）经济策划

对投资估算与经济效益预测及分析等。

（7）报告拟定

对全部策划工作进行系统的文件化、逻辑化、资料化、规范化的总结与表达。

2.1 一般规定

2.1.1 【基本项】在饭店建筑项目策划阶段，应同时进行绿色饭店建筑策划。策划的目标为明确绿色建筑的项目定位、绿色建筑指标、对应的技术措施、成本与效益分析，并编制绿色饭店建筑策划书。

饭店策划定位的同时进行绿色建筑的策划，就是要明确绿色建筑的目标定位，将绿色理念、方法、措施等贯彻在建设和运营的全过程，实现建筑全寿命周期的资源节约和环境保护，避免产生过程中无目标、无措施、无控制的"伪绿"项目。

实施途径

策划的基本流程：前期调研——依绿色建筑定位确定总体目标——绿色建筑分项目标——绿色方案——绿色方案可行性研究——编制绿色建设与运营策划书。

2.1.2 【基本项】绿色饭店建筑策划宜由建设方组建绿色建筑策划团队协同工作，成员应包括建设方、设计方、咨询方、施工方、运营方等人员。

设立背景

项目绿色策划目标的制定和实施需要建筑全寿命周期各阶段各方人士的共同参与，包括开发商、饭店业主、建筑师、工程师、饭店管理公司、专业咨询顾问、承包商等。通过多方、多学科融合的工作模式，制定出科学的、可实施的绿色目标，并确保目标的完整实现。

2.2 前期调研

2.2.1 【基本项】进行市场调研，应包括饭店建设项目的市场需求、功能要求、使用模式、技术条件等。

通过对既有饭店项目调研、大数据分析以及区域发展趋势的研究，可以了解市场对饭店建设包括规模、类型、功能、服务等的需求。

此项工作可由建设方、运营方作为实施主体、责任主体；设计方可作为参与者，提供专业意见和建议。

2.2.2 【基本项】进行场地调研，应包括地理位置、场地气候条件、场地生态环境、地形地貌、场地周边道路交通和市政基础设施以及建筑规划设计条件等。

中国地域辽阔，纵横跨越五个气候分区，因此不同地理位置，有可能所采用的绿色策略和措施不同；同时对场地生态环境、地形地貌、场地周边道路交通和市政基础设施以及建筑规划设计条件进行充分调研，可最大限度地使其得到保护、利用和响应。

实施途径

此项工作可由建筑师主导，建设方接洽政府主管部门，获取相应的市政、建筑规划设计条件等。调研了解区域规划（包括生态规划）、城市设计和规划设计条件等相关资讯和要求，结合场地环境资源，分析梳理出需保护、可利用和要规避的因素或条件。

2.2.3 【基本项】进行社会环境调研，应包括区域资源、人文环境和生活质量、区域经济水平与发展空间、周边公众意见与建议、当地绿色建筑激励政策等。

通过挖掘区域资源，了解当地人文、经济环境，有助于项目更为适应当地社会环境、具有地域特点的建设目标，同时了解当地的绿色建筑激励政策，遵循政府绿色导向，可获得良好的社会效益、环境效益和经济效益。

实施途径

此项工作建设方可作为实施主体、责任主体；设计方可参与调研，提供专业意见和建议。

2.3 项目定位与目标分析

2.3.1 【基本项】分析明确饭店项目自身特点和要求。

分析梳理出包括饭店自然环境、社会环境、饭店类型、服务人群、技术条件等特点和要求，才能有针对性地制定目标。

实施途径

根据前期调研成果，确定饭店项目的建设特色。饭店场所所处地理环境、自然环境、社会环境不同，采取的策略也有所不同。如：城市型高密度饭店和自然风景区低密度饭店，两者区域不同，饭店的类型不同，侧重点也不同。城市型高密度饭店，由于用地紧张、规划布局紧凑、建设强度大、容积率高，更多地会利用基础埋深开发地下空间，同时处于城市中心，饭店多为商务型或游客服务型，城市中心的公共交通资源，可极大方便相关人员的绿色出行。自然风景区低密度饭店处于自然风景区，更多地从保护自然环境出发，减小开发建设强度，容积率低，但有丰富的生态环境资源，绿地率高，这种饭店多为度假型。

2.3.2 【基本项】分析确定饭店建筑的相关绿色标准等级或要求。

饭店等级以及绿色建筑等级的不同，所采用的绿色策略、技术手段以及经济投入等各不相同。确定其相关绿色标准等级，也就确定了绿色实施目标。

实施途径

确定参与国内绿色建筑评价标准等级，需满足现行国家推荐标准《绿色建筑评价标准》GB/T 50378 以及当地绿色建筑标准要求，可参考现行国家推荐标准《绿色饭店建筑评价标准》GB/T 51165、《绿色饭店》GB/T 21084 等相关要求。参与国际绿色建筑评价体系（如 EDGE，LEED，BREEAM，CASBEE，DGNB，WELL 等），需满足相关标准要求。

2.3.3 【基本项】确定适宜的绿色实施目标。

实施途径

包括自然环境利用（如地理、气候与水文等）、节地与室外环境目标、节能与能源利用目标、节水与水资源利用目标、节材与材料资源利用目标、室内环境质量目标、运营管理目标。在明确绿色建筑建设的总体目标后，可进一步确定符合项目特征的节能率、节水率、可再生能源利用率、绿地率及室内外环境质量等分项目标，为下一步的技术方案的确定提供基础。

2.4 绿色饭店策略

不同的饭店建筑类型（商务、度假、经济型饭店等），不同的责任主体（建设、设计、施工、运营等），在建筑全寿命期的各个不同阶段，都面临着不同的服务对象、有各自不同的问题，不同的条件和需求、承担不同的服务责任和成果要求，因而绿色饭店策略在各自系统内也会有着不同的内容和体现，这些相对独立又紧密联系的系统共同构成了绿色饭店策略体系。绿色饭店策略是整体性系统思维的产物，强调各系统自身的优异表现，更将整体最优作为重要目标。

绿色饭店除了体现在物质性的硬件条件（如建筑功能、技术性能、服务水平等）上，还将体现在饭店建筑所展现出来的文化属性上。对于入住顾客来讲，选择一家饭店，在很大程度上反映着一定的身份认同和文化认同，是对生活方式的共同认知。

I 建筑设计策略

2.4.1 【基本项】绿色低碳、可持续发展的一体化、系统化原则。

强调建筑自身与外部社会、自然生态环境的协调统一，促进社会的可持续发展。

强调绿色建筑全寿命期的全过程一体化，关注设计、施工、运营、更新拆除各阶段发展，同时也关注各阶段之间的高效衔接，建立贯穿全程的工作管理流程与行动路线。

绿色建筑全专业技术系统一体化，强调各专业技术理念与技术应用的协调统一，坚持整体性能最优的一体化原则，避免贴标签式的绿色建筑。

2.4.2 【基本项】与运营管理紧密联系的原则。

建筑策划应紧密联系运营管理的实际需求，策划、设计、建造、运营各环节应形成良性的互动和循环。通过运营和管理的需求调研和运营管理评价，促进建设项目在策划、设计、建造等各个阶段的水平提升。

建筑的功能、使用是策划、设计所面临的首要问题，也是绿色饭店的先决条件，这些问题都和运营息息相关。运营代表建筑使用者（顾客）和市场成为需求与问题的提出者，也是问题是否得以解决的重要评判者。更早、更系统、更精准地掌握运营要求，合理地分析、解决运营管理问题是技术进步的动力所在，是各项技术措施得以落地、性能标准得以实现、资源得以有效利用的保障。

建筑使用后评估成为建筑行业的一个热点与重点话题。使用后评估是"在建筑建造和使用一段时间后，对建筑进行系统的严格评价过程，主要关注建筑使用者的需求、建筑的设计成败和建成后建筑的性能，这些均为将来的建筑设计、运营、维护和管理提供坚实的依据和基础"（美国建筑科学研究会《整体建筑设计导则》）。运营管理是饭店建筑使用后评估的最直接最重要的一环，抓住运营管理才能发现新问题、新需求，才能更好地抓住市场，找到建筑策划和建筑设计的出发点。

2.4.3 【基本项】以人为本的原则。

饭店建筑的最终使用者是顾客，为顾客提供服务是饭店建筑的核心目标。因而，饭店建筑的绿色首先体现在建筑功能水平（布局、流线、空间、形式、设施等）、技术性能水平（结构、机电、环境性能等）等基本物质条件上，只有具备了良好服务能力的饭店才能谈得上绿色，这是一个相对客观的要求。当然，饭店的物质性条件并非越高越好。顾客的需求是多种多样的，一个饭店所面对的是其中某一部分的特定人群，因而绿色还体现在饭店的适宜性和综合效率上，在普遍性基础上又带有鲜明的个性化特点。同时，绿色现在已成为社会普遍共识，绿色饭店反映的是建筑与顾客之间在理念层面的价值判断和文化认同，体现在顾客交往的方方面面，甚至可能超越顾客对物质性服务的要求。

2.4.4 【推荐项】因地制宜的性能化原则。

因地制宜与性能化所强调的都是针对特定项目、特定条件、特定目标的具体问题和分析，强调整体协调和基于自身特点下的特定解决方案，它所反对的是照搬套用和求全责备，要避免达标式绿色建筑。

性能化的设计方法通过协同组织方式，贯穿于建筑设计、建造、运营全过程，并应综合全过程中各参与方的不同需求、条件、过程和目标。需整合建筑、结构、装修、景观、机电等专业设计与顾问单位、业主、使用单位、施工及施工管理方、造价、监理、物业管理等各相关方，针对建筑策划、概念设计、技术设计、施工深化、施工建造、运营管理等各个阶段提出各自的需求和条件，共同参与设计决策，确定目标和方向，并在过程中，对设计目标、技术策略、实施方法，以及建筑、结构、机电等各专业、专项技术系统优化等进行持续改进，经过多次优化设计迭代，获得最优的系统设计方案。

2.4.5 【推荐项】被动性技术优先的原则。

遵循被动节能措施优先的原则，适应自然环境条件和特点，充分开发可利用的自然环境资源。根据建筑的具体使用要求及条件，充分利用自然通风、自然采光、太阳得热（遮阳），控制体形系数和窗墙比等，通过优化建筑功能布局、空间组织等设计手段，是最终最优设计策略制定的重要前提，为后续技术的定量分析和优化打下坚实的基础。主动节能技术是被动技术基础之上的补充与优化。

应以气候特征为重要引导完成建筑方案设计。应充分了解当地的气象条件、自然资源、生活居住习惯，借鉴传统建筑被动式措施，根据不同地区的特点完成建筑平面总体布局、朝向、体形系数、开窗形式、采光遮阳、室内空间布局的适应性设计，并通过性能化设计方法，采用适宜的技术与材料，优化围护结构保温、隔热、遮阳等关键设计参数，最大限度地降低建筑供暖供冷需求降到最低，大力推广超低能耗、近零能耗建筑，发展零能耗建筑。在此基础上，结合主动节能技术，对被动式技术性能进行补充与优化。采用相匹配的机电系统方案、可再生能源应用方案、运行控制策略等，进行专项性能模拟、定量计算与分析，响应能耗目标以及技术经济目标，根据计算结果，不断修改、优化设计策略、设计参数、技术应用，循环迭代，从而获得最优的技术解决方案。

2.4.6 【推荐项】经济、适用的原则。

绿色建筑技术措施应结合环境适用条件、实施效果和经济效益等因素，经综合比较分析后合理选用。

根据项目定位与目标，结合国家、地方、行业相关规范、标准、条例相关要求，制定合理可行的技术应用策略。全面落实各项控制性要求（控制项）。结合自身需求和条件，通过经济、技术性能分析与比选，整合、优化技术应用，实现相关技术性能要求（评分项）。有针对性地寻求技术突破与创新（创新项），合理选用高新技术、高性能建筑产品和设备，推动技术进步、社会发展。

2.4.7 【推荐项】问题导向的原则。

建筑设计是发现问题、解决问题的过程，在整体均衡和协调的基础上，应强调突出重点。突出重点就是发现最重要的问题，通过深入的问题分析，抓准、抓好主要矛盾和矛盾的主要方面，并制定针对性的专题目标、技术策略、解决方案、成果与运行评价。重点突出可能来自最高效地发挥资源优势，也可能来自突破最大的瓶颈制约，切实解决核心问题的价值要远远大于面面俱到，这也是形成建筑特色，实现设计创新、技术创新、市场创新的重要途径。

在突出重点的同时，应适当兼顾到整体系统的协调性。对其中小的局部性问题，也可以利用整体系统的内在关联性，通过相互间的支撑作用，以整体完善带动局部问题的解决。应根据现行国家推荐标准《绿色饭店建筑评价标准》GB/T 51165 等体系化文件，对现有条件下，尚不满足或难以满足相关目标要求的各个环节进行全面的问题排查，通过技术论证与分析，以适当手段，采取总体平衡、调节与补偿措施，弥补局部短板，保障整体性能表现。整体最优同样可能成为绿色饭店的特色。

2.4.8 【推荐项】计算机模拟与 BIM 技术应用。

计算机模拟、BIM 技术应用已成为建筑设计的重要手段，并逐步成为常态化要求。先进的技术手段应成为绿色建筑的强大助力。

在建筑设计的各阶段中，计算机模拟技术在建筑（功能、空间、形态、通风、采光、节能、消防等）及其室内外环境（光、声、风、热环境及生态保护等）的技术性能评价、运行评价等方面已得到广泛应用，不仅仅是提供阶段性的技术验证或评价结论，更重要的是作为辅助设计手段，在设计的过程中，将模拟结果、技术参数实时纳入到设计工作的技术决策和技术深化当中，使建筑布局（朝向、方位、构型）、空间组织、外围护系统、室内外环境、专业技术性能，以及建筑全专业系统整合等各方面得以持续优化，并逐步形成最终的系统解决方案。

BIM 技术应用提供了直观的可视化平台，更重要的是在建筑全寿命期内提升建筑信息的管理和应用能力。

BIM 技术应用应融入各设计阶段的过程当中，成为拓展设计能力的手段，促进建筑各专业内部以及专业之间的信息交互能力，提升建筑的系统整合水平和技术性能水平。BIM技术应用应使建筑信息具备从建筑设计向工程管理、施工建造、运营与物业管理延续拓展的能力，通过产业链内的信息交互与有效共享，提升整个产业链的绩效水平。BIM 技术应用还将使建筑信息进一步纳入到更大的城市管理、环境管理、社会管理的信息集成平台，提升建筑的环境与社会绩效水平。

Ⅱ 建筑施工策略

2.4.9 【基本项】与设计阶段的高效衔接。

全面领会设计意图，响应设计要求，对相关绿色建筑重点内容进行专项会审，从施工组织、工艺、工法等方面对设计提出建设性意见和技术深化，制定并组织实施具有针对性的绿色施工专项计划。

2.4.10 【基本项】施工过程中的各项环境保护措施。

应有效地控制施工引起的各类污染物以及对周边区域生态环境、城市环境的影响。根据项目场地环境及施工建设特点，针对各类可能造成环境影响的问题进行汇总、分析，制定并组织实施相应技术措施，满足相关标准要求。

2.4.11 【基本项】施工过程中的各项资源节约与利用措施。

设立背景

根据项目及施工建设特点，有针对性地制定并组织实施在施工过程中的节能与用能、节水与用水、节材与用材、可循环可再生资源利用等相关技术措施，有效监测、记录、统计并进行考核，满足相关标准要求。

加强标准化、工业化的生产、制作与安装的技术应用，促进建筑产业化发展。

2.4.12 【推荐项】绿色施工组织、实施与过程控制。

根据项目及施工建设特点，有针对性地制定并组织实施各项过程管理、质量监控措施，保证与设计、运行调试等上下游阶段的高效衔接，加强施工过程管理、检验、检测，妥善处理相关材料的收集、保存、汇总与分析。

提升全专业、全过程的一体化施工水平，促进管理水平、工作效率和建设质量的提升。

2.4.13 【推荐项】制定并组织实施施工人员健康保障、安全管理、技术培训计划。

加强对施工人员的关注，为施工人员创造安全与健康的工作条件，组织相关专题技术培训，提高专业技术水平和建设质量。

Ⅲ　建筑运营策略

2.4.14 【基本项】与设计、施工的高效衔接。

加强在设计、施工阶段与设计的衔接，明确使用要求与目标，保障设计内容符合运营模式要求，并留有适当发展条件；加强调试与试运行阶段和设计、施工的协调衔接。全面、准确地掌握相关系统、设施、设备的使用，在运行过程中根据实际需求适当地改进完善。

2.4.15 【基本项】建立完善的绿色运营管理制度。

在运营过程中制定并组织实施节能、节水、节材与绿色管理制度，包括各类资源节约管理制度、计量管理制度、垃圾管理制度、污染物管理制度、维修与耗材管理制度、化学药品管理制度、绿色培训计划等，应落实到个人，并建立相应的目标指标以及绩效管理激励制度。

2.4.16 【推荐项】通过相应的质量管理体系认证及行业认证。

1. 加强日常运行管理

加强智能化、信息化、电子化管理，加强各类分项计量、运行数据的信息采集、记录、汇总与分析，及时、准确掌握运行过程中的资源消耗水平，并据此提出改进措施，持续提高管理水平。

2. 提升环境管理水平

根据项目定位和绿色目标，制定相应的室内外环境品质标准，并通过制度化运行管理模式及智能化技术手段进行有效监控与调节，确保各类化学药品使用、垃圾等废弃物处理等不对室内外环境品质造成损害。严格管理、监控场地内的污染源种类及排放情况，委托第三方检测机构进行运营期污染物的排放检测并出具报告，现场核查污染物处理设施的运行、维护情况。

2.5 绿色设计预评价

绿色设计预评价的目的不仅仅是对应相关评价标准的条款要求进行等级评定，而是对设计阶段成果的检验。应从整体策划、技术系统到各专题专项技术内容等各方面，全面考量绿色建筑的理念、技术策略、技术应用、技术性能水平，从中发现问题，解决问题，持续改进，起到推动水平提升的作用。

2.5.1 【推荐项】系统完善的专项工作组织。

明确建设项目的策划、规划、设计、建造、运营各方主体，明确各方工作职责、计划、内容、方式、流程、要求及相互之间的工作衔接等。

2.5.2 【推荐项】绿色设计预评价内容。

绿色设计预评价整体策划与实施过程中的阶段性成果和必要步骤，可参照现行国家推荐标准《绿色建筑评价标准》GB/T 50378。如参与国际绿标系统（如 EDGE，LEED，BREEAM，CASBEE，DGNB，WELL 等）评定，需参照确定的等级，满足相关要求。

绿色设计预评价应根据相关标准要求，形成绿色建筑设计预评价报告，注明已达标条目、未达标条目、未达标但根据星级要求拟应达标的条目内容，并针对该项目当前的设计和实施状况，结合运营模式要求，进行建筑的整体技术性能评价、专项技术性能评价、经济性能评价（绿色增量成本评价）、能耗水平分析与评价等，并在后续工作中进一步完善整体性能水平，深化重点难点技术应用。

2.5.3 【推荐项】绿色饭店专项策划报告。

项目饭店的绿色、可行性研究服务管理内容的前期策划顾问阶段包括：
（1）项目背景介绍；
（2）项目所在区域、气候、地理位置等调查及分析；
（3）项目所在城市饭店发展及经营环境调查分析；
（4）项目所在城市旅游发展状况及经济特征；
（5）项目所在城市现有及筹备中饭店平均房价、住宿率及客房需求调查分析；
（6）项目所在城市旅客历史成长趋势及未来发展研究；
（7）对饭店设施数量规模配置及面积要求提出建议；

（8）评估项目饭店设施利用比率；

（9）项目饭店首 10 年财务可行性研究；

（10）项目饭店可持续发展调研。

2.6 技术经济可行性分析

2.6.1 【基本项】基于绿色饭店建筑目标的技术可行性分析。

绿色技术涉及规划、设计、施工、运营、产品、材料等项目全寿命周期的各个环节和领域。绿色技术的运用首先是建立在具体项目对生态环境和资源的理解及合理使用基础上的，而不应是绿色节能技术、理念的堆砌。避免过分追求技术的先进性，而应着眼于成熟技术的组合，适宜技术的组合创新，对太阳能、地热能、风能、光能这些可再生能源的绿色技术手段的应用。

任何一种技术节能与否都不可能脱离具体的应用环境，只能在一定条件下才能达到预期效果。绿色饭店的节能功效相当大一部分体现在项目运营周期，而且需要阶段性的技术和产品更新才能持续地保持良好的效果。被动式节能技术在项目建成后的一段时期内会稳定地发挥作用，受干扰的因素不多。而主动式节能技术效能的发挥受操作人员水平、饭店经营状况、客人体验诉求等诸多因素影响。因而主动式节能技术的选择和应用就应充分体现适宜原则。

项目之初，要进行多方案技术研究，必须从营造、投资、回报多方面综合比选。选择了可行的技术方案后，还要从绿色技术的增额投资和关键技术在项目全生命周期过程中节约的能源支出角度再进行综合分析，从而确定关键技术，选择最优技术方案，并以此作为建设项目进行投资决策的重要依据。

绿色饭店技术的选择与应用不应以牺牲顾客感受度和降低服务标准为代价。

实施途径

针对性地组建技术团队，涵盖设计、运营、施工、成本控制人员。依据项目定位确定具体的节能标准和目标。团队从项目的外部环境、内部环境、能源系统、材料系统、能源管理系统、施工系统六部分进行技术方案比较、分析和选择。

2.6.2 【基本项】经济效益、环境效益与社会效益分析。

绿色建筑的效益评价分析需要建立充分考虑项目全生命周期的理念。需要对项目前期规划、中期建设、后期使用和维护各环节进行全面考量。应对项目所在区域的产业构成、投融资环境、金融政策等影响因素进行调研和分析，并通过数学模型进行经济效益分析。同时，应从保护环境和生态平衡、合理利用自然资源进行环境效益分析。从维护国家政治和社会稳定，适应当地宗教、民族习惯、文化发展和基础设施等方面进行社会效益分析。通过对环境效益、经济效益、社会效益的分析与评价支撑绿色建筑的良性发展，通过提高绿色建筑的经济效益水平来落实并提升环境效益和社会效益。具体详见图 2-1、图 2-2。

对于固定的经营面积而言，饭店建筑店面花费在每平方米上的水费、电费甚至是人工费等都是固定的，如果提高单位面积的销售额，则能达到更为有效的经营状态。特别对于

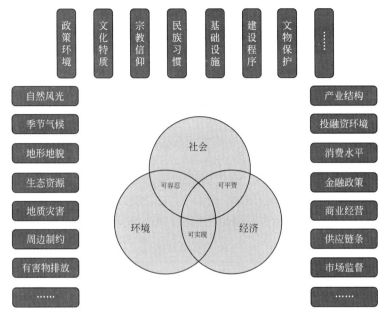

图 2-1　绿色可持续发展的三个层面及影响因素

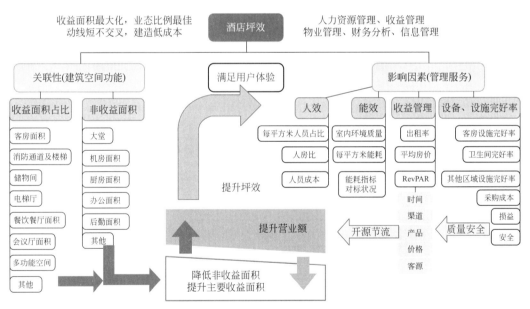

图 2-2　饭店坪效关键指标

注：坪效为平面使用效率

饭店来说，坪效意义更为重要，因为饭店零售的商品毛利比较低，它们只有通过加快商品（客房）的销售速度（重复利用的功效），才能够达到更高的利润。坪数，一般来说是事先已经给定的量，是不能更改的，但我们知道在已给定的面积内有些地方是能够产生出利润而有些地方是不能产生利润的，也就是对于利润来说有些面积是有效的，而有些面积又是无效的，这就涉及了一个"有效坪数"的定义。对于管理人员来说如何减少无效坪数，使无效的坪数转变为有效的坪数也是提高饭店赢利能力的一个控制点，促进饭店的可持续经营。

13

实施途径

项目在立项阶段，应该通过可行性研究报告的编制对经济效益、环境效益和社会效益进行综合分析。其中经济效益分析应在投资估算的基础上，对生产成本、收入、税金、利润、贷款偿还年限、资金利润和内部效益等进行计算后，对项目是否可行做出结论，应量化评价指标。环境效益应以环境净效益为评价指标，量化评价。社会效益应以非价值形态的评价为主，价值形态评价为辅，定性评价与定量评价相结合。

2.6.3 【基本项】风险评估分析。

绿色建筑存在不确定性和风险。评估分析应包含如下几个层面内容：建设和开发风险、政策和法规风险、市场和运营风险、经济风险、技术风险、环境风险、其他风险，应建立相应的防控措施。风险评估分析表见表 2-2、风险评估流程图见图 2-3。

风险评估分析表 表 2-2

风险类别	风险因素
政策法规风险	政策法规不完善；评价标准影响
社会风险	政府倡导力度不足；公众接受度不足；政府效率低下
环境风险	恶劣气候因素；地质环境不佳；施工产生的污染；工程对环境的破坏
技术风险	建筑设计经验不足；技术的可实施性较差；运用不成熟的技术；设计修改；技术整合不足；对新材料、新设备、新产品缺乏经验；技术团队、施工团队技术水平落后
经济风险	技术导致的成本增加；施工造成的成本增加；工程进度造成的成本增加；社会环境造成的成本增加；贷款利率造成的成本增加；国家经济发展与金融决策造成的经济风险
管理风险	缺乏绿色建筑管理经验；缺乏专业的管理团队；缺乏专业的管理制度；缺乏有效的现场管理；施工团队能力不足；未取得绿色建筑星级认证
运营风险	管理团队意识薄弱；绿色技术不能充分使用；日常维护不到位
安全风险	未制订安全防护制度和措施、现场监督和执行力度不足；项目安全检查不到位

图 2-3 风险评估流程图

实施途径

组建评估管理与实施团队，搭建风险评估数据模型。制定风险评价总体计划、评估内容和评估流程。

3

规划与场地

阶段	涉及主体		一般规定	用地规划	交通规划	生态保护	室外环境（声、光、热、风）	景观绿化	雨水利用
场地与规划阶段		业主方	○	○	○	○	○	○	○
	设计方	规划师	●	●	●	●	●	●	●
		景观设计师	○	○	○	●	●	●	●
		建筑师	●	●	●	●	●	●	●
		室内设计师							
		结构工程师	●	○					
		给水排水工程师	●			●	○	○	●
		暖通工程师	●				●		
		电气工程师	●						
		经济分析师							
	施工方								
	运营方		○	○	○	○	○	○	○
●表示相关人员需重点关注内容；○表示相关人员需了解内容；　空白表示无需关注									

规划与场地条文见表 3-1。

规划与场地条文　　　　　　　　　　　　　　　　表 3-1

子项	条文编号	条文分类	条文内容	勾选项
3.1 一般规定	3.1.1	基本项	规划设计应以低碳生态设计为目标	□
	3.1.2	基本项	场地设计应以改善室外环境质量与生态效益为目标	□
	3.1.3	推荐项	规划与场地阶段饭店建筑绿色设计指标表	□
3.2 用地规划	3.2.1	基本项	项目选址应符合区域规划	□
	3.2.2	基本项	项目选址应避免各种灾害的威胁	□
	3.2.3	基本项	提高土地利用率,保障土地的可持续利用	□
	3.2.4	推荐项	合理进行建筑、绿化、交通布局	□

子项	条文编号	条文分类	条文内容	勾选项
3.3 交通规划	3.3.1	基本项	饭店需合理安排饭店访客入口,员工入口,车辆入口以及停车场出入口	☐
	3.3.2	推荐项	场地与公共交通设施具有便捷的联系	☐
	3.3.3	基本项	场地内交通应各行其道,清晰、便捷	☐
	3.3.4	基本项	合理设置停车场所	☐
3.4 资源利用与 生态环境保护	3.4.1	基本项	场地选址应因地制宜	☐
	3.4.2	基本项	结合现状地形地貌进行场地设计与建筑布局	☐
	3.4.3	基本项	制定相应的资源保护策略与策划	☐
	3.4.4	基本项	加强环境污染专项控制	☐
	3.4.5	基本项	合理选择绿化方式,科学配置绿化植物	☐
	3.4.6	基本项	第三方环评报告	☐
3.5 室外环境 (声、光、热、风)	3.5.1	基本项	场地内环境噪声符合现行国家标准	☐
	3.5.2	基本项	避免产生光污染	☐
	3.5.3	基本项	采取措施降低热岛强度	☐
	3.5.4	基本项	场地风环境	☐

3.1 一般规定

3.1.1 【基本项】规划设计应以低碳生态设计为目标,考虑空间、交通、能源、资源、环境综合性内容。

本导则所指的规划,侧重于饭店单体建筑或群体建筑相关的区域详细规划,包括控制性详细规划和修建性详细规划以及城市设计。通过街区范围控规,统筹考虑低碳生态规划设计内容,比单独地块控规更有利于发挥规划引导城市低碳生态发展的作用,因此对于绿色饭店的建设,应从规划源头抓起。

实施途径

控制建设用地性质、使用强度和空间环境,布局建筑空间,规划道路交通、绿化系统等。

规划地块尺度应适宜步行出行,城市新建区由城市支路围合的地块尺度不宜大于150~250m,旧区改造可通过路网加密、打通道路微循环等措施完善地块合理尺度。

轨道交通站点周边布局,枢纽型轨道交通站点周边应进行用地、交通与地下空间的一体化设计。

3.1.2 【基本项】场地设计应以改善室外环境质量与生态效益为目标,响应已有规划、城市设计相关要求,优化建筑规划布局,并对建设带来的用地生态变化进行修复和生态补偿。

项目取得选址意见书或规划设计条件后,在规划建设用地红线范围内进行场地设计。

场地设计应响应区域低碳生态规划和城市设计的要求，充分利用场地资源并对生态环境进行保护、修复或补偿。

实施途径（设计方重点关注）

梳理场地资源包括自然资源、生物资源、市政基础设施和公共服务设施等。分析周边城市地下空间（管沟、地铁等地下工程）对场地地下空间的开发限制；雨水涵养利用对场地绿化的要求；城市交通条件对建筑容量的限制；动植物生存环境对建筑场地的要求等。充分利用有利因素，改善或规避不利因素。

通过采取植物补偿等措施，改造、恢复自然环境，弥补开发建设活动引起的不可避免的环境变化影响，改善环境质量，逐步恢复系统自身的调节功能并保持系统的健康稳定。

3.1.3 【推荐项】规划与场地阶段饭店建筑绿色设计指标表。

参考现行行业、国家推荐标准《民用建筑绿色设计规范》JGJ/T 229、《绿色建筑评价标准》GB/T 50378以及地方关标准，提出以下推荐性指标。如参与国际绿色建筑评价体系（如EDGE，LEED，BREEAM，CASBEE，DGNB，WELL等）评定，根据相关要求可制定绿色指标量化表（表3-2）。

规划与场地阶段饭店建筑绿色设计指标表（设计参考）　　　　表3-2

分类	指标编号	指标内容	指标定义与计算方法	推荐值	备注
用地规划	P1	地块尺度	由城市支路围合的地块长宽尺寸范围	150～250m	主要用于新城规划，旧城参照此标准
	P2	地下建筑容积率	地下建筑面积与总用地面积的比值	≥0.5	受地质状况、基础形式、市政基础设施等因素影响不具备地下空间利用条件的除外
交通规划	P3	轨道站点1km范围内工作岗位数与流量之比	1km范围内可提供的工作岗位数量与站点设计日平均单向输送人员流量的比值	≥10%	风景园林区
	P4	公交站点覆盖率	场地入口到达公共汽车站的步行距离不超过350m，或到达轨道交通站的步行距离不超过500m	100%	受所处地理位置限制，不具备设置公交站点的风景园林区等除外
	P5	设置电动汽车充电桩	充电桩车位占饭店配建停车位的建设比例或预留建设安装条件	15%～25%	
	P6	非露天自行车停车场	自行车停车场有遮阳防雨措施	100%	建议可单独划分共享单车区域，利用共享单车的社会资源，提供绿色出行服务
	P7	无障碍场地设计	场地内人行道路及对外开放部分采用无障碍设计	100%	

分类	指标编号	指标内容	指标定义与计算方法	推荐值	备注
生态环境资源利用	P8	对社会开放的公共空间	建筑向社会公众提供开放的公共空间(会议、展览、餐饮、健身、娱乐等);室外活动场地错时向公众免费开放	100%	
	P9	下凹式绿地率	场地内下凹式绿地面积占绿化用地总面积的比例	≥50%	下凹式绿地是指低于周边道路或地面5~10cm的绿地
	P10	透水铺装率	场地内采用透水地面铺装的面积与该场地硬化地面面积的百分比	≥70%	硬化地面包括各种道路、广场、停车场,不包括消防通道及覆土小于1.5m的地下空间上方的地面
	P11	绿地率	用地红线范围内各类绿地面积的总和占项目总用地面积的比例	≥30%	从改变小气候环境的角度,可进行多纬度、多层次的绿化设计,如:墙面垂直绿化、阳台绿化等
	P12	屋顶绿化率	绿化屋顶面积占可绿化屋顶面积的比例	≥30%	
	P13	植林地比例	用地内植林地面积与绿化用地面积的比值	≥40%	植林地面积按照乔木树冠垂直投影面积计算。相邻乔木树干之间的距离≤10m。此项内容由风景园林专业负责
	P14	本地植物指数	场地内本地种类与全部植物种类的比值	≥0.7	本地种类包括本地自然生长的野生植物种类及其衍生品种、归化种及其衍生品种、驯化种及其衍生品种。此项内容由风景园林专业负责

3.2 用地规划

3.2.1 【基本项】项目选址应是基于项目全生命周期绿色策划基础上的选址。项目选址应符合区域规划。

项目选址应首先分析所在区域的社会、生态、经济环境,判断可促进或制约项目良性发展的因素,诸如:政策、文化、宗教、投资环境、金融政策、产业结构、自然风光、季节气候、地形地貌等,制定出可实施的全生命周期绿色策划及目标。

项目选址还应符合所在地区域规划。应通过分析区域的优势和潜力,遵循区域规划制定的发展方向、规模和结构,与区域经济协调发展,从而获得最佳的经济效益、社会效益和生态效益。

项目建设用地要具有和挖掘一定的地域优势,比如:自然风光、文化遗产、气候条件、便捷交通、地理位置、优质服务等。饭店建设要精心呵护、适度开发地域优势，和谐共生，要避免过度使用带来的伤害。

项目选址还要考虑选择地域的基础设施是否具备为饭店运行和发展提供必要条件的能力，比如：能源、排污、物资供应、交通等。

项目所选用地处于各类保护区、文物古迹保护地带的应遵守建设控制要求，从建筑高度、建设密度、房屋间距、建筑风格、建筑色彩、消防疏散等多方面研判新建饭店对保护古迹、文物和生态环境的影响。

通过项目选址活动，根据对区域经济、规划和未来市场需要的评估，确定合理的饭店接待规模。

项目选址应避开存在地质灾害的地区。

实施途径

组建专业团队进行现场调研、踏勘，在经济效益、社会效益和环境效益总控原则下，对项目区域社会环境、经济环境、用地周边环境、场地建设条件等各项因素进行详细地定性、定量评估，形成项目选址意见书。

3.2.2 【基本项】规划场地应避免地质灾害、天气灾害、环境灾害、生化灾害和海洋灾害等的威胁。结合场地内保护资源，进行场地安全评估，无洪涝、滑坡、泥石流、沙暴等自然灾害威胁，避开地质断裂带等抗震不利地段，无危险化学品重大污染源、易燃易爆危险源、无电磁辐射、含氡土壤等有毒有害物质能源。

应对规划场地进行安全性评估。场地不应存在对项目建设、运营、发展造成破坏性影响的事物。应避免出现洪涝、滑坡、泥石流、地震、雪崩等地质灾害的威胁。也要考虑是否存在多发灾害性气候的影响，如龙卷风、台风、海啸等。场地应无自然灾害的威胁。应避开地质断裂带等抗震不利地段。场地内不应有排放超标的污染源，无危险化学品、易燃易爆危险源的威胁，无电磁辐射、土壤含氡等危害。

规划场地应避免地形地貌过于复杂，否则不利于项目实施建设。

场地内各类危险物品和因素应妥善清理、规避。

实施途径

基于对场地的初步踏勘，形成评估报告。对于重大威胁应进行专业的场地安全性评估。

3.2.3 【基本项】提高土地利用率，保障土地的可持续利用。合理利用、保护和改善环境。

规划布局要充分结合地形，减少对原始地形、地貌的破坏，要合理利用、保护、改善场地内特色的生态环境和人文设施，要适应所在地区的气候环境，充分考虑季节更迭、场地主导风向、降水和日照对布局的影响，应积极利用可再生生态资源，如：自然通风、自然采光、太阳能利用等。对复杂地形要进行充分细致的竖向设计、土方平衡设计、室外管线设计，使建筑造形、体量、功能布局与地形有机结合。

规划布局要确定合理的建筑高度、建筑密度和容积率，提高土地利用效率，为可持续发展节约用地，应对场地内有价值的既有建筑在研判的基础上加以再利用，应满足消防间距、卫生间距、日照间距、与危险环境的安全间距等相关要求。且不应对周边环境产生压力和负面影响，如：消防施救、通行压力、日照遮挡、声光干扰、污废排放等。

规划布局要合理组织饭店客房区、公共区和后勤区三者间的关系，宜紧凑、便捷，不宜过于分散，造成交通、能源和土地的浪费，要在进行充分市场调研的基础上，合理配置饭店的功能构成和规模，积极利用或共享城市资源，合理利用地下空间，停车库、机房、后台区宜有机组合在地下室。

斐济珍米歇尔库斯托度假村建在原始森林，完全依附山地形态建造，采用吊脚楼形式，没有地基，对山体影响很小。充分利用自然采光和循环通风。利用太阳能，泳池使用可循环净化水，如图 3-1 所示。

图 3-1 斐济珍米歇尔库斯托度假村

建筑全部使用当地的天然材料，用椰子和回收瓶构建的废水系统将水净化后注入海湾，它是世界上唯一一家雇用海洋动植物专家常驻的饭店，担纲海洋生态事务的咨询，并通过组织体育娱乐活动向游客传授海洋生态保护方面的知识。

3.2.4 【推荐项】结合用地环境，合理进行建筑、绿化、交通布局，节约集约利用土地，有条件的室外活动场地向公众免费开放。

土地资源的集约化利用也体现在场地使用的复合性上。与城市、公众有条件地共享饭店室外活动场地及室内服务功能，一方面为饭店增加人气、拓展营销渠道，带来经营利润，另一方面提升建筑空间资源的使用效率，进而提高能源使用效率。

3.3　交通规划

3.3.1　【基本项】建筑总平面流线组织：饭店需合理安排饭店访客入口、员工入口、车辆入口以及停车场出入口。

饭店外部场地交通一般分为客用流线和服务流线两大类。每一类包含车流和人流两部分。交通规划的原则是各行其道、避免交叉、标识清晰。客用车流的路径规划要便捷，减少对环境场地的干扰。地面停车区和地下车库进出口位置要便于车辆快速进出。落客区要设置适当的雨篷设施，雨篷下净空间、净尺寸至少要满足同时遮蔽两条车道，能通行旅游大巴车。落客区要同时满足乘客等候、上下车、搬运行李的必要空间。根据场地条件在场地出入口区、落客区提供出租车临时待客车位。客用人流规划应有清晰的导引标识，避免与机动车流线交叉，避免通往饭店后勤区。

饭店外部场地服务流线规划要遵循独立、不对客人区域产生干扰（视觉、噪声、气味）的原则。场地出入口原则上应与客用出入口分开设置，有自己独立的场地后勤出入口。饭店应分别设置后勤货物、垃圾装卸区和独立的员工出入口。

3.3.2　【推荐项】场地与公共交通设施具有便捷的联系。

场地选址时应充分调研场地周边公共交通设施设置情况。有条件的场地应与城市公共交通设施具有便捷的联系或者与周边区域干线有快捷的通路。良好的城市公共交通配套，有利于饭店经营、便捷顾客往来的同时，在减少城市交通负荷、减少能源消耗、节省建设场地土地资源、减少项目投资等方面都有很大的好处。

实施途径

在系统分析外部公共交通的方式、位置、距离、规模、影响的基础上，选取适当的接驳方式。

3.3.3　【基本项】场地内交通应各行其道，清晰、便捷。

饭店建筑对外场地有客用出入口和货用出入口，对内有落客区主入口、后勤区出入口。客用与后勤通道布局应清晰，互不干扰。饭店大堂接待、落客区位置应有一定的昭示性，易于辨识，有便捷的道路与场地主入口连通。后勤区出入口位置应隐蔽，减少对面客区的干扰，并通过专用的后勤车道与场地货用出入口连通。场地内客人流线、后勤流线、机动车流线、步行流线应各行其道，并应有明确的标识系统，系统应清晰、便捷，避免交通道路占地面积过大。

场地内客用人行通道的规划应遵循便捷、安全，与景观有机结合的原则。较长路线可考虑清洁能源载客工具。

场地内交通规划应考虑无障碍通行的需要，主要面客区域要提供无障碍通道到达。复杂地形还应考虑设置垂直无障碍通行设施。

3.3.4 【基本项】合理设置停车场所。

项目应从所处地域、公共交通、接待规模、客户需求、城市法规几方面分析确定停车场所的规模和布局，应以经济适用为原则。地面停车场所的位置应避免对周边环境、饭店面客区产生噪声和废气影响，车辆进出场地也不应对周边道路交通产生压力。停车场应考虑新能源车设施的配置。项目应合理开发和利用地下空间，设置地下停车库。

3.4 资源利用与生态环境保护

3.4.1 【基本项】场地选址应因地制宜，充分保护、合理利用与开发场地内的自然与人文资源。

设立背景

系统研究场地的自然气候条件（温度、湿度、太阳辐射强度、风向、风速、降雨等）、地形地势条件、生态资源条件（地质、地貌、湿地、水体、动植物栖息地等）、历史文化条件（文物、古迹等）等。

3.4.2 【基本项】结合地形地貌现状进行场地设计与建筑布局，尽量维持原有场地的自然地形、地貌。

设立背景

与自然地形地貌条件特征相结合不仅是绿色建筑的基本要求，也是形成建筑特色的重要出发点和途径。在总体规划设计阶段，展开深入的竖向设计研究，对保护、开发自然环境资源都具有重要意义。竖向设计研究不仅包括建筑外部的场地设计，同时也包括如何结合地形地势条件，合理优化建筑主体的空间与功能布局。

主要内容包括：合理确定建筑及建筑场地与周围环境（如道路、市政管线等）的现状高程、规划控制高程之间的衔接关系，优化建筑空间布局，楼层及出入口设置等，确定场地坡度，明确雨水排放与回收利用、防洪排涝措施，合理组织场地的土石方工程和防护工程，结合使用要求，遵循就近平衡、满足节省土石方和防护工程量的原则，根据建设顺序，分工程、分阶段地充分利用周围有利的取土和弃土条件进行土方平衡等。

3.4.3 【基本项】根据国家相关规定，保护场地内原有的自然水域、湿地和植被，采取表层土利用等生态补偿措施，制定相应的资源保护策略与策划。

设立背景

建设过程中应严格执行国家相关规定，减少开发建设过程对原场地及周边环境生态系统的改变和破坏。当确需对场地生态环境、受保护资源进行改造时，应制定相应的生态复原策划，采取必要的生态复原措施，如植被移植栽种、动植物栖息地恢复、耕地补偿、文物复原等。

3.4.4 【基本项】加强环境污染专项控制，确保场地周边不存在且建筑自身不产生排放超标的污染源，如油烟未达标排放厨房、汽车尾气超标车库、超标排放燃煤锅炉房、垃圾场站等。

设立背景

确保场地周边不存在且建筑自身不产生排放超标的污染源，如油烟未达标排放厨房、汽车尾气超标车库、超标排放燃煤锅炉房、垃圾场站等。

3.4.5 【推荐项】合理选择绿化方式，科学配置绿化植物。

设立背景

结合当地自然环境条件，合理选择本地耐候植被，形成包含乔木、灌木的多层次绿化景观体系，响应建筑功能布局和景观观赏性需求。

合理选用屋顶绿化和室内外墙面垂直绿化，统一规划建筑外部、内部绿化景观环境，形成立体绿化。

3.4.6 【推荐项】第三方环评报告：由具有相关资质的第三方进行环境评价并出具相应成果报告。

通常在项目策划阶段，由具有资质的第三方公司进行环境影响评估，作为新建项目批复的依据资料之一，环评主要是分析外部环境与建设工程的相互关系，包括地质、水、空气、声、固废、生态、辐射、污染物等，是项目选址及建设可行性论证、外环境对本项目的环境影响分析、环境风险影响分析和污染物排放总量控制等几部分内容。

3.5 室外环境（声、光、热、风）

3.5.1 【基本项】场地内环境噪声符合现行国家标准《声环境质量标准》GB 3096 的有关规定。

首先应避让较大噪声源，如工厂、轨道交通干线等。在环评报告中应对环境噪声源及其危害程度进行评估，并提出必要措施建议。

应充分利用饭店周边自然环境优势、景观植被，隔绝环境噪声。

当场地附近有不可避免的噪声源时，应采取相应的隔声降噪专项整治措施，如设置绿化隔声带、设置隔声板等。

可通过场地噪声计算机模拟分析，优化建筑规划布局、场地设计，并制定针对性技术措施改善室外声环境。

3.5.2 【基本项】避免产生光污染。

建筑外立面、建筑夜景照明、室内照明、景观照明及广告灯箱、霓虹灯等都可能对周围环境产生污染，应妥善处理。

建筑立面、场地道路铺装应注意选用不易产生眩光的饰面材料和色彩。当采用玻璃幕墙做法时，应对玻璃幕墙的可见光反射性能指标进行严格控制，避免对室外环境造成不利影响。应满足现行国家推荐标准《玻璃幕墙光热性能》GB/T 18091 相关要求。

合理规划、设置建筑夜景照明系统及广告灯箱、霓虹灯等设施，深化相关设施设备选型、构造做法及其发光强度等，应避免相关夜间照明对建筑周边及自身用房的夜间使用造成不利影响，满足现行行业推荐标准《城市夜景照明设计规范》JGJ/T 163 相关要求。这一点对于饭店客房来讲尤显突出，这是饭店客房的基本使用功能所决定的。

夜间室内照明的灯具、窗帘等设施设备选型及其布置、构造做法应注意防止向外溢光。

3.5.3 【基本项】采取措施降低热岛强度。

这一点主要针对城市环境下或周边建筑密度较高的饭店建筑。相关的主要内容及措施包括：

（1）合理优化建筑规划布局，在高效利用土地的条件下，合理控制建筑密度；

（2）充分利用自然环境条件，合理规划室外活动场地及景观水体、绿化布局，优先选择有较好遮阴效果的绿植；

（3）合理利用遮阳、遮阴措施避免或减少阳光对室外活动场地、建筑立面、建筑屋面等部位的直晒，如建筑遮阳、绿化遮阴、专用遮阴设施设备等，有条件时可与太阳能利用相结合；

（4）合理选择建筑立面、场地及道路铺装的材料、色彩，采用太阳辐射反射系数较大的材料，降低太阳得热或蓄热；

（5）可通过计算机模拟技术对场地热岛强度进行系统的定性、定量分析，优化建筑规划布局、场地设计，制定针对性技术措施改善室外热环境。

3.5.4 【基本项】场地风环境：场地内风环境有利于室外行走、活动舒适。

避免强风、风口、沙暴区域，环评报告应进行专项风环境评估。

利用场地地形、景观、风环境特点，结合建筑布局、建筑体形体量设计、景观设计等，加强建筑主要出入口、室外公共活动场地、园林景观等重点区域的室外环境舒适度，夏季、过渡季能有效利用自然通风条件，避免强风区、静风区或涡流区，冬季则能有效阻挡强风，避开冬季主导风向，即北向和西北向，避免隘口效应，减弱冷风侵袭。

后勤流线的厨房、货运等区域，应注意加强排风排烟等污染物的消散，合理利用主导风向，避免对建筑的日常运营使用造成不利影响。

可通过场地风环境计算机模拟分析，优化建筑规划布局、场地设计。制定针对性技术措施改善室外风环境。

4

建筑设计

阶段		涉及主体	一般规定	功能布局	围护结构
设计阶段		业主方	○	○	○
	设计方	规划师	○		
		景观设计师	○		
		建筑师	●	●	●
		室内设计师	●	○	
		结构工程师	●		○
		给水排水工程师	●	○	
		暖通工程师	●	○	●
		电气工程师	●	○	
		经济分析师	●		●
		施工方			
		运营方	○	○	○
●表示相关人员需重点关注内容;○表示相关人员需了解内容; 空白表示无需关注					

建筑设计条文见表4-1。

建筑设计条文 表4-1

子项	条文编号	条文分类	条文内容	勾选项
4.1 一般规定	4.1.1	基本项	建筑设计应合理确定建筑空间布局、朝向、形体和间距等	☐
	4.1.2	基本项	绿色建筑技术措施应综合比较分析后合理选用	☐
	4.1.3	推荐项	应在建筑方案设计阶段开始使用分析模拟技术	☐
	4.1.4	推荐项	饭店建筑设计阶段绿色指标推荐表	☐
4.2 建筑功能 空间布局	4.2.1	基本项	饭店建筑宜分区设置,合理组织各种人流和货流	☐
	4.2.2	基本项	饭店的客房部分宜布置在有良好日照、采光、自然通风和景观的位置	☐
	4.2.3	基本项	饭店的公共部分如:餐饮、会议、娱乐健身设施等应自成一区,宜对外开放,与社会公众共享	☐
	4.2.4	推荐项	饭店的辅助部分宜相对独立成区	☐

子项	条文编号	条文分类	条文内容	勾选项
	4.3.1	基本项	建筑的体形系数控制	☐
	4.3.2	基本项	窗墙面积比	☐
	4.3.3	基本项	围护结构热工性能	☐
4.3	4.3.4	基本项	热桥专项设计	☐
建筑围护结构	4.3.5	基本项	建筑气密性能	☐
	4.3.6	基本项	建筑外墙	☐
	4.3.7	基本项	建筑外窗	☐
	4.3.8	基本项	建筑屋面	☐

4.1 一般规定

4.1.1 【基本项】建筑设计应按照被动措施优先的原则，结合场地所处环境条件，合理确定建筑空间布局、朝向、形体和间距等。

绿色建筑设计的根本目标是减少对能源的消耗，建筑设计采取被动措施，如对建筑空间布局、朝向、形体和间距的合理设计，来自然地解决日照、采光、通风、保温、隔热等，减少机电设备的投入和能耗。

优化建筑形体和空间布局。根据地域气候特点，控制体形系数，减少围护结构表面积，降低能耗。充分利用天然采光和自然通风，项目根据所处地理位置，因地制宜地确定最佳朝向或适宜朝向范围和日照间距，综合考虑建筑的布局，外围护开窗大小、形式及构造。选择高性能的外围护结构，优化保温、隔热、遮阳等性能，降低建筑的供暖、空调和照明系统的负荷，改善室内舒适度。

被动手段可采用倒风墙、捕风墙、拔风井、通风井、自然通风器、太阳能拔风道、无动力风帽等诱导气流的措施，拔风井、通风道等设施应可控制、可关闭。对设有中庭的建筑宜在上部设置可开启窗，在适宜季节利用烟囱效应引导热压通风，开闭窗可在冬季关闭。特殊区域通风措施避免卫生间、厨房、汽车库等区域的空气和污染物互相串通以及串通到其他空间。

4.1.2 【基本项】绿色建筑技术措施应结合环境适用条件、实施效果、经济效益和社会效益等因素，经综合比较分析后合理选用，并与建筑一体化集成设计。

在被动措施优先的原则下，一些不利的因素或未实现的目标宜采用绿色建筑技术措施进行修正、补偿或实现。绿色建筑技术措施应根据各地环境适用条件、实施效果、经济效益和社会效益等因素，经综合比较分析后合理选用，才能真正达到节能减耗的目标。

在设计之初，统筹考虑绿色建筑技术措施，如：遮阳构件、导光构件、导风构件、太阳能集热器、光伏组件等，与建筑进行一体化集成设计，避免产生影响功能、安全、美观以及不必要的资源浪费。

4.1.3 **【推荐项】**应在建筑方案设计阶段开始使用建筑性能和环境分析模拟技术，对朝向、方位、形状、围护结构、内部空间布局等进行分析和优化，并在设计深化过程中不断完善和验证。

借助模拟技术手段可以指导项目在朝向、方位、形状、围护结构、内部空间布局等方面的选择和设计，并在设计深化过程中不断验证及优化。

利用BIM技术、计算机日照模拟分析、场地风环境分析、建筑的空间布局、剖面设计和门窗的设置应有利于组织室内通风。宜对建筑室内风环境进行计算机模拟，优化自然通风设计、交通分析、电梯性能分析等模拟分析手段，不断在设计全过程中模拟、预判和修正，以期真正达到全过程的绿色设计控制，让绿色目标落地。建筑的空间布局、剖面设计和门窗的设置应有利于组织室内通风。客房及公共区域的通风面积满足各地绿建设计要求。

4.1.4 **【推荐项】**饭店建筑设计阶段绿色指标推荐表。

参考现行行业、国家标准《民用建筑绿色设计规范》JGJ/T 229、《无障碍设计规范》GB 50763、《公共建筑节能设计标准》GB 50189、《旅馆建筑设计规范》JGJ 62 等饭店建筑设计阶段绿色指标。如参与国际绿色建筑评价体系（如 EDGE，LEED，BREEAM，CASBEE，DGNB，WELL 等）评定，根据相关要求可制定扩充绿色指标量化推荐表（表 4-2）。

饭店建筑设计阶段绿色指标推荐表（设计参考）　　　　　　　　表 4-2

分类	指标编号	指标内容	指标定义与计算方法	推荐值	备注
设计		客房面积	客房使用面积含卫生间	星级饭店≤36m^2，经济型≤25m^2	
	D1	无障碍客房比例	符合现行国家标准《无障碍设计规范》GB 50763，占项目总客房数的比例	1%	
	D2	建筑出入口与公交站点距离	建筑出入口与周边城市公交站点的最短步行距离	≤500m	
	D3	外围护结构节能设计指标	包括体形系数、窗墙面积比、屋顶透明部分面积比、外墙可开启面积比、外围护结构传热系数等指标	满足《公共建筑节能设计标准》GB 50189—2015 的要求	
	D4	纯装饰性构件造价比	无功能的纯装饰性构件造价之和工程总造价的比值	<0.5%	
	D5	可循环利用的隔墙围合空间面积比	可循环利用的隔墙围合的房间总面积占可变换功能的室内空间总面积的比例	≥30%	可循环利用隔墙包括板材隔墙、骨架隔墙、活动隔墙、玻璃隔墙等。不可循环利用隔墙包括非承重砌块砌筑的隔墙等
	D6	主要功能空间室内噪声达标率	室内噪声与围护构件隔声标准均满足现行国家标准《民用建筑隔声设计规范》GB 50118 相应要求	100%	

分类	指标编号	指标内容	指标定义与计算方法	推荐值	备注
施工	D7	利废材料使用率	利废材料的重量与同类建筑材料重量的比值	≥30%	利废材料是在保证性能及安全性和健康环保的前提下,使用以废弃物为原料生产的建筑材料,且废弃物掺量应大于20%
	D8	可再循环材料使用率	可再循环材料的重量与建筑材料总重量的比值	≥10%	可再循环材料是对无法进行再利用的材料,可以通过改变物质形态,生成另一种材料,即可以实现多次循环利用的材料
设计和运营	D9	对社会开放的公共空间	建筑向社会公众提供开放的公共空间(会议、展览、餐饮、健身、娱乐等),室外活动场地错时向公众免费开放	100%	
	D10	垃圾流线	合理设置垃圾处理流程	100%	独立的垃圾处理流线或专用的集中式垃圾间、干湿分类垃圾间,专用的湿垃圾冷藏或处理设施

4.2 建筑功能空间布局

4.2.1 【基本项】饭店建筑的客房部分、公共部分、辅助部分宜分区设置,合理组织各种人流和货流。

除了一般意义上的功能分区明确,可减少流线交叉,方便使用和管理外,减少公共部分和附属用房的设备对客房产生噪声或振动等的不利影响。同时梳理各种流线,缩短各种流线内部交通距离,减少交通辅助空间的面积。

根据功能要求,梳理各个空间关系,从环境入手,统筹布局空间。通过梳理各种流线关系,产生空间秩序。

饭店流线较复杂,如人流、货流。人流包括客人流线和服务人员流线,货流包括洁净流线和污物流线,对于污物流线来说包括干湿两类,应合理设置垃圾处理流线及垃圾设施。

4.2.2 【基本项】饭店的客房部分应远离噪声、振动、电磁辐射的场所,宜布置在有良好日照、采光、自然通风和景观的位置,并选用合适的开间和进深。

饭店客房部分是客人在饭店中的居住空间,它对环境的噪声级有一定的要求,因此应远离噪声、振动、电磁辐射的场所,使客人有一个安静和安全的居住环境,同时客房一般也是客人停留时间最长的地方，应有良好的日照、采光、自然通风、视野，以提高其居住品质。客房布局的最佳效益值建议每间小于 $36m^2$。

客房应有安静及安全的居住环境，具有良好的户外视野，避免视线干扰。满足现行国家标准《民用建筑隔声设计规范》GB 50118 噪声级及隔声的要求及现行国家标准《建筑采光设计标准》GB 50033 的要求。

4.2.3 【基本项】饭店的公共部分如：餐饮、会议、娱乐健身设施等应自成一区，宜对外开放，与社会公众共享。

公共区的餐饮、会议、娱乐健身等空间为大量人流活动区，应自成一区，避免干扰客房的居住客人。同时公共区可对外开放，与社会共享。

根据功能要求，梳理各个空间关系，从环境入手，统筹布局空间并控制规模。通过梳理各种流线关系，产生空间秩序。合理布局公共部分的各功能空间，合理选择柱网、层高、开间及进深，考虑使用功能、使用人数、使用方式的可变性及复合性，有效组织公共区对饭店内住宿客人及社会客人的服务的内外流线，兼顾考虑对外服务的独立性，同时避免公共区噪声大、人流多的功能空间对客房区的影响。

4.2.4 【基本项】饭店的辅助部分宜相对独立成区。根据场地条件和建设规模，合理开发利用地下空间，设置设备用房和地下停车库，有条件的可将其对外共同使用，资源共享。

饭店有噪声、振动、电磁辐射、空气污染的辅助部分宜相对独立成区，避免对其他空间造成干扰。设备用房对日照、采光、通风要求不高，有条件的可设置在地下，充分利用地下空间，有些饭店因功能较为复合，占有自然资源和社会资源，有条件的可将其设备用房、服务用房和地下停车库等辅助部分对外共同使用，也可充分利用社会资源，达到资源共享。

根据功能要求，梳理各个空间关系，从环境入手，统筹布局空间。通过梳理各种流线关系，产生空间秩序。设备机房、管井宜靠近负荷中心，便于降低能耗，综合考虑柱网，提高空间使用率，地下空间宜采用绿色被动技术措施如采光井、采光天窗、下沉广场、半地下室以及反光板、散光板、集光、导光设备等引入天然采光和自然通风。

4.3 建筑围护结构

4.3.1 【基本项】建筑的体形系数控制。

应合理控制体形系数、使建筑体形与环境条件、使用功能、建筑形态、空间组织等有机结合。建筑物体形系数是指建筑物的外表面积和外表面积所包围的体积之比。体形系数越小，单位建筑面积对应的外表面积越小，外围护结构的传热损失越少，对降低能耗有重要意义。

4.3.2 【基本项】窗墙面积比。

应合理控制建筑不同朝向的窗墙比的要求，与自然采光、自然通风、视觉感受、建筑形象协调统一，实现性能化的整体最优原则。单一立面窗墙面积比、透光材料的可见光透射比等性能指标应满足现行国家标准《公共建筑节能设计标准》GB 50189 的相关要求。

窗墙面积比既是影响建筑能耗的重要因素，也受到建筑日照、采光、自然通风等要求的制约。外窗和屋顶透光部分的传热系数远大于外墙，窗墙面积比越大，外窗在外墙面上的面积比例越高，越不利于建筑节能。不同朝向的开窗面积，所带来的影响各不同。

4.3.3 【基本项】围护结构热工性能。

设立背景与实施途径

按照不同气候分区的不同要求，依据国家、地方公共建筑节能标准的相关规定，合理选择建筑外围护体系，确定相关性能标准，选择适宜材料。结合自身项目定位及使用特点，有条件的建筑可适当提高围护结构的节能标准。

4.3.4 【基本项】热桥专项设计。

应进行削弱或消除热桥的专项设计，保证外围护结构保温层的连续性。主要涉及的内容包括外墙无热桥（锚固件、穿墙管预留孔洞）、外门窗无热桥、屋面无热桥、地下室和地面无热桥（薄弱环节）等。热桥专项设计应遵循以下规则：

（1）尽可能不要破坏或穿透外围护结构，当管线需要穿过外围护结构时，应保证穿透处保温连续、密实无空洞；

（2）在建筑部件连接处，保温层应连续无间隙；

（3）避免建筑形体、结构的复杂变化，减少散热面积。

4.3.5 【基本项】建筑气密性能。

建筑气密性是影响建筑供暖能耗和空调能耗的重要因素。良好的气密性可以减少冬季冷风渗透，降低夏季非受控通风导致的供冷需求增加，避免湿气侵入造成的建筑发霉、结露和损坏，同时也有利于减少室外噪声和室外空气污染等不良因素对室内环境的影响，提高使用者的生活品质。门洞、窗洞、电线盒、管线贯穿处等易发生气密性问题的重点部位应对气密性做法提出系统性技术措施，并明确相关技术性能标准、施工工艺要求等。

外门窗做法是建筑气密性控制的重要内容。应选用气密性等级高的外门窗，气密性不应低于现行国家推荐标准《建筑外门窗气密、水密、抗风压性能检测方法》GB/T 7106 规定的 6 级（小于 10 层）、7 级（10 层及以上）。

4.3.6 【基本项】建筑外墙。

与项目定位、自然条件、环境条件、建筑形式、功能与空间特色、技术性能水平相结合，选择适宜的立面形式、外墙体系及相关技术、材料应用，在建筑形象、空间感受、建筑性能方面取得良好平衡。

外门窗做法是建筑气密性控制的重要内容，对建筑气密性能影响很大。首先应选用气密性等级高的外门窗，气密性不应低于现行国家推荐标准《建筑外门窗气密、水密、抗风压性能检测方法》GB/T 7106 规定的 6 级（小于 10 层）、7 级（10 层及以上）。同时，应严格控制外门窗安装的建筑构造设计与施工质量（如门窗框料与建筑外墙洞口衔接处的缝隙封堵做法、材料、工艺，适应施工误差与使用变形的能力等），并应制定完善的运维策略与措施。

4.3.7　【基本项】建筑外窗。

根据立面风格、形式，灵活选用悬窗、平开窗等形式，确保外窗可开启面积，提供充分的自然通风条件。同时，运营管理相结合，合理控制外窗开启角度、宽度，保障日常运营使用的安全性要求。

外窗是影响建筑节能效果的关键部件，其影响能耗的性能参数主要包括传热系数（k值）、太阳得热系数（$SHGC$值）以及气密性能；影响外窗节能性能的主要因素有玻璃层数、Low-E膜层、填充气体、边部密封、型材材质、截面设计及开启方式等。应结合建筑功能和使用特点，通过性能化方法进行外窗系统优化设计和选择。

应根据当地气候条件、建筑朝向、房间使用要求等，合理选择垂直或水平固定外遮阳、可调节外遮阳等方式。可采用可调或固定等遮阳措施，也可采用各种热反射玻璃、镀膜玻璃、阳光控制膜、低发射率膜等进行遮阳。

地下车库、地下公共活动空间（如宴会厅、健身房、游泳池、多功能厅、运动场地等）应充分利用自然采光，可设置采光天窗、采光侧窗、下沉式广场（庭院）、光导管等措施提供天然采光，降低照明能耗。

当采用光导管等导光技术时，应注意导光设施设备与建筑、绿化景观的关系，避免日照遮挡，避免光纤设备等线路过长（一般控制在25m以内）而降低光效。同时，还应注意与常规人工照明系统的可靠转换及其自动控制等。

4.3.8　【基本项】建筑屋面。

根据不同气候分区的气候特点，通过选用高性能保温材料、蓄水屋面、屋顶绿化、隔热架空层做法等优化屋面保温隔热性能。夏热冬冷、夏热冬暖地区的建筑屋面宜采取必要隔热措施。

屋顶透明部分的面积不应大于屋顶总面积的20%。

对应进深较大的大空间来讲，通过屋顶采光天窗可更有效利用自然采光，在较低的人工照明条件下，即可实现较好的照度标准和采光均匀度。屋顶采光天窗屋顶透明部分应采取必要遮阳措施（如可调节的室内外遮阳设施等），并应与自然采光、自然通风、消防排烟及相关自控系统设计相结合，形成一体化解决方案。

5

建筑结构与建材

阶段		涉及主体	装饰性构件	土建装修一体化	装配式	集成卫浴	清水混凝土	建筑形体	结构优化	新型结构体系	预拌砂浆、混凝土	本地化建材	高强结构材料	循环利用建材	高耐久性建材	利废建材	绿色建材
设计阶段		业主方	●	●	●	○	○	●	●	○	●	●	○	○	○	○	○
	设计方	规划师															
		景观设计师															
		建筑师	●	●	●	○	○	●	○	○	●	●	○	○	○	○	○
		室内设计师		●	○	○								○			
		结构工程师	●	●	●	○	○	●	●	○	●	●	○	○	○	○	○
		给水排水工程师		●	○	○				○							
		暖通工程师		●	○	○				○							
		电气工程师		●	○	○				○							
		经济分析师	●											○	○	○	○	○
施工阶段		业主/监理	○	○	○	○	○	○	○	○	○	○	○	○	○	○	○
		设计方	●	●	●	○	○	●	●	○	●	●	○	○	○	○	○
		施工方	●	●	●	○	○	●	●	○	●	●	○	○	○	○	○
●表示相关人员需重点关注内容；○表示相关人员需了解内容； 空白表示无需关注																	

建筑结构建材条文见表 5-1。

建筑结构建材条文　　　　　　　　　　　　　　　　　　　　　表 5-1

子项	条文编号	条文分类	条文内容	勾选项
5.1 节约材料用量	5.1.1	基本项	建筑设计应减少使用装饰性构件	□
	5.1.2	基本项	土建工程与装修工程一体化设计	□
	5.1.3	推荐项	采用装配式建造方式,装配率不低于50%	□
	5.1.4	推荐项	客房卫浴间选用集成卫浴产品	□
	5.1.5	推荐项	选用清水混凝土	□

子项	条文编号	条文分类	条文内容	勾选项
5.2 结构体系优化	5.2.1	基本项	择优选用建筑形体	☐
	5.2.2	基本项	地基基础、结构构件及结构体系节材优化设计	☐
	5.2.3	推荐项	选用钢结构、木结构等资源消耗少、环境影响小的结构体系	☐
5.3 选用绿色建材	5.3.1	基本项	选用预拌混凝土、预拌砂浆	☐
	5.3.2	基本项	选用本地化建筑材料	☐
	5.3.3	推荐项	选用高强结构材料	☐
	5.3.4	推荐项	选用可再利用和可再循环建筑材料	☐
	5.3.5	推荐项	选用高耐久性建筑材料	☐
	5.3.6	推荐项	选用废弃物生产建筑材料	☐
	5.3.7	推荐项	选用绿色建材	☐

5.1 节约材料用量

5.1.1 【基本项】建筑设计应减少使用装饰性构件。

（1）所有装饰性构件总造价低于工程总造价的 5‰。

（2）女儿墙高度不超过规范最低要求的 2 倍，如超过则将超出部分视为装饰性构件处理。

一、设立背景

装饰性构件是建筑艺术和技术的综合体，绿色饭店建筑和传统饭店的差别之一在于其装饰性构件应兼顾功能性，如遮阳、导光、导风以及载物等。本条并非要求绿色饭店建筑完全不能使用装饰性构件，而是从节约材料资源的角度出发，鼓励将构件的装饰性和功能性融为一体，并且通过控制其造价的方式减少纯装饰性构件的使用。

二、设立依据

本条依据现行国家推荐标准《绿色饭店建筑评价标准》GB/T 51165 控制项 7.1.3 条的要求编制而成。

三、实施途径

1. 策划阶段——业主方、经济分析师

应了解绿色饭店建筑的该项基本要求。

2. 策划阶段——建筑师

应了解绿色饭店建筑减少使用装饰性构件的基本要求，并提前考虑在后续的方案设计中，对装饰性构件的使用部位、用量进行控制。

3. 设计阶段——业主方、经济分析师

业主方应控制设计方案满足该项基本要求，经济分析师应在概预算中控制装饰性构件和超高部分女儿墙占总体造价的比例。

4. 设计阶段——建筑师、结构工程师

建筑师和结构工程师应按照该项基本要求进行建筑设计，主动将装饰性和功能性进行结合，对纯装饰性构件使用部位、材质、用量以及女儿墙高度等进行控制。

5. 施工阶段——建设方、设计方

应严格按照设计图纸，落实该项基本要求。

6. 运营阶段——维护改造装修人员、设计方（改造装修涉及）、施工方（改造装修涉及）

应了解本条要求，并在维护、改造中予以保持延续。

5.1.2 【基本项】土建工程与装修工程一体化设计。

（1）土建、装修等各专业图纸齐全，无漏项。

（2）业主组织协调土建设计和装修设计进行一体化设计的技术交底，并保留证明文件。

（3）在土建施工开始之前完成装修设计出图。

（4）在泳池等专项装修设计合同中对于土建装修一体化进行工作界面约定。

一、设立背景

土建设计与装修设计一般分别由不同的单位先土建后装修分阶段进行设计，如果土建设计与装修设计没有进行很好地沟通衔接，容易出现重复设计、重复施工、反复拆改等现象，造成材料的浪费。

饭店建筑一般均为较高档次的精装修建筑，相比其他公共建筑，装修设计在饭店设计各环节中显得尤为重要，也更可能做到土建工程与装修工程一体化设计。本条希望土建设计与装修设计能够同时进行，且均在土建工程施工前完成。

二、设立依据

本条依据现行国家推荐标准《绿色饭店建筑评价标准》GB/T 51165 评分项 7.2.3 条的要求编制而成，考虑到饭店建筑一般均为精装修交付，因此作为基本项提出控制要求。

三、实施途径

1. 策划阶段——业主方

应了解绿色饭店建筑的该项基本要求。

2. 策划阶段——建筑师

应了解绿色饭店建筑土建工程与装修工程一体化设计的基本要求，并考虑在后续的方案设计中，提前预留装修设计的配合接口。

3. 设计阶段——业主方

业主方应尽早明确装修需求，并将具体要求贯彻到土建设计和装修设计两个环节中，召开专题会议对土建设计和装修设计进行统一协调，使土建设计时就能考虑到装修设计需求，事先进行孔洞预留和装修面层固定件的预埋，避免在装修施工时对已有建筑构件打凿、穿孔。这样既可减少设计的反复，又可保证结构的安全，减少材料消耗，并降低装修成本。

对于泳池等专项装修设计，在合同中对土建设计和装修设计的工作界面进行明确约定，有利于土建与装修的衔接和一体化的落实

4. 设计阶段——建筑师、室内设计师、结构工程师、给水排水工程师、暖通工程师、

电气工程师各专项设计师应保证土建、装修等各专业图纸齐全，无漏项，土建、装修等各专业之间会审签认手续完备。对于泳池等专项装修设计，各专业应严格按照合同约定的工作界面协同推进设计工作。

5. 施工阶段——建设方、设计方

建设方应严格按照设计图纸，落实该项基本要求，并争取在施工过程中实现土建与装修的一体化施工。设计方应关注图纸的落实情况，并及时协助施工方解决施工过程中一体化的界面衔接问题。

5.1.3 【推荐项】采用装配式建造方式。

一、设立背景

建筑施工中，混凝土构件一般在工地现场支模，现场加工、绑扎钢筋，现场浇筑混凝土，现场进行混凝土养护，现场拆除模板。这些工作容易造成混凝土、钢筋的浪费，噪声、粉尘污染等一系列问题，因此国家目前正在推进装配式建造方式，减少材料浪费，减少施工对环境的影响，同时可为将来建筑拆除后构、配件的再利用创造条件。

二、设立依据

本条依据现行国家推荐标准《绿色饭店建筑评价标准》GB/T 51165 评分项 7.2.5 条的要求编制而成。

三、实施途径

1. 策划阶段——业主方

应了解绿色饭店建筑的该项推荐性要求。

2. 策划阶段——建筑师、结构工程师

应了解绿色饭店建筑优先采用装配式建造方式的推荐性要求，并考虑在后续的方案设计中予以落实。

3. 设计阶段——业主方

业主方应尽早决策是否采用装配式建造方式，并应参考现行国家推荐标准《装配式建筑评价标准》GB/T 51129 明确装配率指标要求。

4. 设计阶段——建筑师、室内设计、结构工程师、给水排水工程师、暖通工程师、电气工程师结构工程师和建筑师应根据项目需求落实该项推荐性要求，优先在建筑楼梯、阳台、空调板等构件以及非砌筑内隔墙采用预制构件。其他设计专业应配合落实装配率要求，并提出本专业需要协调和施工中注意的问题。

5. 施工阶段——建设方、设计方

建设方应严格按照设计要求安排好预制构、配件的采购、运输、进场、吊装、验收等各项工作，并确保按图施工，保障施工质量，设计方应协助建设方落实该项要求。

5.1.4 【推荐项】装修选用工业化内装部品，客房卫浴间优先选用集成卫浴产品。

一、设立背景

国家目前不仅在建筑主体结构和构、配件方面推进装配式建造，在室内装修也在推行采用工业化内装部品。常见的工业化内装部品主要包括整体卫浴、装配式吊顶、装配式隔墙、装配式墙面、管线集成与设备设施等。

卫浴间装修占了饭店建筑室内装饰装修很大一部分的成本和工作量，而且一般饭店建筑中均存在大量布置相同的客房卫浴间，特别有利于集成卫浴的设计和使用。因此鼓励优先选用标准化生产的集成卫浴产品，减少材料消耗，减少粉尘和噪声污染，提高质量，加快施工速度，符合绿色理念。

二、设立依据

本条依据现行国家推荐标准《绿色饭店建筑评价标准》GB/T 51165 评分项 7.2.4 条和现行国家推荐标准《装配式建筑评价标准》GB/T 51129 第 4.0.8～4.0.13 条的要求编制而成。

三、实施途径

1. 策划阶段——业主方

应了解绿色饭店建筑的该项推荐性要求。

2. 策划阶段——建筑师

应了解绿色饭店建筑优先选用工业化内装部品的推荐性要求，并考虑在后续的方案设计中予以落实。

3. 设计阶段——业主方

业主方应尽早调研决策是否采用集成卫浴产品等工业化内装部品，并明确具体使用比例（现行国家推荐标准《绿色饭店建筑评价标准》GB/T 51165 评分项 7.2.4 条要求 50%以上客房采用）。

4. 设计阶段——建筑师、室内设计师、结构工程师、给水排水工程师、暖通工程师、电气工程师各设计专业应根据项目需求落实该项推荐性要求，选用市场上成熟的工业化内装部品。对于集成卫浴产品，应注意在卫浴间的尺寸和构造设计上与建筑、给水排水、电气等专项设计的匹配和对接。

5. 施工阶段——建设方、设计方

建设方应严格按照设计要求安排好工业化内装部品的采购、运输、进场、安装、验收等各项工作，并确保按图施工，协调产品供应商一起保障施工质量，设计方应协调各专业，协助建设方落实该项要求。

5.1.5 【推荐项】选用清水混凝土。

一、设立背景

近年来，清水混凝土的使用越来越多，其品质和效果也越来越符合设计要求。本条的目的是引导在满足设计要求的前提下，在内外墙等主要外露部位合理使用清水混凝土，可减少装饰面层的材料使用，节约材料用量。

二、设立依据

本条依据现行国家推荐标准《绿色饭店建筑评价标准》GB/T 51165 评分项 7.2.11 条的要求编制而成。

三、实施途径

1. 策划阶段——业主方

应了解绿色饭店建筑优先选用清水混凝土的推荐性要求。

2.策划阶段——建筑师

应了解绿色饭店建筑的该项推荐性要求，并在后续的方案设计中优先考虑。

3.设计阶段——业主方

业主方应尽早调研决策是否采用清水混凝土，并与设计方商讨明确具体的使用部位、规模和具体形式。

4.设计阶段——建筑师、室内设计、结构工程师

各设计专业应根据与业主的商讨结果落实该项推荐性要求，出具符合施工深度需求的专项设计图纸。

5.施工阶段——建设方、设计方

业主（监理）应严格按照设计要求安排好产品采购、进场、施工、验收等各项工作，施工方应确保严格按照设计要求按图施工，协调供应商一起保障施工质量，设计方应协调各专业，协助建设方落实该项要求。

5.2 结构体系优化

5.2.1 【基本项】择优选用建筑形体。

一、设立背景

不同的建筑方案的材料用量有较大的差异，资源消耗水平、对环境的冲击也会有大的差异。因此，首先需关注建筑形体的优劣。

为实现相同的抗震设防目标，形体不规则的建筑要比形体规则的建筑耗费更多的结构材料。不规则程度越高，结构材料的消耗量越多，构件性能要求越高，不利于节材。绿色建筑设计应重视建筑平面、立面和竖向剖面的规则性对受力性能及经济性的影响，优先选用规则的形体，以节省材料，提高空间使用率。

二、设立依据

现行国家标准《建筑抗震设计规范（2016年版）》GB 50011将建筑形体的规则性分为：规则、不规则、特别不规则、严重不规则。本条参照该标准和现行国家推荐标准《绿色饭店建筑评价标准》GB/T 51165评分项7.2.1条的要求编制而成。

三、实施途径

1.策划阶段——业主方

应了解绿色饭店建筑择优选用规则建筑形体的推荐性要求。

2.策划阶段——建筑师、结构工程师

应了解绿色饭店建筑的该项推荐性要求，并考虑在后续的方案设计中予以落实。

3.设计阶段——业主方

业主方应尽早确定建筑形体。

4.设计阶段——结构工程师、建筑师

建筑方案设计时，宜有结构师参与，创作过程中方案设计师宜向结构设计师咨询，选择有利于抗震的形体。初步设计阶段，结构设计师宜进行建模分析，估算材料用量，根据材料用量的差异择优选择建筑方案。

5. 施工阶段——建设方、设计方

建设方确保按图施工，设计方应协助建设方落实该项要求。

5.2.2 【基本项】地基基础、结构构件及结构体系节材优化设计。

一、设立背景

通常，结构材料的用量超过建筑总用材量的一半，不同的结构设计方案，材料用量会有较大的差异。在设计过程中对结构体系及结构构件设计进行优化，能够有效地节约材料用量。因此，在满足安全和规范要求的前提下通过优化设计节约结构材料的用量对于建筑节材的贡献很大。

本条的主要目的在于强化设计和建设单位的优化意识，提倡通过优化设计，采用新技术、新工艺达到节材目的。

二、设立依据

本条依据现行国家推荐标准《绿色饭店建筑评价标准》GB/T 51165 评分项 7.2.2 条的要求编制而成。

三、实施途径

1. 策划阶段——业主方

应了解绿色饭店建筑鼓励节材优化设计的推荐性要求。

2. 策划阶段——建筑师、结构工程师

应了解绿色饭店建筑该项推荐性要求，并考虑在后续的结构方案设计和比选中予以落实。

3. 设计阶段——业主方

业主方应根据设计方的节材优化比选结果，尽早确定结构方案。

4. 设计阶段——结构工程师

（1）建筑方案确定以后，结构工程师应根据建筑方案及建筑所在地环境、施工和使用条件，进行具体的结构方案的创作。如果多个结构方案较难判断优劣，应以节约材料和保护环境为目标，进行充分的计算分析和比选论证，根据计算结果选择安全、经济、适用的结构方案。

（2）本条强调对地基基础、结构构件及结构体系进行优化设计，优化设计应最终给出结构方案。优化设计应包括从体系到构件细部的所有层面、从基础到上部结构的所有部位，但不必分别进行，鼓励各专业与结构专业同时进行综合优化工作。结构优化过程、思路和节材效果应反映到具体饭店建筑项目的结构优化论证报告中。

（3）以下优化措施可供参考：对抗震安全性和使用功能有较高要求的建筑，合理采用隔震或消能减震技术，可减小整体结构的材料用量，在混凝土结构中，合理采用预应力技术等，可减少材料用量、减轻结构自重，在地基基础设计中，充分利用天然地基承载力，合理采用复合地基或复合桩基，采用变刚度调平技术，可减小基础材料的总体消耗。减轻楼面面层和隔墙的自重也是重要节材优化措施，除固定的交通区、设备区内的隔墙外，客房区采取措施减少墙面抹灰厚度，地上其他区域减少砌块类隔墙。

5. 施工阶段——建设方、设计方

建设方确保按图施工，并保障施工质量，设计方应协助建设方落实该项要求。

5.2.3 【推荐项】选用钢结构、木结构等资源消耗少、环境影响小的结构体系。

一、设立背景

与钢筋混凝土结构相比，钢结构本身具备自重轻、强度高、抗震性能好、施工快、建造和拆除时环境污染少、容易回收再利用等优点，鼓励饭店建筑根据项目自身条件优先采用或局部采用。

由于木材为天然材料，绿色少污染，对人体亲和性好，环保舒适性高，易于打造饭店特有风格，因此木结构或混合木结构也是适用于饭店建筑的结构体系，可根据项目实际情况进行选取。

二、设立依据

本条依据现行国家推荐标准《绿色建筑评价标准》GB/T 50378 加分项 9.2.5 条的要求编制而成。

三、实施途径

1. 策划阶段——业主方

应了解绿色饭店建筑优先选用钢结构、木结构等资源消耗少、环境影响小的结构体系的推荐性要求。

2. 策划阶段——建筑师、结构工程师

应了解绿色饭店建筑的该项推荐性要求，并考虑在后续的结构体系选取时予以考虑。

3. 设计阶段——业主方

业主方应尽早确定是否采用新型结构体系。

4. 设计阶段——结构工程师

建筑方案设计和扩初设计时，结构工程师应与建筑师合作，确定新型结构体系，并在施工图设计阶段落实到各自专业的具体图纸中。

5. 施工阶段——建设方、设计方

建设方确保按图施工，设计方应协助建设方落实该项要求。

5.3　选用绿色建材

5.3.1 【基本项】选用预拌混凝土、预拌砂浆。

一、设立背景

我国大力提倡和推广使用预拌混凝土已经历时多年，其应用技术已较为成熟。与现场搅拌混凝土相比，预拌混凝土产品性能稳定，易于保证工程质量，且采用预拌混凝土能够减少施工现场噪声和粉尘污染、节约能源、资源，减少材料损耗。本条要求绿色饭店建筑的现浇混凝土全部采用预拌混凝土，且应符合现行国家推荐标准《预拌混凝土》GB/T 14902 的有关规定。

预拌砂浆与现场拌制砂浆相比，不是简单意义的同质产品替代，而是采用先进工艺的生产线拌制，增加了技术含量，产品性能得到显著增强。预拌砂浆尽管单价比现场拌制砂浆高，但是由于其性能好、质量稳定、环境污染小、材料浪费和损耗小、施工效率高、工程返修率低，可降低工程的综合造价。本条要求绿色饭店建筑使用的建筑砂浆全部采用预拌砂浆，且应符合现行国家推荐标准《预拌砂浆》GB/T 25181 及现行行业标准《预拌砂浆应用技术规程》JGJ/T 223 的有关规定。

二、设立依据

本条依据现行国家推荐标准《绿色饭店建筑评价标准》GB/T 51165 的要求编制而成。

三、实施途径

1. 策划阶段——业主方

应了解绿色饭店建筑选用预拌混凝土、预拌砂浆的基本性要求。

2. 策划阶段——建筑师、结构工程师

应了解绿色饭店建筑的该项基本性要求，并考虑在后续设计中予以落实。

3. 设计阶段——业主方

业主方应了解绿色饭店建筑的该项基本性要求。

4. 设计阶段——建筑师、结构工程师

建筑师和结构工程师在不同的设计阶段均应在设计说明中对于全部使用预拌混凝土、50％以上使用预拌砂浆提出明确要求，并将该项要求落实到各自专业的具体图纸中。

5. 施工阶段——建设方、设计方

建设方（业主及施工方）应严格按照设计要求安排好产品预拌混凝土和预拌砂浆采购、进场、施工、验收等各项工作；设计方应协助建设方落实该项要求。

5.3.2 【基本项】选用本地化建筑材料。

一、设立背景

建材本地化是减少运输过程资源和能源消耗、降低环境污染的重要手段之一。本条鼓励绿色饭店建筑根据当地建材资源条件，优先选用本地生产的建筑材料，提高就地取材制成的建筑产品所占的比例。

本条要求施工现场 500km 以内生产的建筑材料重量占建筑材料总重量的比例不低于 60％。

二、设立依据

本条依据现行国家推荐标准《绿色饭店建筑评价标准》GB/T 51165 评分项的要求编制而成。

三、实施途径

1. 策划阶段——业主方

应了解绿色饭店建筑选用本地化建筑材料的基本性要求。

2. 策划阶段——建筑师、结构工程师

应了解绿色饭店建筑的该项基本性要求，并提前对项目所在区域的建筑材料地方特色和生产规模进行调研。

3. 设计阶段——业主方

业主方应了解绿色饭店建筑的该项基本性要求。

4. 设计阶段——建筑师、结构工程师

建筑师和结构工程师应在设计文件中提出优先使用本地化建筑材料的要求，如采用当地特色的建筑材料，应将其落实在设计说明、材料表及具体图纸中。

5. 施工阶段——建设方、设计方

建设方（业主及施工方）应严格按照设计要求安排好各类建材产品采购、进场记录、验收决算等各项工作，设计方应协助建设方落实该项要求。

5.3.3 【推荐项】选用高强度结构材料。

（1）对于混凝土结构，优先考虑提高钢筋等级，梁、柱纵向受力普通钢筋应全部采用 HRB400 级以上钢筋，且所有部位 400MPa 级及以上受力普通钢筋的使用比例不低于 85％。鼓励根据自身情况选用高强度混凝土，竖向承重结构中 C50 混凝土的使用比例不低于 50％。

（2）对于钢结构，优先考虑提高钢材强度等级，Q345 及以上高强度钢材的使用比例不低于 50％。

一、设立背景

合理采用高强度结构材料，可减小构件的截面尺寸及材料用量，同时也可减轻结构自重，减小地震作用及地基基础的材料消耗。

二、设立依据

本条依据现行国家推荐标准《绿色饭店建筑评价标准》GB/T 51165 评分项 7.2.9 条和《绿色建筑评价标准》GB/T 50378 评分项 7.2.15 条的要求编制而成。

三、实施途径

1. 策划阶段——业主方

应了解绿色饭店建筑优先选用高强度结构材料的推荐性要求。

2. 策划阶段——建筑师、结构工程师

应了解绿色饭店建筑的该项推荐性要求，并提前考虑在方案设计时优先选用高强材料。

3. 设计阶段——业主方

业主方应了解绿色饭店建筑的该项推荐性要求。

4. 设计阶段——结构工程师、建筑师、经济分析师

结构工程师和建筑师应在设计文件中明确高强度混凝土、高强度钢筋、高强度钢材等的使用要求，将其落实在设计说明、材料表及具体图纸中。

经济分析师应在项目概预算文件中明确标注出高强度材料的使用规格和用量等信息，便于后期进行高强材料使用比例的统计。

5. 施工阶段——建设方、设计方

建设方（业主及施工方）应严格按照设计要求安排好高强度材料的采购、进场记录、验收决算等各项工作，设计方应协助建设方落实该项要求。

5.3.4 【推荐项】选用可再利用和可再循环建筑材料。

一、设立背景

饭店建筑中采用的可再循环建筑材料和可再利用建筑材料，可以减少生产加工新材料带来的资源、能源消耗和环境污染，具有良好的经济、社会和环境效益。

本条中的"可再利用材料"是指不改变物质形态可直接再利用的，或经过组合、修复后

可直接再利用的回收材料，如在饭店建筑的更新改造中尽量多地保留原有的门窗框架等，"可再循环材料"是指通过改变物质形态可实现循环利用的回收材料，如金属材料、玻璃等。

本条要求尽可能多地选用可再利用和可再循环建筑材料，其用量应不低于建筑材料总用量的10%。

二、设立依据

本条依据现行国家推荐标准《绿色饭店建筑评价标准》GB/T 51165评分项和《绿色建筑评价标准》GB/T 50378评分项的要求编制而成。

三、实施途径

1. 策划阶段——业主方

应了解绿色饭店建筑优先选用可再利用和可再循环建筑材料的推荐性要求。

2. 策划阶段——建筑师、结构工程师

应了解绿色饭店建筑的该项推荐性要求，并提前考虑在方案设计时优先选用可再利用材料和可再循环材料。

3. 设计阶段——业主方

业主方应了解绿色饭店建筑的该项推荐性要求。

4. 设计阶段——建筑师、结构工程师、经济分析师

结构工程师和建筑师应在设计文件中明确钢筋、玻璃等可再循环和可再利用建筑材料的使用要求，将其落实在设计说明、材料表及具体图纸中。

经济分析师应在项目概预算文件中明确标注出各类主要建筑材料的使用规格和用量等信息，便于后期进行可再利用和可再循环材料使用比例的统计。

5. 施工阶段——建设方、设计方

建设方（业主及施工方）应严格按照设计要求安排好可再利用和可再循环建筑材料产品采购、进场记录、验收决算等各项工作，设计方应协助建设方落实该项要求。

5.3.5 【推荐项】选用高耐久性建筑材料。

（1）混凝土结构选用高耐久性混凝土，其用量占混凝土总量的比例不低于50%。

（2）钢结构选用耐候结构钢或涂装耐候型防腐涂料。

（3）外立面选用耐久性好、易维护的材质。

一、设立背景

饭店建筑中采用的高耐久性建筑材料，可提高建筑及构配件的使用寿命，具有良好的经济、社会和环境效益。

本条中的高耐久性建筑材料主要涉及高耐久性混凝土、耐候结构钢、耐候型防腐涂料，以及外墙涂料、装饰板、幕墙等材料种类。

二、设立依据

本条依据现行国家推荐标准《绿色饭店建筑评价标准》GB/T 51165评分项的要求编制而成。

三、实施途径

1. 策划阶段——业主方

应了解绿色饭店建筑优先选用高耐久性建筑材料的推荐性要求。

2. 策划阶段——建筑师、结构工程师

应了解绿色饭店建筑的该项推荐性要求，并提前考虑在方案设计时合理选用高耐久性材料。

3. 设计阶段——业主方

业主方应了解绿色饭店建筑的该项推荐性要求。

4. 设计阶段——结构工程师、建筑师、经济分析师

结构工程师和建筑师应在设计文件中明确高耐久性材料的使用要求，将其落实在设计说明、材料表及具体图纸中，具体要求和实施途径如下：

本条第一项要求中的高耐久性混凝土应不低于现行国家标准《混凝土结构耐久性设计标准》GB/T 50476 中 50 年设计寿命要求，需经过现行行业标准《混凝土耐久性检验评定标准》JGJ/T 193 的检测，抗氯离子渗透、抗碳化、抗硫酸盐、抗早期开裂性能等检测评定的项目及等级或限值应高于设计要求，高耐久性混凝土用量占混凝土总量的比例不应低于 50%。

本条第二项要求中的耐候结构钢需符合现行国家标准《耐候结构钢》GB/T 4171 的要求，未使用耐候结构钢但使用了耐候型防腐涂料的钢结构，耐候型防腐涂料需符合现行行业标准《建筑用钢结构防腐涂料》JG/T 224 中 Ⅱ 型面漆和长效型底漆的要求。

本条第三项对外立面材料的耐久性的具体要求详见表 5-2。

绿色饭店建筑外立面材料耐久性要求 表 5-2

分类		耐久性要求
外墙涂料		采用水性氟涂料或耐候性相当的涂料
装饰板		采用耐候处理复合板
陶瓷板		厚度不大于 6mm
建筑幕墙	玻璃幕墙	明框、半隐框玻璃幕墙的铝型材表面处理符合现行国家标准《铝及铝合金阳极氧化膜与有机聚合物膜》GB/T 8013.1～8013.3 规定的耐候性等级的最高级要求。硅酮结构密封胶耐候性优于《建筑用硅酮结构密封胶》GB 16776—2005 标准要求
	石材幕墙	根据当地气候环境条件,合理选用石材含水率和耐冻融指标,并对其表面进行防护处理。优选厚度不大于 10mm 的薄型石材
	金属板幕墙	采用氟碳制品,或耐久性相当的其他表面处理方式的制品
	人造板幕墙	根据当地气候环境条件,合理选用含水率、耐冻融指标

经济分析师应在项目概预算文件中明确标注出各类高耐久性建筑材料规格、性能等级或指标、用量等信息，便于后期进行使用比例的统计。

5. 施工阶段——建设方、设计方

建设方（业主及施工方）应严格按照设计要求安排好高耐久性材料产品采购、进场记录、检测报告收集、验收决算等各项工作，设计方应协助建设方落实该项要求。

5.3.6 【推荐项】选用废弃物生产建筑材料。

（1）以废弃物为原料生产的建筑材料中废弃物的掺量不低于 30%。

（2）以废弃物为原料生产的建筑材料占同类建材的用量比例不低于30%。

一、设立背景

饭店建筑中采用的以废弃物为原料生产的建筑材料，可以减少新材料的开采使用，促进各类废弃物的循环再利用，具有良好的经济、社会和环境效益。

本条中的"以废弃物为原料生产的建筑材料"是指在满足安全和使用性能的前提下，使用以废弃物为原材料生产出的建筑材料。主要包括：将建筑废弃混凝土生产成再生骨料、加工制作成的再生骨料混凝土或其他制品。以工业副产品脱硫石膏制作成脱硫石膏板等制品。利用淤泥、工业废料、建筑垃圾、农作物秸秆为原料制作成水泥、混凝土、墙体材料、保温材料等建筑材料。

二、设立依据

本条依据现行国家推荐标准《绿色饭店建筑评价标准》GB/T 51165评分项7.2.13条的要求编制而成。

三、实施途径

1. 策划阶段——业主方

应了解绿色饭店建筑优先选用废弃物生产建筑材料的推荐性要求。

2. 策划阶段——建筑师、结构工程师

应了解绿色饭店建筑的该项推荐性要求，并在方案设计时优先考虑以废弃物为原料生产的建筑材料的使用，并提前进行项目所在地该类建材的调研工作。

3. 设计阶段——业主方

业主方应了解绿色饭店建筑的该项推荐性要求。

4. 设计阶段——建筑师、结构工程师、室内设计师、经济分析师

结构工程师和建筑师应在设计文件中明确以废弃物为原料生产的建筑材料的使用要求，将其落实在设计说明、材料表及具体图纸中。

经济分析师应在项目概预算文件中明确标注出各类以废弃物为原料生产的建筑材料的名称、用量等信息，便于后期进行用量和使用比例统计。

5. 施工阶段——建设方、设计方

建设方（业主及施工方）应严格按照设计要求安排好废弃物生产建筑材料产品采购、进场记录、相关检测报告、验收决算等各项工作，设计方应协助建设方落实该项要求。

5.3.7 【推荐项】选用绿色建材。

一、设立背景

本条鼓励采用绿色建材及产品，以提高建筑用材品质，降低资源和环境消耗。住房和城乡建设部2015年出台了《绿色建材标识管理办法实施细则》和《绿色建材评价技术导则（试行）》。2017年底，国家质检总局、住房和城乡建设部、工业和信息化部、国家认监委、国家标准委联合发布了《关于推动绿色建材产品标准、认证、标识工作的指导意见》国质检认联【2017】544号，其中进一步提出了推动绿色建材产品发展的新要求。2019年3月，国家发展改革委等七部门联合印发了《绿色产业指导目录（2019年版）》（发改环资〔2019〕293号），将"绿色建材认证推广"正式列入，以支撑建筑节能、绿色建筑和新型城镇化建设需求。

　　国家及不少省市均出台相关政策、规划等鼓励发展绿色建材，明确提出逐步提高绿色建材在绿色建筑中的使用比例，计划完善推广制度，扩大绿色建材的应用范围，各类绿色建材的标准规范也在紧锣密鼓地编制中。

　　具有国家和地方行业行政主管部门颁发的绿色建材产品认证的建筑材料及产品方能认为符合本条要求，且该类绿色建材占同类建材的使用比例不得低于40％。

　　二、设立依据

　　本条依据国家对绿色建材的最新推进要求编制而成。

　　三、实施途径

　　1. 策划阶段——业主方

　　应了解绿色饭店建筑优先选用绿色建材的推荐性要求。

　　2. 策划阶段——建筑师、结构工程师

　　应了解绿色饭店建筑的该项推荐性要求，并提前对项目可用的绿色建材进行调研。

　　3. 设计阶段——业主方

　　业主方应了解绿色饭店建筑的该项推荐性要求。

　　4. 设计阶段——建筑师、结构工程师、室内设计师、经济分析师

　　各专业应结合项目情况和各自专业用材需求，在设计文件中提出优先使用绿色建材的要求，并将其落实在设计说明、材料表及具体图纸中。

　　经济分析师应在项目概预算文件中明确标注出各类绿色建材的名称、用量等信息，便于后期进行应用比例统计。

　　5. 施工阶段——建设方、设计方

　　建设方（业主及施工方）应严格按照设计要求安排好绿色建材产品采购、相关检测报告、验收决算等各项工作；设计方应协助建设方落实该项要求。

本章参考文献

［1］住房和城乡建设部科技发展促进中心等 . GB/T 51165—2016 绿色饭店建筑评价标准［S］. 北京：中国建筑工业出版社，2016.

［2］住房和城乡建设部科技与产业化发展中心等 . GB/T 51129—2017 装配式建筑评价标准［S］. 北京：中国建筑工业出版社，2017.

［3］中国建筑科学研究院等 . GB 50011—2010 建筑抗震设计规范（2016 年版）［S］. 北京：中国建筑工业出版社，2010.

［4］中国建筑科学研究院等 . GB/T 50378—2019 绿色建筑评价标准［S］. 北京：中国建筑工业出版社，2019.

［5］中国建筑科学研究院等 . GB/T 14902—2012 预拌混凝土［S］. 北京：中国建筑工业出版社，2012.

［6］中国建筑科学研究院有限公司等 . GB/T 25181—2019 预拌砂浆［S］. 北京：中国建筑工业出版社，2019.

［7］中国建筑科学研究院等 . JGJ/T 223—2010 预拌砂浆应用技术规程［S］. 北京：中国建筑工业出版社，2010.

6

暖通空调专业

阶段	涉及主体		能源方案	能耗计量	冷热源	输配效率	过渡季	部分负荷	厨房通风	设备监控	照明	电梯	供配电	热回收	蓄冷蓄热	余热废热	可再生能源
设计阶段		业主方	○	●	○	○	○	○	○	○	○	○	○	○	○	○	○
	设计方	规划师															
		景观设计师															
		建筑师	○										○				
		室内设计师															
		结构工程师															
		给水排水工程师														●	●
		暖通工程师	●	●	●	●	●	●	●	●				●	●	●	●
		电气工程师	●	●						●	●	●	●				●
		经济分析师															
施工阶段		业主/(监理)															
		设计方	○	○	○	○	○	○	○	○	○	○	○	○	○	○	○
		施工方	●	●	●	●	●	●	●	●	●	●	●	●	●	●	●
运营管理阶段		饭店业主代表															
		饭店总经理	○	○	○	○	○	○	○	○	○	○	○	○	○	○	○
		饭店工程管理员	●	●	●	●	●	●	●	●	●	●	●	●	●	●	●
		饭店安全管理员															
		饭店绿色管理员	●	●	●	●	●	●	●	●	●	●	●	●	●	●	●
		饭店设备检测代理	○	○	○	○	○	○	○	○	○	○	○	○	○	○	○
●表示相关人员需重点关注内容；○表示相关人员需了解内容；　空白表示无需关注																	

暖通空调条文见表 6-1。

暖通空调条文				表 6-1
子项	条文编号	条文分类	条文内容	勾选项
6.1 能源整合设计	6.1.1	基本项	建筑能源系统方案确定	☐
	6.1.2	基本项	能耗计量及能源管理	☐

子项	条文编号	条文分类	条文内容	勾选项
6.2 供暖通风与 空调系统	6.2.1	推荐项	供暖空调系统冷热源机组选择	☐
	6.2.2	推荐项	暖通空调系统冷热水循环泵的耗电输热比和通风空调系统风机的单位风量耗功率	☐
	6.2.3	基本项	过渡季供暖、通风与空调系统能耗降低措施	☐
	6.2.4	推荐项	部分负荷、部分空间使用下的供暖、通风与空调系统能耗降低措施	☐
	6.2.5	基本项	厨房通风系统设计	☐
	6.2.6	基本项	建筑设备监控系统设计	☐
6.3 能量综合利用	6.3.1	推荐项	排风能量回收系统设计	☐
	6.3.2	推荐项	蓄冷蓄热系统设计	☐
	6.3.3	推荐项	余热废热利用	☐
	6.3.4	推荐项	可再生能源利用	☐

6.1 能源整合设计

6.1.1 【基本项】建筑能源系统方案确定：制定建筑能源综合规划，统筹协调能源资源及能源利用方式。

一、设立背景

建筑用能，尤其是饭店建筑用能，是近年来我国能效目标和要求的焦点。2016 年，住房和城乡建设部颁布实施的现行国家推荐标准《民用建筑能耗标准》GB/T 51161 中对旅馆建筑非供暖能耗指标的约束值和引导值规定如表 6-2 所示。表 6-2 中数据显示，不同气候区各星级旅馆的非供暖能耗指标的约束值在 55~240kWh/（m² · a）之间，而引导值在 45~180kWh/（m² · a）之间，可节能比例从 15% 到 30% 不等，说明饭店建筑具有十分可观的节能潜力[1]。如表 6-2 所示。

旅馆建筑非供暖能耗指标的约束值和引导值［kWh/（m² · a）］[2]　　表 6-2

建筑分类		严寒和寒冷地区		夏热冬冷地区		夏热冬暖地区		温和地区	
		约束值	引导值	约束值	引导值	约束值	引导值	约束值	引导值
A 类	三星级及以下	70	50	110	90	100	80	55	45
	四星级	85	65	135	115	120	100	65	55
	五星级	100	80	160	135	130	110	80	60
B 类	三星级及以下	100	70	160	120	150	110	60	50
	四星级	120	85	200	150	190	140	75	60
	五星级	150	110	240	180	220	160	95	75

注：1. 表中非严寒寒冷地区旅馆建筑非供暖能耗指标包括冬季供暖的能耗在内。
2. 可通过开启外窗方式利用自然通风达到室内温度舒适要求，从而减少空调系统运行时间，减少能源消耗的公共建筑应为 A 类公共建筑。
3. 因建筑功能、规模等限制或受建筑物所在周边环境的制约，不能通过开启外窗方式利用自然通风，而需常年依靠机械通风和空调系统维持室内温度舒适要求的公共建筑应为 B 类公共建筑。

随着饭店类建筑档次不断提高，其能源的消耗量也越来越大。据统计，部分饭店类建筑的能耗费用已经占到年收入的 10%～15%，能耗费用成为是否盈利的重要因素之一[3]。由于饭店建筑受到设备众多、人员密集、业态复杂、功能差异化大、使用标准不同、运行管理方式不同等多因素的影响，其耗电量远高于一般建筑，因此如何进行饭店建筑的节能设计已然成为一个重要的现实问题。

二、设立依据

根据大量饭店建筑多年的实测数据来看，国内能耗控制得比较好的饭店一般空调系统占总能耗的 37% 到 45%，热水占总能耗的 16% 左右，电梯占总能耗的 8% 左右，供暖系统占总能耗的 20% 到 25%，照明占总能耗的 12% 左右，弱电系统占总能耗的 3% 到 5%。可见，节能技术和关键指标众多，在节能控制上有很大的空间可以挖掘利用。因此，应该制定详细的建筑能源综合规划方案，统筹协调能源资源及能源利用方式，最大限度地保证节能降耗总体方案的实施。

饭店建筑功能业态相对较多，用能系统与能源种类复杂，如果在建筑规划设计阶段就明确建筑能源系统规划与方案，对于饭店建筑实现运营节能目标至关重要。能源系统规划与方案应包括建筑可利用能源分析、建筑负荷分析计算、建筑用能系统综合设计（包括建筑围护结构、空调系统设计、照明系统设计、热水系统设计、动力系统设计）、可再生能源设计、能源管理系统设计以及建筑能源系统影响分析。

三、实施途径

1. 策划阶段——暖通工程师

（1）能源供需现状调查分析：现场调研、收集基础资料，对现状资料进行整理，形成初步方案。了解项目概况，尤其是项目所在地相关能源政策、能源消费结构、能源专项规划等。

（2）能源需求预测：主要包括能源需求量与需求结构的预测，对目标建筑的能耗进行预测分析。根据所在地区的气候特征，对不同空调供暖、生活热水等方式的适宜性进行分析。对太阳能、风能、水能、生物质能、地热能等可再生能源资源的应用进行评估。

2. 设计阶段——暖通＋电气工程师

（1）对能源供应方案进行设计、评价与优化。首先提出多个方案，进而从供需平衡状况、经济效益（尤其是投资）、环境效益等方面对各方案做出评价，最后提出若干优化或满意的方案。具体实施可总结为：

1）首先，明确能源规划的依据及原则，确定建筑能源规划的目标，分析建筑可利用的能源（包括可再生能源）；

2）其次，通过模拟计算获取建筑的冷热负荷指标及热水负荷指标等，进而估算出建筑的电力需求及全年能耗指标，结合之前的可利用能源分析进一步配置建筑能源方案；

3）再次，对建筑用能系统及能源管理系统进行综合设计，包括建筑围护结构、空调系统设计、照明系统设计、热水系统设计、动力系统设计、可再生能源设计、能源管理系统设计等；

4）最后，应对建筑的能源规划方案进行后评价，主要有市政天然气、电力和热力负荷预测不足的应对方案研究，以及对该建筑能源方案的经济性分析、节能量分析、环境效益分析等。

（2）方案检验与决策：在建筑能源规划中，要正确处理能源与经济、能源与环境、局部与整体、近期与远期、需求与可能的关系，统筹兼顾，合理布置，保证能源方案建设有秩序、有步骤地实施，保证各种能源在数量上和构成上同建筑和使用者的需要相适应。

3. 施工阶段——监理方

按照建筑能源规划方案和建筑能源系统设计相关图纸，核查建筑围护结构设计、空调系统设计、照明系统设计、热水系统设计、动力系统设计、可再生能源设计、能源管理系统设计等在施工过程中的落实情况，重点检查现场与原有规划方案及设计图纸是否相符。

案例 1

某项目通过全面的建筑能源方案规划，降低了项目成本和污染物排放量，为该项目下一阶段工作的实施打下坚实的基础。

经过对建筑能耗系统的整体设计，通过合理设计建筑外围护结构的热工性能，围护结构能耗比标准建筑降低了 6.64%。通过选择合理的系统形式和高效的设备，供暖空调能耗比标准建筑降低了 23.29%。通过合理设计并采用节能灯具，照明能耗比标准建筑降低了 24.45%。通过合理选用节能型的电梯，电梯能耗比规定限值降低了 81.72%，最终实现设计建筑整体能耗比标准建筑降低 41.53%。如图 6-1、表 6-3、表 6-4 所示。

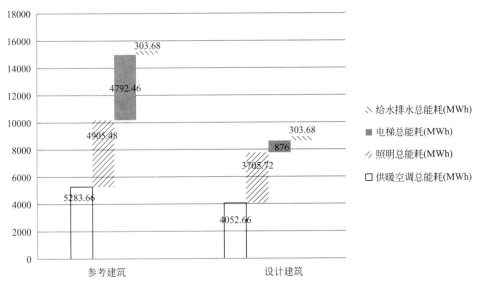

图 6-1 某项目标准能源系统和设计能源系统能耗对比图

某项目标准能源系统和设计能源系统能耗对比表 表 6-3

统计项目		参考建筑				设计建筑			
		塔楼	东裙楼	西裙楼	北裙楼	塔楼	东裙楼	西裙楼	北裙楼
负荷	供暖季累计热负荷（MWh）	781.22	216.74	143.84	110.70	585.58	135.44	115.17	85.16
	空调季累计冷负荷（MWh）	8336.49	2258.05	1219.16	929.28	7973.01	2183.82	1183.16	858.59

续表

统计项目		参考建筑				设计建筑			
		塔楼	东裙楼	西裙楼	北裙楼	塔楼	东裙楼	西裙楼	北裙楼
冷热源能耗	冷热源形式	离心及螺杆式冷水机组燃气锅炉	风冷热泵机组	风冷热泵机组	热泵型多联机	离心及螺杆式冷水机组燃气锅炉	风冷热泵机组	风冷热泵机组	热泵型多联机
	制冷 IPLV/多联机 EER/锅炉效率	5.42/5.42/0.89	2.8	2.8	2.7	6.2/8.36/0.89	3.0	3.0	3.0
	冷热源能耗	1885.15	527.59	288.40	378.36	1536.95	462.56	253.97	308.69
输配系统能耗	输配系统能耗组成	冷水循环泵+冷却水循环泵+冷却塔风机+热水循环泵+新风机组	空调水循环泵+新风机组	空调水循环泵+新风机组	新风机组	冷水循环泵+冷却水循环泵+冷却塔风机+热水循环泵+新风机组	空调水循环泵+新风机组	空调水循环泵+新风机组	新风机组
	热水输送能效比	0.00673	—	—	—	≤0.006587	—	—	—
	冷水输送能效比	0.0241	0.0241	0.0241	—	≤0.017565	0.016394	0.016394	—
	风机单位风量耗功率 [W/(m³·h)]	0.48	0.52	0.52	0.48	0.33	0.27	0.24	0.40
	送风量(m³/h)	401000	75000	51000	27000	401000	75000	51000	27000
	输配系统能耗(MWh)	1632.22	327.26	200.72	43.95	1158.15	187.68	108.03	36.62
供暖空调能耗(MWh)		3517.38	854.85	489.12	422.31	2695.10	650.24	362.01	345.31
供暖空调总能耗(MWh)		5283.66				4052.66			
供暖空调能耗相对于参考建筑能耗减少比例		23.29%							
照明能耗(MWh)		3677.15	500.85	315.65	411.83	2724.81	439.90	253.88	284.14
照明总能耗(MWh)		4905.48				3705.72			
电梯总能耗(MWh)		4792.46				876.00			
给水排水总能耗(MWh)		303.68				303.68			
建筑总能耗汇总(MWh)		15285.28				8938.06			
建筑总能耗相对于参考建筑能耗减少比例		41.53%							

某项目污染物减排量表　　　　　　　　　　表 6-4

排放物	CO_2	SO_2	粉尘
减排量(t/a)	4703.29	38.08	19.04

案例 2

某上海饭店项目，建筑面积 12500m²，地上 4 层，地下 1 层，体形系数，客房数 138 间，预计年平均入住率 80%。各功能区建筑面积统计如表 6-5 所示。

上海某饭店项目各功能区建筑面积 表 6-5

	建筑面积（m²）
客房区域	4,683
FOH	2,367
走道、电梯厅	2,275
会议	337
BOH	2,907

项目采用 EDGE 软件对饭店的整体能效进行了优化设计，主要节能措施和设计参数见表 6-6。通过 EDGE 平台可简洁快速地对比各种节能措施、建筑部件性能和设备效率对各系统能效、建筑整体能效和投资回收期的影响，以达到最优的经济性和环境效益。如图 6-2 所示。

上海某饭店项目节能措施和设计 表 6-6

围护结构	外墙和屋顶保温，传热系数 0.5； Low-E 玻璃幕墙，传热系数 2.3，遮阳系数 0.45
空调系统	公共区域高效冷水机组、水泵变频控制与冷却塔风机变频控制； 客房区域 VRV 制冷制热 IPLV 9.7
照明系统	LED 照明灯具； 走廊照明的定时控制
生活热水	高效真空锅炉
餐饮	厨房排风机的变速控制
可再生能源	太阳能热水系统

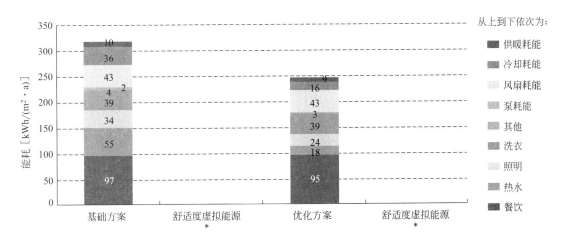

图 6-2 EDGE 能耗模拟结果总览（基准建筑基于国家建筑节能规范）

6.1.2 【基本项】能耗计量及能源管理：冷热源、输配系统和照明等各部分的能耗应独立分项计量。

（1）实行合理分功能、分项计量，以满足运营人员对能源用能系统的效率的分析评估；

（2）分业态计量，按不同业态和区域功能来满足管理者对能源所占经营成本的分析；

（3）平衡好两者的关系，分功能、分业态两种计量的覆盖率应达到80%。

一、设立背景

大型饭店建筑能源消耗情况较复杂，包括电能、水、燃气、蒸汽等。当未分项计量时，不利于统计饭店各类系统设备的能耗分布，难以发现能耗不合理之处。为此，要求设有集中空调的饭店，在系统设计（或既有饭店改造设计）时必须考虑设置能耗监测系统，使饭店内各能耗环节能够实现独立分项计量。这有助于分析饭店各项能耗水平和能耗结构是否合理，发现问题并提出改进措施，从而有效地实施建筑节能。

二、设立依据

《民用建筑节能条例》（国务院令第530号）第十八条规定："实行集中供热的建筑应当安装供热系统调控装置、用热计量装置和室内温度调控装置；公共建筑还应当安装用电分项计量装置。居住建筑安装的用热计量装置应当满足分户计量的要求。计量装置应当依法检定合格。"

住房和城乡建设部于2008年发布了《国家机关办公建筑和大型公共建筑能耗监测系统分项能耗数据采集技术导则》等一系列指导文件，对国家机关办公建筑和大型公共建筑能耗监测系统的建设给出指导性做法，绿色饭店建筑应参照执行，即将电量分为照明插座用电、空调用电、动力用电和特殊用电。

三、实施途径

1. 设计阶段——业主方

（1）根据饭店运营过程的管理需求，明确对用能计量设置的相关要求，包括：

1）提供需要设置单独计量的设备种类清单；

2）提供饭店运营管理单元划分；

3）饭店用能管控周期的需求（月/周/日/时/分）。

（2）核对电气设计师对用电计量的设计是否满足要求；

（3）核对水暖（给水排水、暖通）设计师对燃气/生活热水用量设计是否满足要求。

1. 设计阶段——电气＋暖通工程师

结合业主代表提出的管理需求，根据《国家机关办公建筑和大型公共建筑能耗监测系统分项能耗数据采集技术导则》等指导文件，按照统一的能耗数据分类、分项方法及编码规则，对用电设备及用电支路进行计量。其中，用能分项计量的设置原则可参考表6-7。

能耗数据分项   表 6-7

分项用途	分项名称	一级子项	二级子项
常规电耗	照明、插座系统电耗	室内照明与插座	——
		走廊和应急照明	——
		室外景观照明	——
	空调系统电耗	冷热站	冷水机组
			冷水泵
			冷却塔
			冷却水泵
			热水循环泵
			电锅炉
		空调末端	空调箱、新风机组
			风机盘管
	动力系统电耗	电梯	——
		水泵	——
特殊电耗	特殊电耗	电子信息机房	——
		洗衣房	——
		厨房餐厅	——
		游泳池	——
		健身房	——
		其他	——
燃气消耗	餐饮燃气	厨房餐厅	
	蒸汽燃气消耗	蒸汽锅炉	
	热水燃气消耗	生活热水锅炉	
		供暖热水锅炉	
燃油消耗	发电机用燃油		
其他	集中供热耗热量		
	集中供冷耗冷量		
	可再生能源发电量		
	其他		

2. 施工阶段——监理方

（1）检查计量表具设置数量及位置是否与施工图纸完全一致；

（2）检查计量表具编号是否与图纸完全一致；

（3）检查计量表具精度等级是否与图纸要求相符。

3. 运维阶段——机电运维管理方

能源数据是饭店节能管理决策的依据，是饭店节能运行管理从粗放的定性管理转变为科学细致的定量管理的重要工具。

（1）定期对各用能总表、子表的能耗消耗量数据进行统计、分析、比对，并留存完整

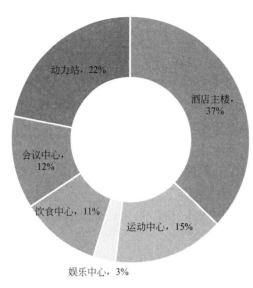

图 6-3　按功能区域统计用能比例

的能耗数据记录文件。

（2）对用能计量系统表具定期进行维护、保养，确保计量表具的正常运行。

四、案例

某项目设置相对完善的用能计量系统，按照其管理单元划分，对用能数据进行统计，得到的统计结果见图 6-3。从图 6-3 中可以看到不同的管理单元的用能需求，其中饭店主楼部分用能需求最大，占到了项目总能耗的 37%。动力站由于提供了饭店各个部分的空调、供暖、热水及蒸汽用能，占到了项目总能耗的 22%。此两项应该作为该项目用能管控的第一优先级，如图 6-3 所示。

在对总体用电进行分析的基础上，通过对不同管理单元的逐日、逐月能耗数据进行对比分析，可以初步了解其用能管理水平的变化情况和可能存在潜在问题的环节。例如，将项目主楼用电进行统计并逐月比较，可以看到其中 9 月份用电明显偏高，见图 6-4。通过进一步的子计量表的数据挖掘及一线管理员工核实用能情况，可以找到其能耗偏高的原因。若能够有效避免该问题出现，可以减少当月 15 万 kWh 电力浪费，如图 6-4 所示。

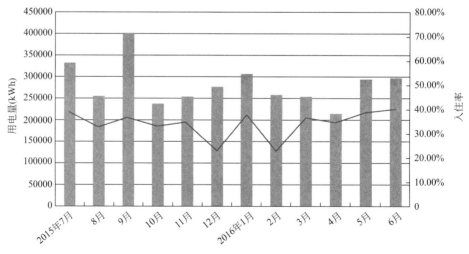

图 6-4　时间变化趋势

6.2 供暖通风与空调系统

6.2.1 【推荐项】供暖空调系统冷热源机组选择：舒适性供暖空调系统的供暖热源和空气加湿热源不应采用电直接加热设备；供暖空调系统冷热源机组能效均优于现行国家标准《公共建筑节能设计标准》GB 50189 的规定以及有关国家现行标准能效限定值的要求。具体如表 6-8 所示。

（1）对电机驱动的蒸气压缩循环冷水（热泵）机组，直燃型和蒸汽型溴化锂吸收式冷（温）水机组，单元式空气调节机、风管送风式和屋顶式空调机组，多联式空调（热泵）机组，燃煤、燃油和燃气锅炉，其能效指标比现行国家标准《公共建筑节能设计标准》GB 50189 规定值的提高或降低幅度满足表 6-8 的要求；

（2）对房间空气调节器和家用燃气热水炉，其能效等级满足现行有关国家标准的节能评价值要求。

冷、热源机组能效指标比现行国家标准《公共建筑节能设计标准》
GB 50189 的提高或降低幅度　　　　　　　　　　　　　表 6-8

机组类型		能效指标	提高或降低幅度
电机驱动的蒸汽压缩循环冷水（热泵）机组		制冷性能系数（COP）	提高 6%
溴化锂吸收式冷水机组	直燃型	制冷、供热性能系数（COP）	提高 6%
	蒸汽型	单位制冷量蒸汽耗量	降低 6%
单元式空气调节机、风管送风式和屋顶式空调机组		能效比（EER）	提高 6%
多联式空调（热泵）机组		制冷综合性能系数［IPLV(C)］	提高 8%
锅炉	燃煤	热效率	提高 3 个百分点
	燃油燃气	热效率	提高 2 个百分点

一、设立背景

合理利用能源、提高能源利用率、节约能源是我国的基本国策。高品位的电能直接用于转换为低品位的热能进行供暖或空调，热效率低，运行费用高，应限制这种"高质低用"的能源转换利用方式。

提升空调冷热源机组效率是最直接有效地提升能源利用率、降低空调系统能耗的方式之一，因此，建议在国家相关标准对冷热源机组提出的基础能效限定值要求的前提下，进一步提升对设备性能系数的要求。

现对各种冷热源的优缺点做如下比较，如表 6-9 所示。

冷热源概略比较表　　　　　　　　　　　　表 6-9

冷热源类型	优点	缺点	主机有效寿命
冷水机组＋换热器	①初投资低,供电总容量低; ②运行费用比蒸汽溴化锂机低; ③主机寿命最长; ④集中管理维保方便	①不便于分户计量与控制; ②机房与管道占空间大; ③冷却塔有一定噪声	23 年

冷热源类型	优点	缺点	主机有效寿命
空气源热泵	①冬夏公用,设备利用率高; ②节水、节能; ③结构紧凑,省去冷却水和供热锅炉; ④不占机房面积; ⑤多机头易于分区	①噪声大,影响周围建筑; ②冬季供暖不易保证; ③主机可靠性不如冷水机组; ④初投资与寿命不如冷水机组	10 年
蒸汽溴化锂机+换热器	①减少环境污染,削减夏季电力高峰; ②低压下运行,安全; ③噪声低,安装简单; ④可利用余热、废热	①节电不节能,热力系数低; ②占地面积大,机房高度高; ③排热量大,冷却系统大; ④气密性要求高,溴化锂腐蚀性强	15 年
冰蓄冷+换热器	①平衡电网峰谷负荷; ②利用电网峰谷电价差,降低运行费; ③可实现大温差、低温送风,减少水量	①初投资达 20%~40%; ②蓄水装置占空间大; ③蓄冷时主机效率低; ④设计、施工、调试、运行复杂	23 年
多联机	①制冷剂管细,好布置; ②便于分户控制、分户计量; ③省去中央空调庞大机房; ④可分批分期安装	①初投资高; ②寿命短; ③冬季供热量不足; ④制冷剂易泄漏; ⑤室内健康与舒适性差	10 年
地源热泵 (土壤热泵)	①可再生能源,节能; ②环境效益好; ③寿命长; ④分户控制与计量	①初投资高; ②关键技术缺乏经验	15~20 年
水环热泵	①节能; ②无集中机房; ③便于分户计量与控制; ④使用灵活	①噪声较大; ②独立新风系统; ③总电力容量较大	15 年
房间空调器	①初投资低; ②运行费低; ③便于分户计量与控制	①没有新风系统; ②冬季供热差; ③影响建筑美观	10 年

二、设立依据

现行国家标准《民用建筑供暖通风与空气调节设计规范》GB 50736 中的具体内容如下:

5.5.1 除符合下列条件之一外,不得采用电加热供暖:

1. 供电政策支持;

2. 无集中供暖和燃气源,用煤或油等燃料的使用受到环保或消防严格限制的建筑;

3. 以供冷为主,供暖负荷较小且无法利用热泵提供热源的建筑;

4. 采用蓄热式电散热器、发热电缆在夜间低谷电进行蓄热,且不在用电高峰和平段时间启用的建筑;

5. 由可再生能源发电设备供电,且其发电量能够满足自身电加热量需求的建筑。

8.1.2 除符合下列条件之一外,不得采用电直接加热设备作为空调系统的供暖热源和空气加湿热源:

1. 以供冷为主、供暖负荷非常小，且无法利用热泵或其他方式提供供暖热源的建筑，当冬季电力供应充足、夜间可利用低谷电进行蓄热且电锅炉不在用电高峰和平段时间启用时；

2. 无城市或区域集中供热，且采用燃气、用煤、油等燃料受到环保或消防严格限制的建筑；

3. 利用可再生能源发电，且其发电量能够满足直接电热用量需求的建筑；

4. 冬季无加湿用蒸汽源，且冬季室内相对湿度要求较高的建筑。

国家标准《公共建筑节能设计标准》GB 50189 相关条文（均为强制性条文）包括：

4.2.5　在名义工况和规定条件下，锅炉的热效率不应低于表6-10的数值。

锅炉的热效率（%）　　　　　　　　　　　　　　　表 6-10

锅炉类型及燃料种类		锅炉额定蒸发量 D(t/h)/额定热功率 Q(MW)					
		$D<1/$ $Q<0.7$	$1{\leq}D{\leq}2/$ $0.7{\leq}Q{\leq}1.4$	$2<D<6/$ $1.4<Q{\leq}4.2$	$6{\leq}D{\leq}8/$ $4.2{\leq}Q{\leq}5.6$	$8<D{\leq}20/$ $5.6<Q{\leq}14.0$	$D>20/$ $Q>14.0$
燃油燃气锅炉	重油	86		88			
	轻油	88		90			
	燃气	88		90			
层状燃烧锅炉	Ⅲ类烟煤	75	78	80		81	82
抛煤机链条炉排锅炉		—	—	—		82	83
流化床燃烧锅炉		84					

4.2.10　采用电机驱动的蒸气压缩循环冷水（热泵）机组时，其在名义制冷工况和规定条件下，其性能系数（COP）应符合下列规定：

1. 水冷定频机组及风冷或蒸发冷却机组的性能系数（COP）不应低于表6-11的数值；

2. 水冷变频离心式机组的性能系数（COP）不应低于表6-11中数值的0.93倍；

3. 水冷变频螺杆式机组的性能系数（COP）不应低于表6-11中数值的0.95倍。

冷水（热泵）机组的制冷性能系数（COP）　　　　表 6-11

类型		名义制冷量 CC(kW)	性能系数 COP(W/W)					
			严寒 A、B区	严寒 C区	温和 地区	寒冷 地区	夏热冬 冷地区	夏热冬 暖地区
水冷	活塞式/涡旋式	$CC{\leq}528$	4.10	4.10	4.10	4.10	4.20	4.40
	螺杆式	$CC{\leq}528$	4.60	4.70	4.70	4.70	4.80	4.90
		$528<CC{\leq}1163$	5.00	5.00	5.00	5.10	5.20	5.30
		$CC>1163$	5.20	5.30	5.40	5.50	5.60	5.60
	离心式	$CC{\leq}1163$	5.00	5.00	5.10	5.20	5.30	5.40
		$1163<CC{\leq}2110$	5.30	5.40	5.40	5.50	5.60	5.70
		$CC>2110$	5.70	5.70	5.70	5.80	5.90	5.90

类型		名义制冷量 CC（kW）	性能系数 COP（W/W）					
			严寒 A、B 区	严寒 C 区	温和地区	寒冷地区	夏热冬冷地区	夏热冬暖地区
风冷或蒸发冷却	活塞式/涡旋式	CC≤50	2.60	2.60	2.60	2.60	2.70	2.80
		CC＞50	2.80	2.80	2.80	2.80	2.90	2.90
	螺杆式	CC≤50	2.70	2.70	2.70	2.80	2.90	2.90
		CC＞50	2.90	2.90	2.90	3.00	3.00	3.00

4.2.14 采用名义制冷量大于 7.1kW、电机驱动的单元式空气调节机、风管送风式和屋顶式空气调节机组时，其在名义制冷工况和规定条件下的，其能效比（EER）不应低于表 6-12 的数值。

单元式空气调节机、风管送风式和屋顶式空气调节机组能效比（EER） 表 6-12

类型		名义制冷量 CC（kW）	能效比 EER（W/W）					
			严寒 A、B 区	严寒 C 区	温和地区	寒冷地区	夏热冬冷地区	夏热冬暖地区
风冷	不接风管	7.1＜CC≤14.0	2.70	2.70	2.70	2.75	2.80	2.85
		CC＞14.0	2.65	2.65	2.65	2.70	2.75	2.75
	接风管	7.1＜CC≤14.0	2.50	2.50	2.50	2.55	2.60	2.60
		CC＞14.0	2.45	2.45	2.45	2.50	2.55	2.55
水冷	不接风管	7.1＜CC≤14.0	3.40	3.45	3.45	3.50	3.55	3.55
		CC＞14.0	3.25	3.30	3.30	3.35	3.40	3.45
	接风管	7.1＜CC≤14.0	3.10	3.10	3.15	3.20	3.25	3.25
		CC＞14.0	3.00	3.00	3.05	3.10	3.15	3.20

4.2.17 采用多联式空调（热泵）机组时，其在名义制冷工况和规定条件下，其的制冷综合性能系数 IPLV（C）不应低于表 6-13 的数值。

多联式空调（热泵）机组制冷综合性能系数 IPLV（C） 表 6-13

名义制冷量 CC（kW）	制冷综合性能系数 IPLV（C）					
	严寒 A、B 区	严寒 C 区	温和地区	寒冷地区	夏热冬冷地区	夏热冬暖地区
CC≤28	3.80	3.85	3.85	3.90	4.00	4.00
28＜CC≤84	3.75	3.80	3.80	3.85	3.95	3.95
CC＞84	3.65	3.70	3.70	3.75	3.80	3.80

4.2.19 直燃型溴化锂吸收式冷（温）水机组，在名义工况和规定条件下，其性能参数应符合表 6-14 的规定。

直燃型溴化锂吸收式冷（温）水机组的性能参数 表 6-14

名义工况		性能参数	
冷(温)水进/出口温度(℃)	冷却水进/出口温度(℃)	性能系数(W/W)	
		制冷	供热
12/7(供冷)	30/35	≥1.20	——
——/60(供热)	——	——	≥0.90

采用分散式房间空调器时，选用《房间空气调节器能效限定值及能效等级》GB 21455 中规定的节能型产品，即房间空调器采用表 6-15 中能效等级的 2 级。转速可控型房间空气调节器采用表 6-16 中的 2 级。

分散式房间空调器能效等级指标 表 6-15

类型	额定制冷量(CC)/W	能效等级		
		1	2	3
整体式		3.30	3.10	2.90
分体式	CC≤4500	3.60	3.40	3.20
	4500＜CC≤7100	3.50	3.30	3.10
	7100＜CC≤14000	3.40	3.20	3.00

转速可控型房间空气调节器能效等级指标 表 6-16

类型	额定制冷量(CC)/W	能效等级		
		1	2	3
单冷式		制冷季节能源消耗效率(SEER)[(W·h)/(W·h)]		
	CC≤4500	5.40	5.00	4.30
	4500＜CC≤7100	5.10	4.40	3.90
	7100＜CC≤14000	4.70	4.00	3.50
热泵型		全年能源消耗效率(APF)[(W·h)/(W·h)]		
	CC≤4500	4.50	4.00	3.50
	4500＜CC≤7100	4.00	3.50	3.30
	7100＜CC≤14000	3.70	3.30	3.10

三、实施途径

1. 设计阶段——暖通工程师

（1）合理选择舒适性供暖空调系统的供暖热源和空气加湿热源，避免选用电直接加热设备；

（2）在设备表中，明确供暖空调系统冷热源机组能效系数的限值要求，均优于现行国家标准《公共建筑节能设计标准》GB 50189 的规定以及有关国家现行标准能效限定值的要求，提高幅度参考表 6-14～表 6-16。

2. 施工阶段——监理方

（1）对工程变更进行严格、有序地管理，避免项目在施工过程中增设电直接加热设备作为供暖热源和空气加湿热源；

（2）冷机和锅炉进场验收时，除按相关标准规定要求进行检验外，重点对出厂检验报告及设备铭牌上的效率参数进行核对，确保产品性能满足图纸要求。

3. 运维阶段——空调运维管理方

（1）对冷热源机组按照相关规定进行定期的维护保养；

（2）通过冷热量计量数据及能耗计量数据，定期对冷热源能效进行分析。

四、案例

某项目空调制冷设备原为 3 台螺杆式冷水机组，单台设备供冷量为 300 冷吨，冷水机组两用一备；在后续改造中拆除一台螺杆式冷水机组，腾出空间安装 3 台 150 冷吨模块式磁悬浮离心机组。如图 6-5、图 6-6 所示。

图 6-5　改造前的 300 冷吨螺杆冷水机组

图 6-6　改造后的磁悬浮冷冻机组

经对宾馆冷源进行改造，年节电量为 55.79 万 kWh，年节费 51.3 万元，节能量 167tce（吨标准煤），投资回收期 3.22 年，如表 6-17 所示。

某项目空调冷源改造能耗计算　　　　　　　　　　　　　表 6-17

序号	项目	数量	单位	备注
1	供冷量	3288600	kWh	设备运行时间为 5～10 月
2	磁悬浮冷机耗电量	469800	kWh	磁悬浮机组 IPLV 取 7.0
3	同样冷量原机组耗电量	1027688	kWh	螺杆机组平均 COP 取 3.2
4	节电量	557888	kWh	
5	节能量	167	tce	电折算标准煤系数取 0.3kgce/kWh
6	节费	51.3	万元	电费单价按 0.92 元/kWh 计算

该项目宾馆大楼生活热水源由 2 台蒸汽锅炉供应。此次改造配置 2 台 CkYRS-120Ⅱ型 CO_2 热泵热水机组，利用跨临界 CO_2 系统在高压侧的较大温度变化（约 80～100℃）加热热水，并增加保温水箱，经过 CO_2 热泵加热后的热水进入新增加的水箱，然后送入原热水系统，可并联运行，热泵运行优先。如图 6-7、图 6-8 所示。

图 6-7 改造前的燃气蒸汽锅炉

图 6-8 改造后的二氧化碳热泵机组

经此项改造增加二氧化碳热泵热水机组 2 台，施工及后期调试费用总投资为 169 万元，每年可实现节费 51.59 万元，改造工程静态回收期为 3.28 年，如表 6-18 所示。

某项目生活热水系统节能效益表 表 6-18

序号	项目	数量	单位	备注
1	生产 1t 生活热水蒸汽锅炉天然气耗量	8.5	m³	锅炉效率 73%，冷凝水热损失 11%，蒸汽换热损失 10%，天然气热值 9100kcal/m³，热水温升 45℃
2	生产 1t 生活热水蒸汽锅炉天然气费用	36	元	天然气单价 4.29 元/m³
3	生产 1t 生活热水 CO_2 热泵热水机组耗电量	11.5	kWh	CO_2 热泵 COP 4.55，电力热值 860kcal/kWh，热水温升 45℃
4	生产 1t 生活热水 CO_2 热泵热水机组电费	10.6	元	电价取 0.92 元/kWh
5	生产 1t 生活热水节费	25.7	元	
6	生产 1t 生活热水节能量	7.54	kgce	电力折标系数 0.3kgce/kWh，天然气折标系数 1.29971kgce/m³
7	饭店每年生活热水用总量	20075	t	饭店日用水量约 60t
8	每年生活热水系统改造每年节约费用	515935	元	
9	每年生活热水系统改造每年节约能耗	151.40	tce	

6.2.2 【推荐项】暖通空调系统冷热水循环泵的耗电输热比和通风空调系统风机的单位风量耗功率。

集中供暖系统热水循环泵的耗电输热比和通风空调系统风机的单位风量耗功率符合现行国家标准《公共建筑节能设计标准》GB 50189 的有关规定，且空调冷热水系统循环水泵的耗电输冷（热）比低于现行国家标准《公共建筑节能设计标准》GB 50189 规定值 20%。

一、设立背景

高层和超高层饭店建筑中，供暖空调的输配系统能耗在空调系统总能耗中占有相当大的比例，因此必须严格根据现行国家标准《公共建筑节能设计标准》GB 50189 的要求进行设备性能控制。

耗电输冷（热）比反映了空调水系统中循环水泵的耗电与建筑冷热负荷的关系，对此值进行限制是为了保证水泵的选择在合理的范围内，降低水泵能耗。默认为 5℃ 温差系统，如果采用温差并非 5℃，应按温差比值分析输配能耗变化情况。

二、设立依据

集中供暖系统耗电输热比（EHR-h）和空调冷（热）水系统耗电输冷（热）比 [EC(H)R-a] 反映了水系统中循环水泵的耗电与建筑冷热负荷的关系，对此值进行限制是为了保证水泵的选择在合理的范围内，降低水泵能耗。作为绿色饭店导则，规定风道系统单位风量耗功率（W_s）的目的是要求设计师对常规的空调、通风系统的管道系统在设计工况下的阻力进行一定的限制，同时选择高效的风机。

现行国家标准《公共建筑节能设计标准》GB 50189 相关条文包括 4.3.3 条、4.3.9 条和 4.3.22 条，其中：

4.3.3 要求在选配集中供暖系统的循环水泵时，应计算集中供暖系统耗电输热比（EHR-h），并应标注在施工图的设计说明中。集中供暖系统耗电输热比应按式 4.3.3 计算。

4.3.9 要求在选配空调冷（热）水系统的循环水泵时，应计算空调冷（热）水系统耗电输冷（热）比 [EC(H)R-a]，并应标注在施工图的设计说明中。空调冷（热）水系统耗电输冷（热）比计算首先应符合式 4.3.9 规定，本导则建议在此基础上降低 20%。

4.3.22 要求空调风系统和通风系统的风量大于 10000m³/h 时，风道系统单位风量耗功率（W_s）不宜大于表 4.3.22 的数值。风道系统单位风量耗功率（W_s）应按式 4.3.22 计算。

三、实施途径

1. 设计阶段——暖通工程师

1）合理优化风系统和水系统设计，通过减少不必要的弯头、阀门等阻力配件，选择恰当的流速设计等方式，降低风系统和水系统阻力，并对风系统和水系统的阻力进行仔细的计算；

2）通过将设计工况与主流风机、水泵产品的性能曲线进行对比，对风机和水泵的效率参数提出明确的设计要求；

3）将通风风机的全压、组合式空调机组的机外余压、风机效率、W_s 等参数明确在设计图纸中；

4）将空调供暖水泵扬程、流量、设计供回水温差、最不利环路长度、水泵设计效率、EC(H)R 等参数明确在设计图纸中。

2. 施工阶段——监理方

通风风机、组合式空调机组和空调供暖循环水泵进场验收时，除按相关标准规定要求进行检验外，重点对设备铭牌上的全压、机外余压、扬程、流量、效率等参数进行核对，确保产品性能满足图纸要求。

3. 运维阶段——空调运维管理方

1）对风机、水泵等设备按照相关规定进行定期的维护保养；

2）根据组合式空调机组滤网现场脏堵情况及其压差报警器的报警情况，及时清洗空调滤网；

3）定期清洗水系统 Y 形过滤器；

4）定期巡检时，抄录水泵前后压力表数据，进行比对。

四、案例

某饭店位于贵州省，地上建筑面积为 19712.93m²，地下建筑面积为 7596.8m²，包含地上 12 层和地下 2 层，地上部分主要功能为客房、餐厅、办公室、会议室等，地下部分主要功能为车库、设备机房等。

空调通风系统设计：一层大厅、二层宴会厅采用低速风道的全空气系统，送风方式为旋流风口顶送风及双层百叶顶送风方式，回风采用在低位侧墙上布置条形格栅风口的回风方式。一层全日制餐厅采用大空间低速风道的全空气系统，送风方式为顶送风，回风采用条形格栅风口上回风方式。其余的空调房间采用风机盘管加新风系统的空气-水空调系统。客房采用侧送上回风方式，其余空调房间气流组织均为上送风、上回风方式。房间新风均集中处理后送至各个房间。

空调冷热水系统设计：整楼采用集中空调系统，冷热源集中设置，采用直燃型吸收冷温水机（380V）二台，配冷水循环泵大泵一台，小泵二台（一用一备）及冷却水循环泵大泵一台，小泵二台（一用一备）。空调冷水供、回水温度 7/14℃，空调冷却水供、回水温度 30℃/37℃。空调热水供、回水温度 60℃/45℃，设备均布置在负一层机房内。空调冷却设备分别采用冷却塔二台，布置在裙房屋顶。空调冷温水系统按冷热两管制系统设计，空调供、回水立管布置在空调机房及管道井内，空调水平干管布置在吊顶内。项目集中空调系统，夏季空调逐时冷负荷为 2390kW，冬季空调热负荷为 3059kW。如表 6-19、表 6-20 所示。

某饭店风机单位风量耗功率计算表　　　　　　　表 6-19

设备类型	设备编号	服务区域	送风量 (m³/h)	余压 P (Pa)	电机及传动效率 η_{CD}	风机效率 η_F	Ws 计算值	Ws 限值	满足情况
空调机组	CHR-Z-22000	一层全日制餐厅	22000	400	0.855	75%	0.17	0.3	√
	CHR-Z-20000	二层宴会厅	20000	400	0.855	75%	0.17	0.3	√
	YSM-B328H34	一层大堂	25000	400	0.855	69%	0.19	0.3	√
新风机组	YSM-B333H346	客房层	30000	400	0.855	60%	0.22	0.24	√
通风系统风机	HTFC-B-Ⅲ-No.28#	负二层	27940	380	0.855	50%	0.25	0.27	√
	HTFC-A-Ⅲ-No.28#	负二层	33980	462	0.855	60%	0.25	0.27	√

续表

设备类型	设备编号	服务区域	送风量（m³/h）	余压 P（Pa）	电机及传动效率 η_{CD}	风机效率 η_F	W_s 计算值	W_s 限值	满足情况
通风系统风机	HTFC-B-Ⅲ-No20#	负一层洗衣房及污衣房	14870	469	0.855	60%	0.25	0.27	√
	HTFC-Ⅲ-B-NO.22#	负一层洗衣房及污衣房	18590	477	0.855	60%	0.26	0.27	√
	HTFC-Ⅳ-A-NO.22#S2	负一层库房排风	19500	388	0.855	50%	0.25	0.27	√
	HTFC-Ⅳ-A-NO.22#S2	负一层直燃机房、空调水泵房、花房、控制室	13900	478	0.855	60%	0.26	0.27	√
	HTFC-Ⅲ-B-NO.20#	负一层配电室	17420	403	0.855	50%	0.26	0.27	√

某饭店水泵耗电输冷热比计算表　　　　表 6-20

水泵名称	数量	设计流量 G（m³/h）	设计扬程 H（m）	效率 η_b	设计热负荷 Q（kW）	耗电输热比 $EC(H)R$	耗电输热比 $EC(H)R$ 限值降低 20%	满足情况
冷水大循环水泵	1	286	27	0.792	2390	0.01263	0.02255	√
	0	145	21	0.747				
	A	B	a	ΣL	计算供回水温差 ΔT（℃）	耗电输热比 $EC(H)R$ 限值		
	0.003749	28	0.0192	500	5	0.02819		
热水大循环水泵	1	185	20	0.8365	3228	0.00424	0.00456	√
	0	92	16	0.7869				
	A	B	a	ΣL	计算供回水温差 ΔT（℃）	耗电输热比 $EC(H)R$ 限值		
	0.003858	21	0.00232	500	15	0.00570		
冷水小循环水泵	0	286	27	0.792	2390	0.01056	0.02321	√
	2	145	21	0.747				
	A	B	a	ΣL	计算供回水温差 ΔT（℃）	耗电输热比 $EC(H)R$ 限值		
	0.003858	28	0.0192	500	5	0.02901		
热水小循环水泵	0	185	20	0.8365	3228	0.00359	0.00456	√
	2	92	16	0.7869				
	A	B	a	ΣL	计算供回水温差 ΔT（℃）	耗电输热比 $EC(H)R$ 限值		
	0.003858	21	0.00232	500	15	0.00570		

水泵名称	数量	设计流量 G (m^3/h)	设计扬程 H (m)	效率 η_b	设计热负荷 Q (kW)	耗电输热比 $EC(H)R$	耗电输热比 $EC(H)R$ 限值降低20%	满足情况
热水大循环水泵	1	185	20	0.8365	3228	0.00424	0.00456	√
	0	92	16	0.7869				
	A	B	a	ΣL	计算供回水温差 ΔT(℃)	耗电输热比 $EC(H)R$ 限值		
	0.003858	21	0.00232	500	15	0.00570		

6.2.3 【基本项】过渡季供暖、通风与空调系统能耗降低措施。

降低过渡季供暖、通风与空调系统能耗可采取以下措施，如表6-21所示。

降低过渡季供暖、通风与空调系统能耗的措施　　　　　　　表 6-21

编号	措施
1	全空气系统增大新风比运行,或实现全新风运行
2	采用非空调季免费供冷技术
3	采用其他过渡季节能措施

一、设立背景

供暖空调系统设计时不仅要考虑到设计工况，而且应考虑全年运行模式。在常规空调系统中，制冷机是主要的能耗设备，其耗电量是空调系统中各部件中最大的。在过渡季，可使用"免费"的自然冷源来代替其供冷，减少其运行时数，进而降低其运行能耗。因此，过渡季采取措施对降低空调系统整体的运行能耗至关重要，尤其是对于非空调季（过渡季和冬季）有制冷需求的饭店建筑，应考虑免费供冷技术的应用。

二、设立依据

根据现行国家标准《公共建筑节能设计标准》GB 50189 中的相关规定：

第4.2.20条对冬季或过渡季存在供冷需求的建筑，应充分利用新风降温或经技术经济分析合理时应利用冷却塔提供空气调节冷水或使用具有同时制冷和制热功能的空调（热泵）产品。

第4.3.12条设计定风量全空气调节系统时，宜采取实现全新风运行或可调新风比的模式。

过渡季节降低供暖、通风与空调系统能耗的技术主要有冷却塔免费供冷、全新风或可调新风的全空气调节系统等。

三、实施途径

1. 设计阶段——暖通工程师

根据表6-21中的措施，在设计时细化实现上述措施的具体途径，并在暖通设计说明、系统原理图、空调机房大样图和暖通平面图中予以体现。具体可参考以下设计要点：

（1）对于全空气系统变新风比例运行，设计时必须：

1）认真考虑新风取风口、新风管所需的截面积，及新、送风管截面积的比例，并核算在过渡季变新风模式/全新风模式下风管风速；

2）结合空调季和过渡季的新风量，设计对应的排风系统。

（2）对于过渡季节的制冷需求，可以考虑采用冷却塔免费供冷或地道风（建筑规模不宜过大，且对气候区有较大限制）等利用免费冷源的技术措施。采用免费供冷技术应结合项目负荷特点及当地典型年气象条件进行技术经济合理性分析。

（3）在过渡季还可通过强化机械通风、自然通风、改变新风送风温度、优化冷却塔供冷的运行时数、处理负荷及调整供冷温度等节能措施。

2. 施工阶段——监理方

（1）按照空调机房大样图确认现场组合式空调机组新、送风管道的截面积，核查组合式空调机组能否实现增大新风比运行或全新风运行。

（2）参考冷却塔免费供冷或地道风供冷的原理图，核查现场是否按图施工，免费供冷系统是否能正常运行。

3. 运维阶段——空调运维管理方

结合项目过渡季节降低空调系统能耗采用的相关技术措施，制定对应的运行策略方案，例如全空气系统空调箱的过渡季运行模式及冷却塔免费供冷运行方案。运行方案中明确与常规空调系统运行的切换条件、切换操作流程等内容。

四、案例

某项目设置了冷却塔免费供冷系统，用于提供在冬季和过渡季有制冷需求区域的冷水。在冷却塔免费供冷系统中，室外转换温度点直接关系到该系统的供冷时数，在工程设计时，根据过渡季节或冬季建筑内的冷负荷、湿负荷和室内设计参数，通过焓湿图计算所需冷水的供水温度，如图 6-9 所示。

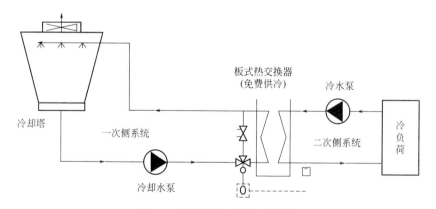

图 6-9　冷却塔免费供冷系统图

本工程选择在免费供冷过程中冷水供回水温度为 8/13℃，考虑冷却塔冷幅、管路散热损失和板式换热器温差等使冷却水水温升高 4.5℃，因此，把室外空气湿球温度低于 3.5℃时设定为可以关闭冷水机组，开启冷却塔免费供冷系统切换条件。项目通过在过渡季节充分利用室外的自然冷源，有效降低冬季和过渡季的空调系统能耗。如图 6-10、图 6-11 所示。

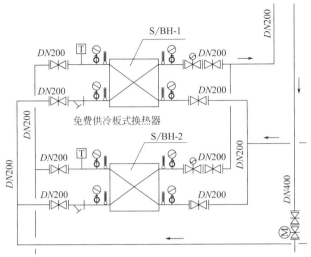

图 6-10　冷却塔免费供冷设计图　　　　图 6-11　冷却塔免费供冷板式换热器

6.2.4 【推荐项】部分负荷、部分空间使用下的供暖、通风与空调系统能耗降低措施。

采取以下措施降低建筑部分负荷、部分空间使用下的供暖、通风与空调系统能耗，如表 6-22 所示。

部分负荷能耗降低措施　　　　　　　　　　　　表 6-22

编号	具体措施
1	区分房间朝向、细分供暖、空调区域、对系统进行分区控制
2	合理选配空调冷热源机组容量与台数,制定实施根据负荷变化调节制冷(热)量的控制策略
3	空调冷源的部分负荷性能符合现行国家标准《公共建筑节能设计标准》GB 50189 的有关规定
4	水系统、风系统采用变频技术
5	采用低阻力的水力平衡措施

一、设立背景

多数空调系统都是按照最不利情况（满负荷）进行系统设计和设备选型的，而饭店建筑在绝大部分时间内是处于部分负荷状况的，或者同一时间仅有一部分空间处于使用状态。针对部分负荷、部分空间使用条件的情况，如何采取有效的措施以节约能源，显得至关重要。

二、设立依据

供暖、通风与空调系统设计中考虑合理的系统分区、水泵变频、变风量、变水量等节能措施，可以保证建筑物处于部分冷热负荷时和仅部分空间使用时，能根据实际需要提供恰当的能源供给，同时不降低能源转换效率，并能够指导系统在实际运行中实现节能高效运行。

三、实施途径

1. 设计阶段——暖通工程师

1）空调系统设计时，根据建筑朝向、时间、温度、湿度和使用功能，划分不同的空调系统，对供暖、空调系统进行分区控制。

2）冷热源机组选择时，根据建筑物空调负荷全年的变化规律，考虑部分负荷运行要求，合理配置冷热源机组容量和台数，同时制定实施根据负荷变化调节制冷（热）量的控制策略。

3）冷热源机组的部分负荷性能 IPLV 需满足国家标准《公共建筑节能设计标准》GB 50189 的要求。

4.2.11 电机驱动的蒸气压缩循环冷水（热泵）机组的综合部分负荷性能系数（IPLV）应符合下列规定：

1）综合部分负荷性能系数（IPLV）计算方法应符合本标准第 4.2.13 条的规定；

2）水冷定频机组的综合部分负荷性能系数（IPLV）不应低于表 6-23 的数值；

3）水冷变频离心式冷水机组的综合部分负荷性能系数（IPLV）不应低于表 6-23 中水冷离心式冷水机组限值的 1.30 倍；

4）水冷变频螺杆式冷水机组的综合部分负荷性能系数（IPLV）不应低于表 6-23 中水冷螺杆式冷水机组限值的 1.15 倍。

冷水（热泵）机组综合部分负荷性能系数（IPLV）　　　　　表 6-23

类型		名义制冷量 CC(kW)	综合部分负荷性能系数 IPLV					
			严寒 A、B 区	严寒 C 区	温和 地区	寒冷 地区	夏热冬 冷地区	夏热冬 暖地区
水冷	活塞式/ 涡旋式	$CC \leqslant 528$	4.90	4.90	4.90	4.90	5.05	5.25
	螺杆式	$CC \leqslant 528$	5.35	5.45	5.45	5.45	5.55	5.65
		$528 < CC \leqslant 1163$	5.75	5.75	5.75	5.85	5.90	6.00
		$CC > 1163$	5.85	5.95	6.10	6.20	6.30	6.30
	离心式	$CC \leqslant 1163$	5.15	5.15	5.25	5.35	5.45	5.55
		$1163 < CC \leqslant 2110$	5.40	5.50	5.55	5.60	5.75	5.85
		$CC > 2110$	5.95	5.95	5.95	6.10	6.20	6.20
风冷或 蒸发冷却	活塞式/ 涡旋式	$CC \leqslant 50$	3.10	3.10	3.10	3.10	3.20	3.20
		$CC > 50$	3.35	3.35	3.35	3.35	3.40	3.45
	螺杆式	$CC \leqslant 50$	2.90	2.90	2.90	3.00	3.10	3.10
		$CC > 50$	3.10	3.10	3.10	3.20	3.20	3.20

4）空调风系统、水系统结合项目部分负荷特点采用变频技术，可选用变频风机、水泵等设备。

5）采用低阻力的水力平衡措施，如适当放大空调供暖系统供回水干管管径以降低沿程阻力、减少平衡阀的应用以降低局部阻力等。

6）部分附属部件可考虑与水系统并联而不是串联，如冷却水处理装置。

2. 施工阶段——监理方

1）在冷热源机组进场前，对冷热源机组综合部分负荷性能系数 *IPLV* 性能检测报告进行核验，检查冷热源机组 *IPLV* 性能是否满足《公共建筑节能设计标准》GB 50189 的要求。

2）检查空调冷热水循环泵、空调机组、新风机组是否按照设计图纸要求安装变频装置。

3）严格核查现场风系统、水系统水路上的阀门安装是否按图施工，避免出现阀门类型、阀门公称直径等与图纸不一致的情况。

3. 运维阶段——空调运维管理方

1）关注供冷、供热系统的部分负荷效率，制定详细的部分负荷运行策略。

2）对空调冷热水循环泵、空调机组、新风机组的运行频率控制逻辑进行校验，判定是否实现了部分负荷变频运行的需求。

四、案例

（1）某饭店建筑根据房间朝向和使用特点，全日餐厅、宴会厅及宴会前厅采用全空气空调系统，一层大堂、客房区、地下后勤用房、一层商店、办公室、二层包房、三层会议室、四层健身房等采用风机盘管加新风系统，对供暖、空调系统进行分区控制。如图 6-12 所示。

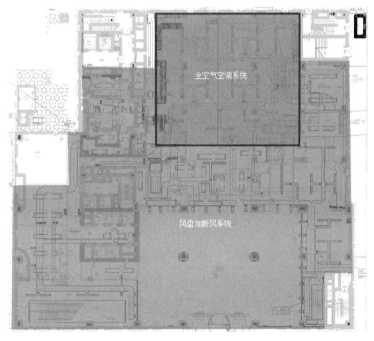

图 6-12　某饭店建筑部分区域空调系统分区图

（2）建筑总冷负荷为 3963kW，冷源采用 2 台 450RT 离心式冷水机组和一台 220RT 的螺杆式冷水机组，合理配置冷热源机组容量和台数。同时冷源系统在部分负荷运行时，当负荷较大时，根据末端实际负荷及冷水机组的负荷状态，自动加减冷水机组运行台数，调节供冷量。当负荷较小时，离心式冷水机组通过调整导叶开度，实现约 35%～100% 的无级变负荷运行。螺杆机组通过调节滑阀，实现约 25%～100% 的无级变负荷运行。

（3）建筑位于夏热冬冷地区，离心式冷水机组采用定频机组，机组制冷量为 1583kW，

图 6-13　某饭店建筑空调水泵变频控制器图

机组部分负荷性能系数 IPLV 值为 6.19，满足标准限值要求的 5.75。螺杆式冷水机组采用定频机组，机组制冷量为 778kW，机组部分负荷性能系数 IPLV 值为 7.08，满足标准限值要求的 5.9。如图 6-13 所示。

（4）空调冷热水循环泵、冷却水泵全部采用变频水泵。空调机组、新风机组全部采用变频风机，可以实现变流量、变风量运行。如图 6-14、表 6-24 所示。

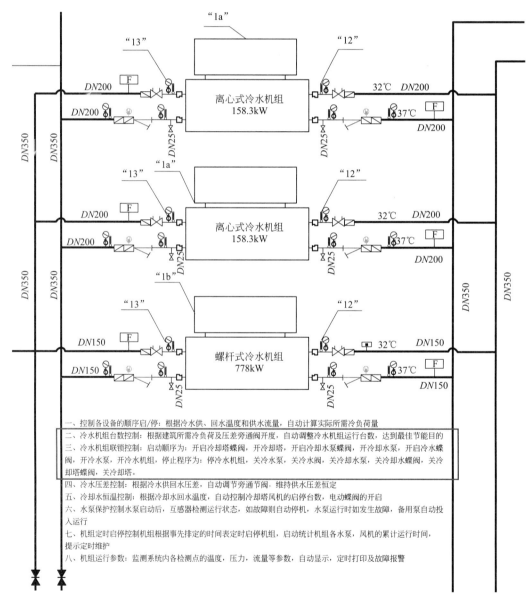

图 6-14　某饭店建筑冷水机组台数控制原理图

某饭店建筑冷水机组 *IPLV* 计算表　　　　表 6-24

设备名称	名义制冷量（kW）	型号	部分负荷率	制冷量（kW）	输入功率（kW）	COP 值	IPLV 值	标准限值
螺杆式冷水机组	778	30XW0802	100%	758	154	4.92	7.08	5.9
			75%	569	86	6.64		
			50%	379	45	8.42		
			25%	190	33	5.71		
离心式冷水机组	1583	19XR4040 356CPS52	100%	1583	282	5.61	6.19	5.75
			75%	1187	181	6.56		
			50%	792	117	6.76		
			25%	396	81	4.89		

6.2.5 【基本项】厨房通风系统设计。

在设计厨房通风系统时注意以下几点，可使厨房通风系统设计合理、节能高效，如表6-25 所示。

厨房通风系统设计要点　　　　表 6-25

编号	具体设计要点
1	通风量计算合理
2	气流组织设计合理
3	系统分区及调节合理
4	风机选型及设置合理

一、设立背景

大多数的饭店建筑，在其附属的厨房设计中，通风系统往往都留给设备厂家进行二次设计，导致厨房工艺设计专业与通风设计专业之间协调不够，再加上系统设计的不合理，就会造成厨房排风不畅、工作环境恶劣以及能耗的极大增加。

如某饭店整体厨房所有的排风罩管道最后都集中到一个风管大系统中，用一台大的油烟净化设备及一台大型风机排风。结果厨房只要有一个灶使用，排风机、油烟净化器就需要全开，这样一来不仅风机排风效果不好，而且电耗量也很大。

暖通专业在做通风设计时，首先，合理地划分系统，确定有效的通风方案，选择合理的气流组织形式；其次，进行准确的风量、热量平衡等计算，选择适当的系统设备，这样才能设计出一个高效节能的通风系统。

二、设立依据

现行行业标准《饮食建筑设计标准》JGJ 64 中对厨房区域通风系统设计做出了相关规定：

5.2.4　厨房区域应设通风系统，其设计应符合下列规定：

1. 除厨房专间外的厨房区域加工制作区（间）的空气压力应维持负压，房间负压宜

5～10Pa，以防止油烟等污染餐厅及公共区域；

2. 热加工区（间）宜采用机械排风，当措施可靠时，也可采用屋面的排风竖井或设有挡风板的天窗等有效自然通风措施；

3. 产生油烟的设备，应设机械排风系统，且应设油烟净化装置，排放的气体应满足国家有关排放标准的要求，排油烟系统不应采用土建风道；

4. 产生大量蒸汽的设备，应设机械排风系统，且应有防止结露或凝结水排放的措施；

5. 设有风冷式冷藏设备的房间应设通风系统，通风量应满足设备排热的要求；

6. 厨房区域加工制作区（间）宜设岗位送风，夏热冬冷和夏热冬暖地区夏季的送风温度不宜高于26℃，严寒和寒冷地区冬季的送风温度不宜低于20℃。

三、实施途径

1. 设计阶段——暖通工程师

根据表 6-25 中列出的设计要点，在具体做设计的过程中有以下几点需要注意，并应在暖通设计说明、通风平面图中予以体现：

1）通风量的计算：进行准确的风量、热量平衡等计算，选择适当的系统设备。厨房和饮食制作间的热加工间机械通风的换气量宜按热平衡计算，厨房设平时机械排风系统、灶具排风系统。设计时应做三个平行计算，分别为按热平衡计算得到的通风量、按罩口吸入风速计算得到的通风量、按换气次数计算得到的通风量，然后选最大的一个作为设计风量。

2）气流组织设计：在厨房通风中，要补充一定数量的新风作为补风。除厨房专间外的厨房区域加工制作区补风量不宜大于排风量，以维持房间负压，防止厨房油烟等污染餐厅及公共区域。为改善炊事人员工作环境，宜按条件设局部或全面加热（或冷却）装置。在一般系统设计中往往只是将全面排风的补风进行处理，高档厨房则可能要求对补风全部处理。局部送风风口应根据饭店厨房的具体情况合理布置，一般不得直接吹到厨师的头顶和背后。

3）系统分区及调节：整个厨房的排风不应只设置一个系统，应该根据灶具的功能性质，划分成若干个可分开控制的系统，这样运行时更为节能。在划分排风系统和选取局部排风罩或排风口时，应把通风负荷相同或其性质相近的划分在同一系统中。在同一系统中尽可能使各排风点的局部阻力相近，若阻力不同要在风管上加三通调节阀等调节装置。

4）风机设计及选型：排风机宜设在厨房的上部，厨房为饭店建筑中的一部分，其排风机宜设在屋顶层，这可以使风道内处于负压状态，避免气味外溢。厨房的排风机一般应选用离心风机，厨房的排风管应尽量避免过长的水平风道。排风机的压头应根据水力计算确定，应有一定的富余量。为了能实现设计要求，排风机可以做成变频调节的，或在管路上设置调节装置。补风机相对而言，压头应比较小一些，以有利于厨房保持负压，可以选用大风量低压头的混流风机。如果风机噪声过大，还应做消声处理。

2. 施工阶段——监理方

1）根据通风平面图，核查厨房排风系统的分区、调节、风口位置等是否按图施工。

2）测试厨房补风量、排风量，确保满足设计参数要求。

3. 运维阶段——空调运维管理方

制定厨房排风及补风系统的运行管理制度和操作手册，并对厨师长进行相关培训，确保厨房排风系统及补风系统的正常运行。

6.2.6 【基本项】建筑设备监控系统设计。

供暖、通风和空调系统及给水排水系统应设置完善的设备监控系统，系统监测、控制功能完善，可对各系统实现自动监测、自动控制。

一、设立背景

本条的目的是确保建筑物的高效管理和有效节能，重点关注系统和设备的控制策略及运行效果，侧重关注建筑主要用能设备的自动监控系统工作是否正常，是否具有完整的运行记录。建筑供暖、通风、空调系统及给水排水系统是建筑物的主要用能设备，为有效降低建筑的能耗，对空调通风、给水排水系统的冷热源、风机、水泵等设备应进行有效监测，对用能数据和运行状态进行采集并记录，并对设备系统按照设计的工艺要求进行自动控制，通过在各种不同工况下的自动调节来降低能耗。自动控制常用的控制策略有定值控制、最优控制、逻辑控制、时序控制和反馈控制等。工程实践证明：只有设备自动监控系统处于正常工作状态下，建筑物才能实现高效管理和有效节能，如果针对各类设备的监控措施比较完善，综合节能可达 20% 以上。

二、设立依据

为了节省运行中的能耗，供暖、通风与空调系统需配置必要的监测与控制系统。按现行行业标准《建筑设备监控系统工程技术规范》JGJ/T 334—2014 的有关规定，建筑设备监控系统要对冷热源、水系统、蓄冷/热系统、空调系统、空气处理设备、通风与防排烟系统进行设备运行和建筑节能的监测与控制。进行建筑设备监控系统的设计时，应根据监控功能需求设置监控点，监控系统的服务功能应与饭店管理模式相适应，以实现对供暖、通风与空调系统主要设备进行可靠的自动化控制。

通常大型饭店建筑项目的建设中都设置监控系统，并且为了满足项目的管理要求，监控范围通常包括下列内容：

(1) 供暖通风与空气调节：含冷热源设备、输送设备（水泵和风机）、空气处理设备和通风设备等；

(2) 给水排水：含水泵、水箱（池）和热交换器等；

(3) 供配电：变配电设备、应急（备用）电源设备、直流电源设备和大容量不停电电源设备等；

(4) 照明：照明设备或供电线路；

(5) 电梯或自动扶梯等设备。

在现代饭店建筑中，外围护结构上的电动窗帘、遮阳板和通气窗等设备的使用量越来越多。因为其开启或调节与暖通空调和照明等设备的运行相关，往往也纳入系统的监控范畴。该类设备可以根据使用需要确定是否纳入系统。

三、实施途径

1. 设计阶段——电气＋暖通工程师

1) 在建筑设备监控系统设计图纸中明确对暖通相关设备的控制要求及控制流程，应包括相关设施的设计说明、系统图、监控点位表、平面图、原理图等。

2）暖通工程师应加强与弱电设计师的配合，提供所有传感器、控制器的安装位置、控制要求等，并结合弱电设计师意见配合设计调整。

2. 施工阶段——监理方

1）根据《建筑设备监控系统工程技术规范》JGJ/T 334，查看建筑设备监控系统设计图纸，核对监控点位表的内容是否与现场设备系统的设置一致，检查其监控功能是否完善。

2）根据《智能建筑工程质量验收规范》GB 50339 和《建筑设备监控系统工程技术规范》JGJ/T 334，对建筑设备监控系统进行验收。当验收结论不合格时，应限期施工单位整改，直到重新验收合格。

3. 运维阶段——弱电运维管理方

1）根据建筑设备监控系统设计图纸，检查系统实际监控功能是否完善，以及对各类用能设备监控的实时工作情况。

2）配备建筑设备监控系统运行管理专员，定期参加系统技术培训，掌握系统运行方法，制定节能控制策略。

3）定期检查设备系统运行记录，设备系统的运行记录和检测数据应保持一年以上，以供分析和检查，出现故障，自动记录不能中断一个月，且对系统故障期的主要数据应进行人工记录。

四、案例

某饭店建筑设有完善的设备监控系统，包括冷冻站监控系统、热源监控系统、通风监控系统。

冷冻站监控系统包括冷水机组、冷水泵、冷却水泵、冷水系统、冷却水系统、冷却塔等。冷冻站设备主要监控功能有：

（1）冷水机组、冷（冷却）水泵、冷却塔风机的运行状态、故障报警、手自动状态、启停控制；

（2）冷（冷却）水系统的温度、压力、流量、水流方向；

（3）冷水阀的开、关及反馈信号；

（4）可以实现冷站设备系统的一键启停控制功能，启动顺序为电动水阀—冷却水泵—冷水泵—冷却塔风机—冷水机组，停机顺序与开机相反。

热源监控系统包括锅炉和换热站设备，换热站设备包括板式换热器、热水循环泵、阀门、管道、附件等组成。对于换热站设备主要监控功能有：

（1）热水循环泵的运行状态、故障报警、手自动状态、启停控制；

（2）阀门的控制；

（3）热水温度、热水压力等。

通风系统主要包括送风和排风两大部分，送风系统主要由送风机、新风机组和空调机组、附属设备以及风道组成。对于送排风系统主要监控功能有：

（1）送、排风机的运行状态、故障报警、手自动状态、启停控制；

（2）新风机组的运行状态、故障报警、手自动状态、启停控制、水阀、风阀、送到室内空气的温湿度等参数；

（3）空调机组的运行状态、故障报警、手自动状态、启停控制、水阀、风阀、送到室内空气的温湿度等，如为变频风机还包括变频器的频率控制、变频器故障、变频器运行状态等参数，如图 6-15～图 6-17 所示。

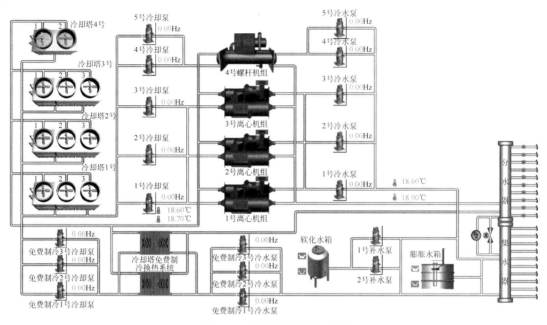

图 6-15　制冷站控制界面图

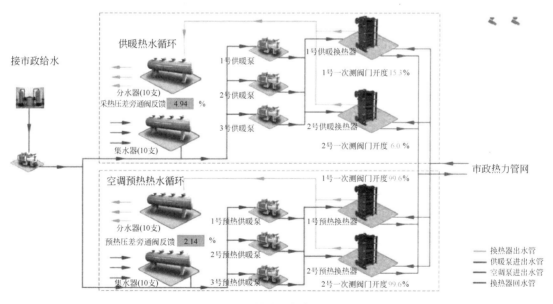

图 6-16　换热站控制界面图

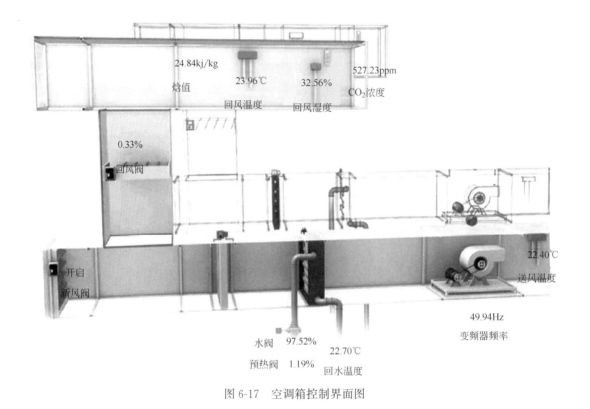

24.84kj/kg
焓值

23.96℃
回风温度

32.56%
回风湿度

527.23ppm
CO_2浓度

0.33%
回风阀

开启
新风阀

22.40℃
送风温度

49.94Hz
变频器频率

水阀　97.52%

22.70℃

预热阀　1.19%
回水温度

图 6-17　空调箱控制界面图

6.3　能量综合利用

6.3.1　【推荐项】排风能量回收系统设计。排风能量回收系统设计合理且运行可靠。

一、设立背景

为保证室内空气质量，建筑室内需引入新风，新风空调负荷占总空调负荷的比例可高达30%以上。与此同时，建筑中又有几乎与新风等量且与室内空气等焓的排风排出室外。在通过表冷器等设备对新风进行热湿处理之前，利用排风中的能量预冷（预热）新风，降低（增加）新风焓值，从而减小空调系统负荷，是一项可行的节能技术，称为排风热回收技术。排风热回收技术对于全年室内外温差或焓差较大的建筑，节能效果显著。

热回收装置的节能效果与室内外的温差（焓差）有直接关系。纵观全年，室外的气象参数变化范围很大，过渡季有很多时刻是不能从排风回收能量的，而风机的电耗全年都增加了，因此在冬季或者夏季具有节能空间并不意味着全年累计也可以节能。理论上，排风热回收装置应该具备一定的节能潜力，但其节能效果受当地的气象参数影响很大，也与系统设计中的具体参数直接相关。清华大学对排风热回收系统的实测结果也表明，排风热回收在国内很多项目的应用效果并不理想，测试调研过程中暴露出了排风热回收系统大量的问题，例如热回收效率低、装置阻力大、排风量小、装置漏风等。

在实际项目中，测试的多台机组的热回收效率均低于设计参数（一般转轮的设计效率可达75%），更远低于设备样本中能够达到的80%～90%的热回收效率。如北京某项目转轮系统的实测热回收效率为59%，南京某项目的四台转轮，热回收效率分布在45%～65%之间，广州一写字楼的转轮实测热回收效率不足40%等。某项目的新风机组设置了转轮热回收，虽然定期有工人对其进行冲洗，但转轮还是积满灰尘、堵塞严重，导致系统提供的新风量不够。测试发现新风量仅为设计值的40%，为了保证客房有足够新风量，只能拆除转轮。某项目的转轮热回收机组，其转轮和过滤器压降高达400Pa，几乎达到了整个新风机组压降的1/3。

排风热回收系统在实际项目运行过程中常见问题及问题产生的阶段如表6-26所示。

排风热回收系统常见问题 表6-26

类型	常见问题	涉及阶段
风系统	送排风量不匹配	设计
	接管方式不合理	设计
	送排风机衰减不一致	招标/运行
转轮新风机组	系统适用性/经济性分析缺失	设计
	设计迎风面风速过大	设计
	热回收装置漏风	设计/招标
	冬季结冰	设计/招标
	滤网脏堵	运行
	热回收装置脏堵	运行
自控系统	控制逻辑不完善	设计
	关键控制点位缺失	设计
	控制参数设定错误	运行
	传感器数据漂移/故障	运行

二、设立依据

不宜设置排风能量回收系统的饭店，包括新风与排风的温差不超过15℃、超高层饭店的塔楼或其他经技术经济分析不合理的饭店。除此之外，可按照现行国家相关标准进行设置。

现行国家标准《公共建筑节能设计标准》GB 50189规定：

4.3.26 设有集中排风的空调系统经技术经济比较合理时，宜设置空气-空气能量回收装置。

4.3.27 有人员长期停留且不设置集中新风、排风系统的空气调节区（房间），宜在各空气调节区（房间）分别安装带热回收功能的双向换气装置。

现行国家标准《热回收新风机组》GB/T 21087对装置性能提出了具体要求，并规定了装置名义风量对应的热交换效率最低值。如表6-27所示。

热回收新风机组（ERV）和热回收装置（ERC）的交换效率限值　　　表 6-27

类型		冷量回收	热量回收
全热型 ERV 和 ERC	全热交换效率	≥55％	≥60％
显热型 ERV 和 ERC	显热交换效率	≥65％	≥70％

注1：按额定性能试验工况，且在送、排风量相等的条件下测试的交换效率。

注2：全热交换效率适用于全热型 ERV 和 ERC，显热交换效率适用于显热型 ERV 和 ERC。

相关标准图集有《空气-空气能量回收装置选用与安装（新风换气机部分）》06K301-1、《空调系统热回收装置选用与安装》06K301-2 等。其中，《空调系统热回收装置选用与安装》对排风热回收装置的选用提出了以下的原则：

（1）当建筑物内设有集中排风系统，并且符合下列条件之一时，宜设置排风热回收装置，但选用的热回收装置的额定显热效率原则上不应低于 60％、全热效率不应低于 50％：送风量大于或等于 3000m³/h 的直流式空调系统，且新风与排风之间的温差大于 8℃ 时，设计新风量大于或等于 4000m³/h 的全空气空调系统，且新风与排风之间的温差大于 8℃ 时，设有独立新风和排风的系统。

（2）当人员长期停留但未设置集中新风、排风系统的空调区域或房间，宜安装热回收换气装置。

（3）当居住建筑设置全年性空调、供暖，并对室内空气品质要求较高时，宜在通风、空调系统中设置全热或显热热回收装置。

不同热回收方式的性能、效率和利用方式不同，设备费的高低、维护保养的难易也各不相同，它们的综合比较如表 6-28 所示。

各种热回收装置特点总结　　　表 6-28

热回收方式	效率	初投资	维护保养	占用空间	交叉污染	抗冻性能	使用寿命
转轮换热器	高	高	中	大	有	差	良
热管换热器	中	高	易	中	无	优	优
板式换热器（显热）	低	低	中	大	无	中	优
板式换热器（全热）	中	中	中	大	有	中	良
中间热媒式	低	低	中	中	无	中	良
热泵式	低	高	难	小	无	优	良

三、实施途径

1. 设计阶段——暖通工程师

1）在暖通设计说明中体现能量回收系统的设计情况，明确能量回收装置的服务范围，在暖通系统图中体现能量回收系统的设置细节，并与设计说明对应。

2）在暖通设备清单中标明所选用能量回收装置的风量、额定热回收效率等参数。

3）进行能量回收系统经济效益分析，包括项目的设计方案、经济效益、回收期的计算方法、计算过程和计算结果。

2. 施工阶段——监理方

1）根据暖通设计说明、暖通系统图、暖通设备清单等核查现场，重点核对其与图纸的吻合度，是否存在取缔、减少热回收装置或改变热回收形式的重大变更。

2）查验设备随机技术资料、形式检验报告等，重点核对热回收装置的形式、风量和额定热回收效率等参数。

3）督促调试人员按照已批准的调试方案顺序进行空调通风系统调试，调试指标需达到设计要求。

3. 运维阶段——空调运维管理方

1）制定排风热回收系统运行管理制度，对热回收设备进行定期维护巡检，做好日常记录工作。

2）制定排风热回收系统节能运行策略，并根据能量回收装置日常运行记录数据进行定期优化。

四、案例

某饭店包含饭店主楼、会议中心、健康中心、娱乐中心、饮食中心、运动中心，饭店主楼和不同中心的营业时间不同，因此空调开启时间也不同。新风机组开启时间与空调开启时间一致。饭店主楼的空调开启时间为 00：00～23：00，会议中心的空调开启时间为 08：00～18：00，饮食中心的空调开启时间为 07：00～09：00、12：00～14：00、18：00～20：00，其他中心在需要的时候开启空调，暂按每天开启三小时设计。

1. 全热回收选用转轮热回收装置，显热回收选用热管热回收装置；

2. 转轮全热回收装置的设计热回收效率为 55%，热管显热回收装置的设计热回收效率为 65%；

3. 风机效率按照 55% 计算，热回收器的平均风阻取 150Pa，因设置热回收器导致的机房接管、过滤器等增加平均风阻取 150Pa；

4. 排风量取新风量的 80% 计算；

5. 空调系统冷源按照电制冷离心机＋水冷冷却塔考虑，热源按照燃气锅炉考虑，电价和燃气价格均按照当地现行峰谷分时电价执行。排风热回收节省的冷热量分别按照以上系统类型，折算为节约的制冷电耗和制热气耗，然后考虑能源价格换算为节约的费用。

6. 对系统设计类型，按照独立式热回收装置考虑，组合式热回收机组与独立式的差别，完全是设备商价格的影响，如需考虑，可另行分析。

7. 新风机组按全年运行考虑，室内设计参数为夏季温度 24℃，相对湿度 60%，冬季温度 20℃，相对湿度 45%。

从计算结果来看主要结论如下：

1. 由于湿负荷的存在，全热回收装置的回收期普遍是要优于显热回收装置的；如表6-29、表 6-30 所示。

2. 由于冬季室内外温差大，严寒和寒冷地区的热回收收益要优于其他地区；

3. 新风系统运行时间越长，其收益越高。

显热回收装置的静态回收期　　　　　　　　　　　　　　表 6-29

	夏热冬暖 （广州）	夏热冬冷 （成都）	夏热冬冷 （上海）	寒冷地区 （北京）	严寒地区 （哈尔滨）	温和地区 （昆明）
饭店主楼（24h）	＞20	3.37	3.78	1.03	1.28	6.36
会议中心（10h）	＞20	7.07	7.95	2.36	2.39	＞20

	夏热冬暖 （广州）	夏热冬冷 （成都）	夏热冬冷 （上海）	寒冷地区 （北京）	严寒地区 （哈尔滨）	温和地区 （昆明）
饮食中心(6h)	>20	15.42	16.98	4.44	5.03	>20
其他中心(<6h)	>20	>20	>20	8.92	9.91	>20

全热回收装置的静态回收期　　　　　　　　　　　　　　表 6-30

	夏热冬暖 （广州）	夏热冬冷 （成都）	夏热冬冷 （上海）	寒冷地区 （北京）	严寒地区 （哈尔滨）	温和地区 （昆明）
饭店主楼(24h)	1.49	1.36	1.09	0.53	0.6	4.9
会议中心(10h)	2.7	2.43	1.52	1.15	1.25	11.62
饮食中心(6h)	2.55	3.76	2.17	2.14	2.41	>20
其他中心(<6h)	10.93	10.04	5.94	4.29	4.84	>20

注：由于增量成本与采购的品牌、型号、尺寸等均有一定影响，分析中按照 3 元/m^3 计算。实际项目应结合最新的询价结果，对增量成本及回收期进行修正。

6.3.2 【推荐项】蓄冷蓄热系统设计。蓄冷蓄热系统设计合理且运行可靠。

一、设立背景

蓄冷蓄热技术从能源转换和利用本身来讲并不节约，但是其对于昼夜电力峰谷差异的调节具有积极的作用，适用于执行分时电价、峰谷电价差较大的地区，能够满足城市能源结构调整和环境保护的要求。

饭店建筑不同于其他类型建筑，夜间也有相当大的负荷，空调负荷高峰段与电网负荷高峰段相重合，且在电网低谷段时空调负荷较小，因此，项目需根据自身负荷特点进行详细分析，合理采用蓄冷蓄热技术。

二、设立依据

现行国家标准《民用建筑供暖通风与空气调节设计规范》GB 50736 中规定：

8.1.1 （10）在执行分时电价、峰谷电价差较大的地区，经技术经济比较，采用低谷电价能够明显起到对电网"削峰填谷"和节省运行费用时，宜采用蓄能系统供冷供热。

8.7.1 符合以下条件之一，且经综合技术经济比较合理时，宜采用蓄冷（热）系统供冷（热）：

1. 执行分时电价、峰谷电价差较大的地区，或有其他用电鼓励政策时；

2. 空调冷、热负荷峰值的发生时刻与电力峰值的发生时刻接近、且电网低谷时段的冷、热负荷较小时；

3. 建筑物的冷热负荷具有显著的不均匀性，或逐时空调冷、热负荷的峰谷差悬殊，按照峰值负荷进行设计装机容量的设备经常处于部分负荷下运行，利用闲置设备进行制冷或供热能够取得较好的经济效益时；

4. 电能的峰值供应量受到限制，以至于不采用蓄冷系统能源供应不能满足建筑空气调节的正常使用要求时。

8.7.2 蓄冷空调系统设计应符合下列规定：

1. 应计算一个蓄冷-释冷周期的逐时空调冷负荷，且应考虑间歇运行的冷负荷附加；

2. 应根据蓄冷-释冷周期内冷负荷曲线、电网峰谷时段以及电价、建筑物能够提供的设置蓄冷设备的空间等因素，经综合比较后确定采用全负荷蓄冷或部分负荷蓄冷。

8.7.3　冰蓄冷装置和制冷机组的容量，应保证在设计蓄冷时段内完成全部预定的冷量蓄存，并宜按照附录J的规定确定。冰蓄冷装置的蓄冷和释冷特性应满足蓄冷空调系统的需求。

8.7.4　冰蓄冷系统，当设计蓄冷时段仍需供冷，且符合下列情况之一时，宜配置基载机组：

1. 基载冷负荷超过制冷主机单台空调工况制冷量的20%时；

2. 基载冷负荷超过350kW时；

3. 基载负荷下的空调总冷量（kWh）超过设计蓄冰冷量（kWh）的10%时。

8.7.5　冰蓄冷系统载冷剂选择及管路设计应符合现行行业标准《蓄冷空调工程技术标准》JGJ 158 的有关规定。

8.7.6　采用冰蓄冷系统时，应适当加大空调冷水的供回水温差，并应符合下列规定：

1. 当空调冷水直接进入建筑内各空调末端时，若采用冰盘管内融冰方式，空调系统的冷水供回水温差不应小于6℃，供水温度不宜高于6℃，若采用冰盘管外融冰方式，空调系统的冷水供回水温差不应小于8℃，供水温度不宜高于5℃；

2. 当建筑空调水系统由于分区而存在二次冷水的需求时，若采用冰盘管内融冰方式，空调系统的一次冷水供回水温差不应小于5℃，供水温度不宜高于6℃，若采用冰盘管外融冰方式，空调系统的一次冷水供回水温差不应小于6℃，供水温度不宜高于5℃；

3. 当空调系统采用低温送风方式时，其冷水供回水温度，应经经济技术比较后确定，供水温度不高于5℃；

4. 采用区域供冷时，温差要求应符合第8.8.2条的要求。

8.7.7　水蓄冷（热）系统设计应符合下列规定：

1）蓄冷水温不宜低于4℃，蓄冷水池的蓄水深度不宜低于2m；

2）当空调水系统最高点高于蓄冷（或蓄热）水池设计水面时，宜采用板式换热器间接供冷（热），当高差大于10m时，应采用板式换热器间接供冷（热），如果采用直接供冷（热）方式，水路设计应采用防止水倒灌的措施；

3）蓄冷水池与消防水池合用时，其技术方案应经过当地消防部门的审批，并应采取切实可靠的措施保证消防供水的要求；

4）蓄热水池不应与消防水池合用。

三、实施途径

1. 设计阶段——暖通工程师

1）应根据当地能源政策、峰谷电价、能源紧缺状况、空调冷热负荷和设备系统特点等选择采用。所选用的设备（比如电加热装置的蓄能设备夜间利用低谷电蓄能，能保证高峰时段不用电）最大限度地利用谷电，谷电时段蓄冷设备全负荷运行的80%应能全部蓄存并充分利用。

2）设计蓄冷蓄热系统时应对用于蓄冷的电动驱动设备进行冷量比例计算，并确保用于蓄冷的电驱动蓄能设备提供的冷量达到设计日累计负荷的30%或30%以上。

3）绘制蓄冷蓄热系统设计图纸：应体现蓄冷蓄热系统形式，系统详细设计参数和运行策略等。

4）编制蓄冷蓄热系统专项报告：应计算设计日的空调逐时冷负荷，并绘制冷负荷分布图，确定蓄冷介质和蓄冷方式，确定蓄冷系统的运行控制策略，确定冷水机组和蓄冷设备的容量，并对该系统进行技术经济分析。

2. 施工阶段——监理方

1）根据蓄冷蓄热系统设计图纸核查其与现场的吻合度，是否存在取缔设置、减少容量或改变形式的重大变更。

2）查验设备随机技术资料、形式检验报告等，重点核对蓄能设备的形式、容量和效率等相关参数。

3）督促调试人员按照已批准的调试方案顺序进行蓄能系统调试和单机试运转，调试指标需达到设计要求。

3. 运维阶段——空调运维管理方

1）制定蓄冷蓄热系统运行管理制度，对蓄能设备进行定期维护保养、日常巡检，做好相关记录工作。

2）制定蓄冷蓄热系统经济运行策略，并根据蓄能设备日常运行记录数据核算运行费用，进行定期优化。

四、案例

1. 设计条件

工程名称：天津某饭店冰蓄冷全部方案。

空调设计使用时间：0：00～24：00。

设计日峰值冷量：2038RT（7168kW）。

逐时空调负荷情况：如图6-18所示。

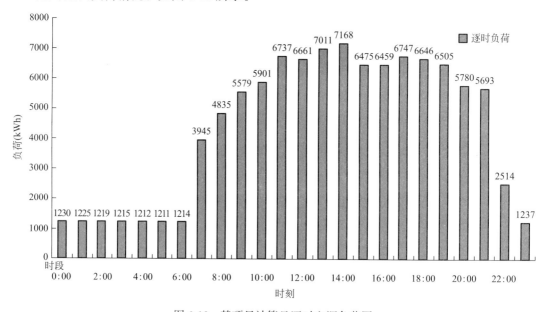

图6-18 某项目计算日逐时空调负荷图

分时电价及电力投资费用，如表 6-31 所示。

天津地区分时电价表

表 6-31

时段	各时段起始时间	电价(元/kWh)	备注
尖峰期	10:00～11:00 19:00～21:00	1.2468	7月、8月、9月
高峰期	11:00～15:00 18:00～19:00	1.1918	
平段期	7:00～10:00 15:00～18:00 21:00～23:00	0.7663	
低谷期	23:00～7:00	0.3084/0.3628	

综合电力投资费：为缓解电网昼夜不平衡运行的压力，电力部门制定有关政策，以控制用户在电力高峰期的用电量。由于空调系统用电量占整栋建筑物总用电量的 40%～60%，采用蓄冰空调可减少空调系统装机容量，同时可利用夜间廉价低谷电储存冷量，满足在电力高峰期的空调负荷需要，节约系统运行成本。

2. 运行策略

（1）蓄冰运行策略

采用全蓄冰策略，则该系统主机及蓄冰设备的容量较大，造成一次投资费用较高，因而结合全日冷负荷曲线及本地区的分时电价情况，对本工程制定负荷均衡的部分蓄冰运行策略，同时夜间负荷（如有）由基载主机提供，该策略下，蓄冰系统主要以下几种工作模式运行。

（2）运行策略说明

1）主机单制冰时段：此时段为电价低谷段，双工况主机满负荷运行制冰储存，以备白天电价高峰时使用。同时夜间少量冷负荷由基载主机提供。

2）融冰＋主机供冷时段：此时段为电价低谷段，双工况主机满负荷运行制冰储存，以备白天电价高峰时使用。同时夜间少量冷负荷由基载主机提供。

3）单融冰供冷时段：此时段为高价电时段，冷负荷完全由融冰满足，最大限度节约用电。当建筑物冷负荷降低时，可增大单融冰时段，尽量节约电费。

4）制冷机单供冷时段：此时段在部分负荷下，冷负荷完全可以由主机提供，以便让冰在高电价高峰期供冷。让所蓄的冰都能节约最多的电费。

（3）部分负荷时蓄冰系统运行策略

当峰值冷负荷降低时，减少主机开启，尽量使用融冰供冷，可极大地节约运行费用。以下分别列出 100% 负荷、80% 负荷、60% 负荷、30% 负荷情况蓄冰运行策略。如图 6-19～图 6-22 所示。

3. 经济分析

1）设备初期投资，如表 6-32～表 6-34 所示。

83

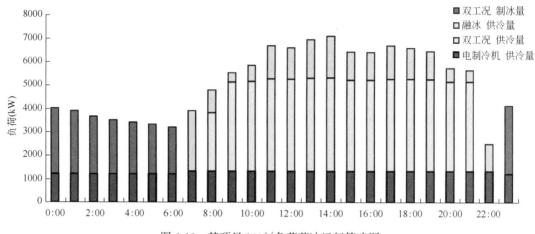

图 6-19　某项目100％负荷蓄冰运行策略图

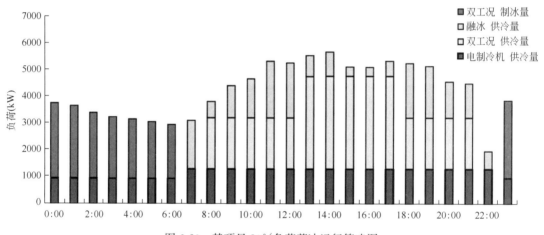

图 6-20　某项目80％负荷蓄冰运行策略图

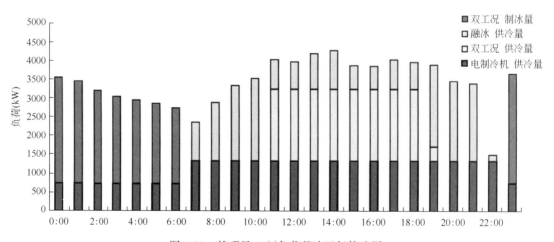

图 6-21　某项目60％负荷蓄冰运行策略图

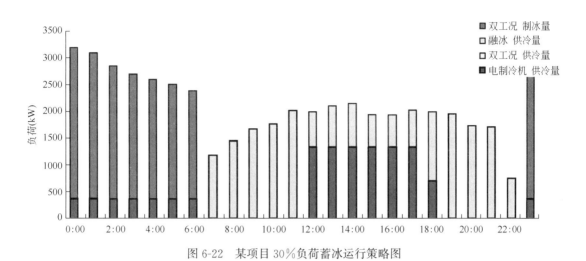

图 6-22 某项目30％负荷蓄冰运行策略图

设备初期投资分析表　　　　表 6-32

蓄冰空调系统			常规空调系统		
设备	容量(RT)	价格(万元)	设备	容量(RT)	价格(万元)
双工况主机	1200	264.0	主机	2184	469.6
基载主机	380	81.7			
蓄冰设备	5920	236.8			
主机冷却水塔	1580	50.7	主机冷却水塔	2184	70.0
板式热交换器		77.6			
水泵		54.9	水泵		45.5
乙二醇(Ton)DOW	13	29.9			
混凝土槽防水保温		20.0			
自控系统		80.0	自控系统		70.0
小计		895.6	小计		655.0

蓄冰系统增加投资：240.62 万元

电力负荷装机容量表　　　　表 6-33

设备		蓄冰空调系统			常规空调系统		
		单台装机容量 (kW)	台数	总装机容量 (kW)	单台装机容量 (kW)	台数	总装机容量 (kW)
主机	600	360.0	2	720.0	337.0	4	1348.0
	380	248.0	1	248.0			
冷却塔	600	23.0	2	46.0	23.0	4	92.0
	380	15.0	1	15.0			
乙二醇泵	600	50.5	2	100.9	42.1	4	168.3
双工况冷却泵	600	51.5	2	102.9	48.9	4	195.5

设备		蓄冰空调系统			常规空调系统		
		单台装机容量（kW）	台数	总装机容量（kW）	单台装机容量（kW）	台数	总装机容量（kW）
基载冷水泵	380	27.7	1	27.7			
基载冷却泵	380	32.4	1	32.4			
负载泵		41.1	2	82.2			
总计(kW)				1375.2			1803.8
小计：万元				206.3			270.6

蓄冰系统增加投资：－64.3万元

系统投资经济比较表（万元）　　　　　　表 6-34

	蓄冰式空调系统	常规式空调系统	蓄冰系统增加造价
设备投资总额	896	655	240.62
电力设备费总额	206.3	270.6	－64.3
系统投资总额	1101.9	925.6	176.3

2）运行成本分析

对运行成本进行分析时，蓄冰空调系统的耗电量含冷冻机房中的乙二醇主机、基载主机、乙二醇泵、基载冷却水泵、基载冷却塔、双工况冷却塔的电量，常规空调系统的耗电量含冷冻机房中的冷水机组、冷却水泵、冷却塔的电量，其他部分两种系统基本相同，故未加考虑。如表 6-35～表 6-38 所示。

100%负荷运行费用分析表　　　　　　表 6-35

时间	电价(元/kWh)	负荷(RT)	蓄冰空调系统		常规空调系统	
			耗电量(kWh)	电费(元)	耗电量(kWh)	电费(元)
0：00	0.3084	1230	1223	377	342	105
1：00	0.3084	1225	1198	369	341	105
2：00	0.3084	1219	1137	351	340	105
3：00	0.3084	1215	1100	339	339	105
4：00	0.3084	1212	1077	332	338	104
5：00	0.3084	1211	1056	326	338	104
6：00	0.3084	1214	1028	317	339	104
7：00	0.7663	3945	408	313	1073	822
8：00	0.7663	4835	980	751	1237	948
9：00	0.7663	5579	1292	990	1375	1054
10：00	1.2468	5901	1310	1634	1549	1931
11：00	1.1918	6737	1359	1620	1704	2030
12：00	1.1918	6661	1353	1613	1690	2014

时间	电价(元/kWh)	负荷(RT)	蓄冰空调系统		常规空调系统	
			耗电量(kWh)	电费(元)	耗电量(kWh)	电费(元)
13:00	1.1918	7011	1374	1637	1754	2091
14:00	1.1918	7168	1382	1647	1783	2125
15:00	0.7663	6475	1340	1027	1655	1268
16:00	0.7663	6459	1339	1026	1652	1266
17:00	0.7663	6747	1357	1040	1705	1307
18:00	1.1918	6646	1352	1612	1687	2010
19:00	1.2468	6505	1345	1677	1661	2070
20:00	1.2468	5780	1302	1624	1412	1761
21:00	0.7663	5693	1298	995	1396	1070
22:00	0.7663	2514	364	279	694	532
23:00	0.3084	1237	1249	385	343	106
总计		104417	28226	22281	26747	25138

蓄冰系统较常规系统节省电费:2856 元/天

蓄冰系统较常规系统节省电费:5.71 万元/20 天

80%负荷运行费用分析表 表 6-36

时间	电价(元/kWh)	负荷(RT)	蓄冰空调系统		常规空调系统	
			耗电量(kWh)	电费(元)	耗电量(kWh)	电费(元)
0:00	0.3084	984	1162	358	296	91
1:00	0.3084	980	1138	351	295	91
2:00	0.3084	975	1078	332	295	91
3:00	0.3084	972	1041	321	294	91
4:00	0.3084	969	1018	314	293	91
5:00	0.3084	969	996	307	293	90
6:00	0.3084	971	968	299	294	91
7:00	0.7663	3156	384	294	812	623
8:00	0.7663	3868	823	631	944	724
9:00	0.7663	4463	842	645	1169	895
10:00	1.2468	4720	850	1059	1216	1516
11:00	1.1918	5390	870	1037	1340	1597
12:00	1.1918	5329	869	1035	1329	1584
13:00	1.1918	5609	1214	1447	1381	1645
14:00	1.1918	5734	1220	1454	1404	1673
15:00	0.7663	5180	1203	922	1301	997
16:00	0.7663	5167	1202	921	1299	995

续表

时间	电价(元/kWh)	负荷(RT)	蓄冰空调系统		常规空调系统	
			耗电量(kWh)	电费(元)	耗电量(kWh)	电费(元)
17:00	0.7663	5397	1209	927	1341	1028
18:00	1.1918	5317	868	1035	1327	1581
19:00	1.2468	5204	865	1078	1306	1628
20:00	1.2468	4624	847	1055	1198	1494
21:00	0.7663	4554	844	647	1185	908
22:00	0.7663	2012	348	267	601	460
23:00	0.3084	990	1188	366	297	92
总计		83534	23046	17103	21511	20077

蓄冰系统较常规系统节省电费:2974 元/天

蓄冰系统较常规系统节省电费:20.82 万元/70 天

60%负荷运行费用分析表　　　　　　　　　　表 6-37

时间	电价(元/kWh)	负荷(RT)	蓄冰空调系统		常规空调系统	
			耗电量(kWh)	电费(元)	耗电量(kWh)	电费(元)
0:00	0.3628	738	1102	400	251	91
1:00	0.3628	735	1078	391	250	91
2:00	0.3628	731	1018	369	249	91
3:00	0.3628	729	981	356	249	90
4:00	0.3628	727	958	348	249	90
5:00	0.3628	727	937	340	249	90
6:00	0.3628	728	909	330	249	90
7:00	0.7663	2367	359	275	666	511
8:00	0.7663	2901	376	288	765	586
9:00	0.7663	3348	390	299	848	650
10:00	1.1918	3540	396	472	884	1053
11:00	1.1918	4042	828	987	1091	1300
12:00	1.1918	3997	827	986	1082	1290
13:00	1.1918	4207	834	993	1121	1336
14:00	1.1918	4301	836	997	1138	1357
15:00	0.7663	3885	824	631	1061	813
16:00	0.7663	3875	823	631	1060	812
17:00	0.7663	4048	829	635	1092	837
18:00	1.1918	3987	827	985	1080	1288
19:00	1.1918	3903	490	584	1065	1269
20:00	1.1918	3468	394	469	870	1037

时间	电价(元/kWh)	负荷(RT)	蓄冰空调系统		常规空调系统	
			耗电量(kWh)	电费(元)	耗电量(kWh)	电费(元)
21:00	0.7663	3416	392	300	861	659
22:00	0.7663	1509	332	255	393	301
23:00	0.3628	742	1128	409	251	91
总计		62650	17867	12730	17074	15823

蓄冰系统较常规系统节省电费:3093元/天

蓄冰系统较常规系统节省电费:18.56万元/60天

30%负荷运行费用分析表　　　　　　　　　　　　表6-38

时间	电价(元/kWh)	负荷(RT)	蓄冰空调系统		常规空调系统	
			耗电量(kWh)	电费(元)	耗电量(kWh)	电费(元)
0:00	0.3628	369	1012	367	92	33
1:00	0.3628	367	988	358	91	33
2:00	0.3628	366	929	337	91	33
3:00	0.3628	364	892	324	91	33
4:00	0.3628	363	869	315	90	33
5:00	0.3628	363	848	308	90	33
6:00	0.3628	364	820	297	91	33
7:00	0.7663	1184	37	28	294	226
8:00	0.7663	1450	45	35	361	276
9:00	0.7663	1674	52	40	416	319
10:00	1.1918	1770	55	66	440	525
11:00	1.1918	2021	63	75	503	599
12:00	1.1918	1998	348	414	497	592
13:00	1.1918	2103	351	418	523	623
14:00	1.1918	2150	352	420	535	637
15:00	0.7663	1942	346	265	483	370
16:00	0.7663	1938	346	265	482	369
17:00	0.7663	2024	349	267	503	386
18:00	1.1918	1994	212	253	496	591
19:00	1.1918	1951	61	73	485	578
20:00	1.1918	1734	54	54	431	514
21:00	0.7663	1708	53	41	425	325
22:00	0.7663	754	24	18	188	144
23:00	0.3628	371	1037	376	92	33
总计		31325	10143	5426	7789	7339

蓄冰系统较常规系统节省电费:1913元/天

蓄冰系统较常规系统节省电费:5.74万元/30天

说明：空调系统运行期设为180天/年，其中100%负荷20天，80%负荷70天，60%负荷60天，30%负荷30天，根据以上表格计算用电量，统计运行费用。经计算分析，蓄冰空调系统较常规空调系统节约运行费用约为50.83万元/年。

4. 总体比较

1）蓄冰设备削减制冷量

蓄冰设备占蓄冰系统尖峰的27.62%。

2）负荷削峰量

常规空调系统主机容量：2038RT。

蓄冰空调系统主机容量：1580RT。

削减量22%。

3）电力装机容量

常规空调系统装机容量：1803.8kW。

蓄冰空调系统装机容量：1375.2kW。

节省装机容量23.76%。

4）投资比较

常规空调系统设备投资：655.0万元。

蓄冰空调系统设备投资：895.6万元。

增加240.6万元。

常规空调系统一次投资：925.6万元。

蓄冰空调系统一次投资：1101.9万元。

增加176.3万元。

5）回收期

每年节约运行费用：RMB 50.8万元。

设备费回收期为：4.7年。

一次投资回收期为：3.5年。

6）运行费用

每年节约运行费用：50.8万元。

按设备寿命20年计，共节约运行费用：1016.5万元。

年供冷总运行费用：RMB 256.9万元。

6.3.3 【推荐项】余热废热利用。

合理利用余热废热解决饭店的蒸汽、供暖或生活热水需求。

一、设立背景

生活用能系统的能耗在整个建筑总能耗中占有不容忽视的比例，尤其是对于有稳定热需求的饭店建筑而言更是如此。用自备锅炉房满足饭店蒸汽或生活热水，不仅可能对环境造成较大污染，而且其能源转换和利用也不符合"高质高用"的原则，不宜采用。鼓励采用热泵、空调余热、烟气余热、其他废热等供应生活热水。在靠近热电厂、高能耗工厂等余热、废热丰富的地域，如果设计方案中很好地实现了回收排水中的热量，以及利用如空调凝结水、锅炉高温烟气或其他余热废热作为预热，可降低能源的消耗，同样也能够提高生活热水系统的用能效率。

特别地，洗衣房是饭店建筑独有的用能大户，作为高星级饭店的配套，洗衣房等相关设施一般都是必不可少，其用能比例多为3%～5%。在饭店洗衣房内，烘干、烫平设备需要高温热源，而通常都以蒸汽做热源的方式。洗衣房全年运行，产生的冷凝水量大且具有较高可利用能量，应充分回收冷凝水中二次蒸汽潜热及冷凝水显热。结合饭店用热特点，利用冷凝水二次蒸汽加热生活热水，并回收利用后的冷凝水作为锅炉给水，将充分利用此部分废热，实现较好的节能收益。

二、设立依据

根据能耗调研结果，饭店所需蒸汽热量、供暖热量和生活热水热量之比约为：1：1.3～2：1.3。考虑到饭店建筑所需蒸汽热量和生活热水热量均有别于其他公共建筑，故本条以供暖量指标为基准，设置了蒸汽和生活热水的比例要求：一般情况下，余热或废热提供的能量分别不少于饭店所需蒸汽设计日总量的40%或供暖设计日总量的30%或生活热水设计日总量的30%。

现行国家标准《民用建筑供暖通风与空气调节设计规范》GB 50736规定：

8.1.1 有可供利用的废热或工业余热的区域，热源宜采用废热或工业余热。当废热或工业余热的温度较高、经技术经济论证合理时，冷源宜采用吸收式机组。全年进行空气调节，且各房间或区域负荷特性相差较大，需要长时间地向建筑物同时供热和供冷，经技术经济比较合理时，宜采用水环热泵空调系统供冷、供热。

现行国家标准《建筑给水排水设计标准》GB 50015规定：

5.2.2 集中热水供应系统的热源，宜首先利用工业余热、废热、地热。

注：1. 利用废热锅炉制备热媒时，引入其内的废气、烟气温度不宜低于400℃；

2. 当以地热为热源时，应按地热水的水温、水质和水压，采取相应的技术措施。

现行国家标准《公共建筑节能设计标准》GB 50189规定：

4.2.22 对常年存在一定生活热水需求的建筑，当采用电动蒸汽压缩循环冷水机组时，宜采用具有冷凝热回收功能的冷水机组。

三、实施途径

1. 设计阶段——暖通＋给水排水工程师

1) 根据余热、废热的特点，合理选择余热废热利用的技术（例如低温的余热、废热经换热器可制备生活热水，温度高一些的余热、废热可以直接进入余热吸收式冷（温）水机组制冷、供热，高温的余热、废热除具备上述功能外，还可生产供发电或供热用的高压蒸汽，当项目有条件，比如电费十分低廉时，利用热泵机组等形式可深度利用低温余热）。

2) 绘制余热废热利用设计图纸：应体现利用余热或废热提供蒸汽/供暖/生活热水的系统形式、系统详细设计参数和运行策略。

3) 编制余热废热利用专项报告：应包括计算建筑所需蒸汽/供暖/生活热水设计日需求，并根据可利用的余热或废热的资源量及品质，确定系统的形式、设备容量和运行控制策略，并对该系统进行技术经济分析。

2. 施工阶段——监理方

1) 根据余热废热利用设计图纸核查其与现场的吻合度，是否存在取缔设置、减少容量或改变形式的重大变更。

2）查验设备随机技术资料、形式检验报告等，重点核对热利用设备的形式、容量和效率等相关参数。

3）督促调试人员按照已批准的调试方案顺序进行余热废热利用系统调试和单机试运转，调试指标需达到设计要求。

3. 运维阶段——空调＋给水排水运维管理方

1）制定余热废热利用系统运行管理制度，对热利用设备进行定期维护保养、日常巡检，做好相关记录工作。

2）制定余热废热利用系统节能运行策略，并根据热利用设备日常运行记录数据进行定期优化，以实现运行节能。

四、案例

某饭店建筑位于哈尔滨，建筑面积7.85万 m²。通过负荷模拟计算和全年热回收量计算，对该项目采用冷凝热回收的几种方案进行比选和经济性进行评估，并提出方案建议。如图 6-23 所示。

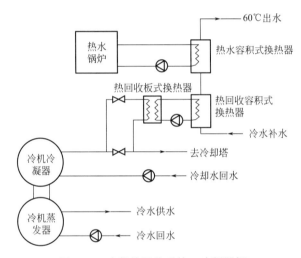

图 6-23　冷凝热回收系统（冷凝器侧）

1. 逐时负荷计算

采用负荷动态模拟计算的方法，建立计算模型，输入客房、大堂、餐厅、泳池、办公等不同区域的人员、新风、照明、设备、围护结构参数和逐时作息参数，计算饭店全年逐时的空调与供暖负荷。

2. 节能收益计算

影响热回收量的因素包括逐时生活热水用量、自来水补水温度、空调负荷、冷机开机策略、冷机逐时负载率、室外湿球温度、冷机冷凝温度和冷却水温度等，在计算过程中均应予以考虑。通过全年热回收量、水泵与热泵的额外电耗，结合当地燃料与电力价格，计算得到冷凝热回收系统全年运行的节能收益。

3. 初投资计算

采用冷凝热回收系统，需额外增加水泵、热水换热设备、管道及附件。若采用方案一或方案二，则冷机或热泵本身成本会增加，若采用方案三或方案四，则需增加板式换热器和热泵。除上述热回收设备本身的初投资增量外，每种方案均另需增加机房面积用于安装设备，即还需增加机房土建成本。以上增量成本，在经济性分析时均应计算在内。

4. 计算结果与方案建议

经计算，该建筑采用各种冷凝热回收方案经济性分析计算结果见表6-39，对于位于哈尔滨市的该饭店，若具备采用冷凝热回收的机房条件，则建议考虑方案三及方案四，如图6-24所示。

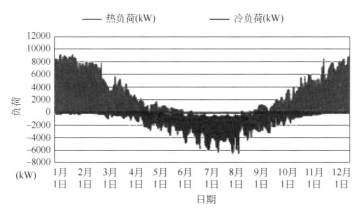

图 6-24　空调供暖负荷计算结果

冷凝热回收经济性分析结果　　　　　　　　　　　　表 6-39

比选方案	一	二	三	四
	冷凝侧部分热回收	冷凝全热回收	冷凝侧直接热回收	冷凝侧热泵热回收
增加机房面积情况	小	小	大	大
热回收量占全年生活热水热量比值	10%	10%	10%	42%
初投资(万元)	75	87	83	205
年节约费用(万元)	10	26	26	75
投资回收期(年)	7.5	3.3	3.2	2.7

6.3.4 【推荐项】可再生能源利用。

根据当地气候和自然资源条件，合理利用可再生能源，可再生能源利用形式及比例要求如表6-40所示。

可再生能源利用系统设计要点　　　　　　　　　　　　表 6-40

编号	具体设计要点
1	由可再生能源提供的生活用热水热量比例不低于20%
2	由可再生能源提供的空调用冷量和热量的比例不低于20%
3	由可再生能源提供的电量比例不低于1%

一、设立背景

《中华人民共和国可再生能源法》规定，可再生能源，是指风能、太阳能、水能、生物质能、地热能、海洋能等非化石能源。鼓励在技术经济分析合理的前提下，选用高效设备系统，采用可再生能源替代部分常规能源使用，如表 6-41 所示。

各种可再生能源的优缺点对比 表 6-41

能源	优点	缺点
太阳能	太阳能无处不在,非常普通,不需要开采和运输;清洁无污染,对环境无害;可以长期持续利用;能量巨大可再生	能量不稳定,受地域和季节影响较大
水能	清洁无污染,可再生,发电比较廉价,水利枢纽可以综合利用	能量不稳定,水利枢纽淹没耕地,需要移民
核能	经济效益高,核原料运输方便、节约,清洁无污染,安全性高,资源丰富,能量密集,地区适应性强	需要较高的科技和充足的资金,存在安全隐患
风能	不需要运输、不需要开采、清洁无污染、可再生	利用难度大,受地区和季节影响大,多分布在沿海地区和内地地区
地热能	资源丰富,可直接利用,地热能的利用可分为地热发电和直接利用两大类,我国地热能利用居世界第一	地热能的分布相对来说比较分散,开发难度大,受地理地质条件限定
生物质能	可再生,可直接利用,使用范围广	作燃料利用,会使土壤失去氮、磷、钾等营养成分而导致肥力减退
海洋能	可再生;能量以潮汐、波浪、温度差、盐度梯度、海流等形式存在于海洋之中;我国大陆沿岸和海岛附近蕴藏着较丰富的海洋能资源	只分布在沿海地区,并且各种能量涉及的物理过程开发技术及开发利用程度等方面存在很大的差异

我国有较丰富的太阳能资源，年太阳辐射时数超过 2200h 的太阳能利用条件较好的地区占国土的 2/3，故开发太阳能利用是实现中国可持续发展战略的有效措施之一。

太阳能热水器经过近 30 年的研究和开发，其技术已趋成熟，是目前我国新能源和可再生能源行业中最具发展潜力的产品之一。太阳能热利用与建筑一体化技术的发展使得太阳能热水供应、空调、供暖工程成本逐渐降低，也将是太阳能热水器潜在的巨大市场。

太阳能光电转换技术中太阳能电池的生产和光伏发电系统的应用水平不断提高。在我国已能商品化生产单晶硅、多晶硅、非晶硅太阳能电池。风力发电系统目前在我国发展也比较迅猛，相对太阳能光电系统而言总体成本较低，是很有前途的一种可再生能源发电系统形式。

地热的利用方式目前主要有两种：一种是采用地源热泵系统加以利用，一种是以地道风的形式加以利用。地源热泵系统与空气源热泵相比，优点是出力稳定，效率高，且没有除霜问题，可大大降低运行费用。如果在饭店附近有一定面积的土壤可以埋设专门的塑料管道（水平开槽埋设或垂直钻孔埋设），可采用地热源热泵机组。

对于采用太阳能热水技术的项目，提出了可再生能源提供的生活热水比例要求，对于采用太阳能光伏发电或风力发电技术的项目，提出了可再生能源提供的电量占建筑用电量的比例要求。对于采用效率高于常规热源系统的地源热泵技术的项目，提出了其承担的相应负荷比例要求；同时，要求所选用的设备效率均应不低于市场主流产品的平均水平。

二、设立依据

现行国家标准《民用建筑供暖通风与空气调节设计规范》GB 50736 对供暖空调冷源与热源提出了如下要求：

8.1.1　（2）在技术经济合理的情况下，冷、热源宜利用浅层地能、太阳能、风能等可再生能源。当采用可再生能源受到气候等原因的限制无法保证时，应设置辅助冷、热源。

现行国家标准《建筑给水排水设计标准》GB 50015 对生活热水热源也有如下要求：

5.2.2A　当日照时数大于1400h/年且年太阳辐射量大于4200MJ/m²，及年极端最低气温不低于−45℃的地区，宜优先采用太阳能作为热水供应热源。

5.2.2B　具备可再生低温能源的下列地区可采用热泵热水供应系统：

1. 在夏热冬暖地区，宜采用空气源热泵热水供应系统；

2. 在地下水源充沛、水文地质条件适宜，并能保证回灌的地区，宜采用地下水源热泵热水供应系统；

3. 在沿江、沿海、沿湖地表水源充足，水文地质条件适宜，及有条件利用城市污水、再生水的地区，宜采用地表水源热泵热水供应系统。

注：当采用地下水源和地表水源时，应经当地水务主管部门批准，必要时应进行生态环境，水质卫生方面的评估。

为了防止可再生能源利用出现"表面文章"的现象，比如象征性地摆设一两盏太阳能灯，装设一两块太阳能光伏玻璃等用以炒作。同时，从饭店实际调研的结果考虑，可再生能源，比如太阳能热水、光伏发电、风力发电等技术仅在个别饭店采用。为此，本导则在条文设置时分别给出了最低比例要求，并将此条整体作为推荐项以作鼓励。

三、实施途径

1. 设计阶段——暖通＋给水排水＋电气工程师

1）暖通设计：

（1）暖通设计说明应体现可再生能源系统设计情况；

（2）空调热泵机房平面布置图和详图应体现可再生能源系统相关设备的位置及连接方式；

（3）空调热泵机房水系统流程图应体现可再生能源系统相关设备的连接方式；

（4）暖通设备清单应体现可再生能源系统相关设备的设计参数（如地源热泵机组的制冷量、功率、COP 等）；

（5）空调方案分析报告应体现项目的负荷计算分析、设计方案、经济效益计算分析过程和结果（地源热泵系统应提供地源端的热平衡分析材料）。

2）给水排水设计：

（1）给水排水设计说明应体现可再生能源系统设计情况；

（2）给水排水系统图应体现可再生能源生活热水系统的形式；

（3）太阳能集热板平面布置图（太阳能生活热水系统）/机房平面布置图（热泵提供生活热水）应体现集热板的位置/热泵的位置；

（4）可再生能源热水方案分析报告应体现项目的设计方案、经济效益计算方法、计算过程和结果。

3）电气设计：

（1）电气设计说明应体现可再生能源发电设计情况（系统形式、系统容量等）；

（2）太阳能光伏发电板平面布置图应体现光伏发电板的位置和面积；

（3）太阳能光伏发电系统组件连接图/逆变器接线图应体现光伏组件的具体连接方式；

（4）太阳能光伏发电方案分析报告应体现项目的设计方案、年发电量计算过程和结果、投资情况、经济效益分析过程和结果。

2. 施工阶段——监理方

1）根据暖通设计图纸、给水排水设计图纸、电气设计图纸等进行可再生能源利用系统专项验收，核查现场与图纸的吻合度，是否存在重大变更。

2）查验质量证明文件和相关技术资料，如地源热泵、水源热泵机组、太阳能集热板、空气源热泵、太阳能光伏发电设备等的产品说明、产品形式检验报告，见证取样、抽样复验。

3）督促调试人员按照已批准的调试方案顺序进行可再生能源利用系统调试和联合试运转，调试指标需达到设计要求。

3. 运维阶段——空调＋给水排水＋机电运维管理方

1）空调运维管理方：制定利用可再生能源制取空调冷热量系统的运行管理制度，对可再生能源利用设备进行定期维护保养、日常巡检，做好相关记录工作，制定利用可再生能源制取空调冷热量系统的节能运行策略，并根据可再生能源利用设备日常运行记录数据及提供的冷热量情况进行定期优化，以实现系统最大限度替代常规能源节能。

2）给水排水运维管理方：制定利用可再生能源制取生活热水系统的运行管理制度，对可再生能源利用设备进行定期维护保养、日常巡检，做好相关记录工作，制定利用可再生能源制取生活热水系统的节能运行策略，并根据可再生能源利用设备日常运行记录数据及提供的热水量情况进行定期优化，以实现系统最大限度替代常规能源节能。

3）机电运维管理方：制定利用可再生能源制取用电量系统的运行管理制度，对可再生能源利用设备进行定期维护保养、日常巡检，做好相关记录工作；制定利用可再生能源制取用电量系统的节能运行策略，并根据可再生能源利用设备日常运行记录数据及提供的用电量情况进行定期优化，以实现系统最大限度替代常规能源节能。

四、案例

某项目是位于哈尔滨市的一座五星级饭店。饭店设置集中生活热水供应系统。热源为地下一层饭店锅炉房自备锅炉制取 95℃/70℃ 高温水，提供集中生活热水，生活热水供回水温度为 60℃/55℃。

通过模拟计算，对该项目采用太阳能热水的经济性进行评估，提出方案建议。

太阳能热水系统经济性分析步骤：

1. 计算参数确定

初步确定系统形式、集热器效率、设计太阳能保证率、水箱容积、水箱保温层材料与厚度、管道保温层材料与厚度、水箱集热器的效率、设计太阳能保证率等参数，这些参数对系统效率的影响非常大，计算中应谨慎选择。

2. 节能收益计算

选择贴近实际的计算模型。计算模型中应考虑：太阳能资源、气象参数、收集装置的种类、所处位置、安装方式、辅助热源形式、系统的各种损失、额外的功耗等。采用建筑整体全年逐时动态模拟计算方法，模拟更真实的系统运行状态，获得更高的计算精度。通过计算获得太阳能热水系统的节能收益。

3. 初投资计算

采用太阳能热水系统，除了需要增加太阳能热水系统的相关设备、配套的自控系统的初投资，还应考虑水箱和太阳能机房增加的占地。

4. 计算结果与方案建议

系统 A：集中供热系统（太阳能＋燃气锅炉）。

系统 B：集中供热系统（太阳能＋电加热）。

系统 C：集中供热系统（燃气锅炉）。

系统 D：末端独立供热热水系统（即热式电热水器）。

通过经济性分析，建议项目采用系统 A 的方案。项目设置热管集热器 192 组，集热器面积为 3m²/组，初投资约为 144 万元，年节约费用 17.05 万元。如图 6-25、表 6-42 所示。

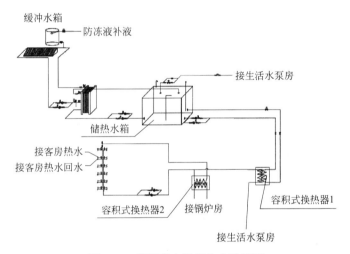

图 6-25　某饭店太阳能热水系统图

某项目多个系统年能耗对比（每产生 1MWh 热量）　　　　　表 6-42

	系统 A	系统 B	系统 C	系统 D
耗电量	14.8kWh/MWh	738.7kWh/MWh	6.3kWh/MWh	1000kWh/MWh
燃气消耗量	83.1m³/MWh	0	129.0m³/MWh	0
总费用	315.4 元/MWh	534.6 元/MWh	477.6 元/MWh	750 元/MWh

本章参考文献

[1] 陈娜，李晓锋 . 绿色饭店建筑建造与运营导则 [J]. 建设科技，2018，04.003：15.

[2] 住房和城乡建设部标准定额研究所等 . GB/T 51161—2016 民用建筑能耗标准 [S]. 北京：中国建筑工业出版社，2016.

[3] 姚琳，杨乐辉 . 浅谈饭店建筑节能设计方法 [J]. 山西建筑，2011，37（2）：184.

[4] 中国建筑科学研究院等 . GB/T 50378—2019 绿色建筑评价标准 [S]. 北京：中国建筑工业出版

社，2019.

［5］王清勤，韩继红，曾捷．绿色建筑评价标准技术细则［M］．北京：中国建筑工业出版社，2020.

［6］住房和城乡建设部科技发展促进中心等．GB/T 51165—2016 绿色饭店建筑评价标准［S］．北京：中国建筑工业出版社，2016.

［7］李颜颐，康浩，张志刚，蒋新波．大型建筑厨房通风节能设计［J］．节能，2007，3：51.

［8］清华大学建筑节能研究中心．中国建筑节能年度发展研究报告［M］．北京：中国建筑工业出版社，2014：158.

［9］张烽，邓振昌．饭店洗衣房蒸汽冷凝水节能设计探讨［J］．建筑热能通风空调，2011，30（1）：85.

7

电气专业

阶段	涉及主体		照明灯具	电梯扶梯	机电设备	电能监测与计量
设计阶段	业主方		●	●	●	●
	设计方	规划师				
		景观设计师				
		建筑师		●		
		室内设计师	●			
		结构工程师				
		给水排水工程师			●	●
		暖通工程师			●	●
		电气工程师	●	●	●	●
		经济分析师	○	○	○	○
	施工方		○	○	○	○
	运营方		●	●	●	●
施工阶段	业主方(/监理)		○	○	○	○
	设计方		○	○	○	○
	施工方		●	●	●	●
运营管理阶段	饭店业主代表					
	饭店总经理		○	○	○	○
	饭店工程管理员		●	●	●	●
	饭店安全管理员		○	○	○	○
	饭店绿色管理员		●	●	●	●
	饭店设备检测代理		○	○	○	○
●表示相关人员需重点关注内容;○表示相关人员需了解内容; 空白表示无需关注						

电气节能条文见表 7-1。

电气节能条文			表 7-1
条文编号	条文分类	条文内容	勾选项
7.1	基本项	照明灯具选择与控制方式	□
7.2	基本项	电梯扶梯选择与控制方式	□
7.3	基本项	合理设置供配电系统及选择节能型电气设备	□
7.4	基本项	电能监测与计量	□

7.1 照明灯具选择与控制方式

7.1.1 【基本项】照明灯具及附属装置合理采用高效光源、高效灯具和低损耗的灯用附件，为降低建筑照明能耗，对各房间的照明功率密度要求如表 7-2 所示；同时，对照明系统进行合理分区分组，并采用如表 7-3 所示的先进控制技术。

各房间照明功率密度设计要点		表 7-2
编号	具体设计要点	
1	客房的照明功率密度值不应高于现行国家标准《建筑照明设计标准》GB 50034—2013 中规定的现行值,鼓励满足现行国家标准《建筑照明设计标准》GB 50034—2013 中规定的目标值的要求	
2	除客房外的其他主要功能房间的照明功率密度值不应高于现行国家标准《建筑照明设计标准》GB 50034—2013 中规定的现行值,鼓励满足现行国家标准《建筑照明设计标准》GB 50034—2013 中规定的目标值的要求	
3	公共区域的照明功率密度值不应高于现行国家标准《建筑照明设计标准》GB 50034—2013 中规定的现行值,鼓励满足现行国家标准《建筑照明设计标准》GB 50034—2013 中规定的目标值的要求	
4	室外夜景照明光污染的限制应符合现行行业标准《城市夜景照明设计规范》JGJ/T 163—2008 的规定	

各房间照明系统节能控制措施		表 7-3
编号	具体控制措施	
1	走廊、楼梯间、门厅、大堂、地下停车场等公共区域的照明,按使用条件和天然采光状况采取分区、定时、感应等节能控制措施	
2	走廊、楼梯间、门厅、大堂、地下停车场等公共场所的照明,合理采用智能照明控制系统	
3	客房设置节能控制型总开关或智能客房控制系统	
4	有自然采光区域的照明装置控制应独立于其他区域的照明控制	

7.1.2 【基本项】建筑室内照度标准值、统一眩光值、照度均匀度、一般显色指数等指标应符合现行国家标准《建筑照明设计标准》GB 50034 的规定。

一、设立背景

本条旨在从光源、灯具和灯用附件本身来降低照明系统能耗，采用高光效光源和高效率灯具等措施以提高能效。除了在保证照明质量的前提下尽量减小照明功率密度外，还应尽量选用发光效率高、显色性好、使用寿命长、色温适宜并符合环保要求的光源。同时，在满足眩光限制和配光要求条件下，采用效率高的灯具。

除了在保证照明质量的前提下尽量减小照明功率密度外，采用分区分组、定时、感应等照明控制方式，以实现照明系统节能运行。分区分组控制的目的，是为了将同一场所中天然采光充足或不充足的区域分别控制。在白天自然光较强，或在深夜人员很少时，可以方便地用手动或自动方式关闭一部分照明。

二、设立依据

现行国家标准《建筑照明设计标准》GB 50034 规定了旅馆、商业、办公建筑各类房间或场所的照明功率密度值，分为"现行值"和"目标值"。其中，"现行值"是新建或改建建筑必须满足的最低要求，"目标值"要求更高，是努力的方向。关于照明功率密度值的选择，具体可参照现行国家标准《建筑照明设计标准》GB 50034 进行选取。如表 7-4 所示。

饭店建筑照明功率密度限值　　　　　　　　　　　　　　　　表 7-4

房间或场所	照度标准值(lx)	照明功率密度限制(W/m²)	
		现行值	目标值
客　房	—	≤7.0	≤6.0
中餐厅	200	≤9.0	≤8.0
西餐厅	150	≤6.5	≤5.5
多功能厅	300	≤13.5	≤12.0
客房层走廊	50	≤4.0	≤3.5
大堂	200	≤9.0	≤8.0
会议室	300	≤9.0	≤8.0
公共车库	50	≤2.5	≤2.0

注：表中未列出功能房间或场所的相关要求可参照现行国家标准《建筑照明设计标准》GB 50034 执行。

由于饭店的楼梯间和客房层走廊人流量较低，适合采用人体感应式的节能措施，当无人时，关闭照明或低照度运行，有人时照明满照度点亮。客房设置智能客房控制系统能满足旅客离开客房后能自动切断一般照明、插座电源，空调系统以节能方式运行，客房设置节能开关控制也可以保证旅客离开客房后能自动切断一般照明、插座及空调电源，以满足节电的需要。

现行国家标准《建筑照明设计标准》GB 50034 中的具体规定包括：

1. 公共建筑的走廊、楼梯间、门厅等公共场所的照明，宜按建筑使用条件和天然采光状况采取分区、分组控制措施。

2. 公共场所应采用集中控制，并按需要采取调光或降低照度的控制措施。

3. 旅馆的每间（套）客房应设置节能控制型开关或智能客房控制系统，楼梯间、走道的照明，除应急疏散照明外，宜采用自动调节照度等节能措施。

4. 有条件的场所，宜采用下列控制方式：

1）可利用天然采光的场所，宜随自然光照度变化自动调节照度；

2）地下车库宜按使用需求自动调节照度；

3）门厅、大堂、电梯厅等公共场所，宜采用夜间定时降低照度的自动控制装置。

5. 饭店建筑宜按使用需求采用适宜的自动（含智能控制）照明控制系统。其智能照明控制系统宜具备下列功能：

1）宜具备信息采集功能和多种控制方式，并可设置不同场景及时间的控制模式；

2）控制照明装置时，宜具备相适应的接口；

3）可实时显示和记录所控照明系统的各种相关信息并可自动生成分析和统计报表；

4）宜具备良好的中文人机交互界面；

5）宜预留与其他系统的联动接口。

三、实施途径

1. 设计阶段——电气工程师

1）在电气设计说明中明确功能房间照度值、照明功率密度值等，对灯具布置与光源选型提出具体要求，包括灯具配件、线缆规格以及控制设备、调光器件、功率、光通量等；同时，应体现照明控制原则、照明系统的分区设计及不同区域的控制策略，并应明确主要功能区域所采用的节能照明控制方式等。

2）在各层照明平面图中应体现照明灯具及照明配电系统的平面布置，灯具型号应与图例相吻合。

3）在照明控制系统图中应体现不同区域照明系统的控制方式，对于集中控制的照明系统，应在相应的设计图中进一步深化；对于声光等感应灯自动控制的照明灯具，应体现在照明平面图和图例中。

4）在照度和照明功率密度计算文件中应包括根据灯具选型和布置情况，对各房间场所的设计照度和照明功率密度的计算结果。

2. 施工阶段——监理方

1）根据电气设计说明、各层照明平面图、照明控制系统图、照度和照明功率密度计算文件等核查现场，重点核对其与图纸的吻合度，是否存在重大变更，是否有降低照明质量的现象。

2）在通电试运行中测试并记录照明系统的照度和照明功率密度值，要求照度值偏差不得大于设计值的±10%，照明功率密度值符合现行国家标准《建筑照明设计标准》GB 50034 的规定，照度值检验应与功率密度检验同时进行。

3）查验质量证明文件和相关技术资料，如由厂家提供选用灯具的产品性能检测报告，核查灯具效率、镇流器能效值、照明器具谐波含量，见证取样、抽样复验。

4）督促调试人员按照已批准的调试方案顺序进行智能照明控制系统调试，调试指标需达到设计要求。

3. 运维阶段——照明运维管理方

1）根据建筑照明设计图纸及交付使用后的现场情况，建立、记录和保管所辖范围内照明设施的设备台账及有关技术记录台账。

2）对室内照明设备及照明控制系统定期维护巡检，做好对照明灯具的消缺维护工作，以及对照明控制系统的调整和切换工作。

3）制定照度测试计划，定期对各房间场所的照度值进行测试，以保证照度是合格的，若发现不合格的，应立即进行整改。

4）制定照明控制系统节能运行策略，设置不同场景、不同时间的运行模式，并根据照明能耗数据进行定期优化。

7.2 电梯扶梯选择与控制方式

7.2.1 【基本项】选用高效节能的电梯和扶梯，并采取电梯群控、扶梯自动启停等节能控制措施。

一、设立背景

随着大型多功能综合饭店建筑的兴起，电梯和自动扶梯能耗也在快速增加，通过选用高效节能设备和采用合理控制方法，可降低大型饭店的电梯和自动扶梯运行能耗。

目前市场上关于电梯和自动扶梯的节能型产品，多采用变频调速拖动、能量反馈等在内的节能技术措施。同时根据饭店规模大小和设备使用特征合理设置控制方法，以降低饭店建筑电梯和自动扶梯的运行能耗。

考虑到饭店建筑特点，不同部位不同功能的电梯和扶梯可适当采用休眠或群控等控制方式，并采取电梯群控、扶梯自动启停等节能控制措施，如饭店大堂可根据顾客流量设置不同阶段的控制模式与开启台数等。

二、设立依据

由于目前并未明确电梯和扶梯的节能型号，暂以是否采取变频调速拖动方式或能量反馈技术判定电梯、扶梯产品的节能性能；

电梯、扶梯的节能控制措施包括电梯并联或群控控制、扶梯感应启停、轿厢无人自动关灯技术、驱动器休眠技术、自动扶梯变频感应启动技术、群控智能管理技术等。

现行国家标准《民用建筑电气设计标准》GB 51348 中有关电梯、自动扶梯控制的规定有：

电梯和自动扶梯系统监控

1）应监测电梯、自动扶梯运行状态及故障报警；

2）当监控电梯群组运行时，电梯群宜分组、分时段控制；

3）宜累计每台电梯的运行时间。

三、实施途径

1. 设计阶段——建筑师、电气工程师

1）进行电梯、扶梯设计时应充分考虑使用需求和客/货流量，电梯台数、载客量、速度等指标，必要时进行人流平衡计算分析。

2）在电梯及扶梯设计图中应包括电梯、自动扶梯选型参数表，配电系统图，控制系统图等。图纸应对电梯和自动扶梯的选型计算做详细的说明，对于电梯的群控措施、自动扶梯的变频调速、能量反馈等多项节能措施，需提供与设计图纸内容吻合的设计说明。

3）在电梯及扶梯样本中应体现项目中所选用电梯、扶梯的性能、型号参数和节能控制措施。

2. 施工阶段——监理方

1）依据现行国家推荐标准《电梯技术条件》GB/T 10058、《电梯试验方法》GB/T 10059、《电梯工程施工质量验收规范》GB 50310 等相关标准规范要求，对饭店的电梯和扶梯安装工程进行检验、试验与调试。

2）核查产品样本、出厂说明与形式检验报告中所选用电梯和扶梯的性能、型号参数和节能控制措施是否与电梯及扶梯设计图纸一致。

3. 运维阶段——机电运维管理方

1）建立电梯日常运行维护管理制度，定期对电梯、扶梯进行检修、保养和清洁，形成维保记录并留存。

2）维修人员必须通过安全和技术培训考试，经有资格的主管单位批准方可上岗，从事电梯电气设备的维修人员，应持有相关部门核发的特种（电工）作业证。

3）制定电梯、扶梯节能运行策略，定期根据运行能耗和自控运行数据进行优化，以实现电梯和自动扶梯的运行节能。

7.3 合理设置供配电系统及选择节能型电气设备

7.3.1 【基本项】合理设置供配电系统，并选用节能型电气设备，具体设计要点如表 7-5 所示。

绿色饭店供配电系统设计要点　　　　　　　　　　　　表 7-5

编号	具体设计要点
1	合理设置变电所数量及位置
2	合理设置变压器数量及容量
3	选用节能型变压器
4	合理采用谐波抑制和无功补偿技术
5	水泵、风机等机电设备及其他电气装置选用节能型产品

一、设立背景

供配电系统存在设备损耗、线路损耗和无功损耗。设备损耗主要取决于设备是否采用了节能型产品等，重点为变压器的影响。线路损耗主要取决于变电所是否深入了负荷中心（从而影响配电线路长度）、导体材料、截面选择等。无功损耗在供配电环节主要取决于补偿设备的合理配置。供配电系统的合理设计和用电设备的正确选型，对于提高电能使用效率至关重要。设计中需采用必要的补偿方式提高系统的功率因数，并对谐波采取预防和治理措施，以达到提高电能质量的目的。

二、设立依据

饭店供配电系统需根据现行国家标准《供配电系统设计规范》GB 50052 进行合理设置，包括变电所数量及位置、变压器数量及容量、无功补偿装置的选择等，并在此基础上选用低损耗、低噪声的节能高效变压器。所选用的配电变压器的空载损耗和负载损耗不应高于现行国家标准《电力变压器能效限定值及能效等级》GB 20052 规定的节能评价值要求。

现行国家标准《电力变压器能效限定值及能效等级》GB 20052 中"5.2 变压器能效限定值"规定：10kV 配电变压器的空载损耗和负载损耗限值均应不高于表 7-6、表 7-7 中的规定。

水泵、风机等其他电气设备应满足国家现行有关标准的节能评价值。

三、实施途径

1. 设计阶段——电气工程师

1）在电气设计说明中应体现变压器选型设计、无功补偿、谐波治理等相关措施，明确变电所及变压器的数量。

2）在绘制变配电系统图时，应体现三相配电变压器的型号，并与设计说明保持一致。

3）出具变压器负荷计算书，应体现变压器主要选型设计参数。

2. 施工阶段——监理方

1）对低压配电电源进行验收，包括：

（1）供电中心的选定是否合理；

（2）是否选择高效低耗变压器；

（3）线路路径的选择是否尽量缩短供电距离；

（4）是否选用线损小的线缆；

（5）是否通过功率因数补偿装置对系统功率因数进行补偿。

2）低压配电系统选择的电缆、电线截面不得低于设计值，进场时应对其截面和每芯导体电阻值进行见证取样送检。

3）工程安装完成后应对低压配电系统进行调试，调试合格后应对低压配电电源质量进行检测。

4）查验电气产品说明、产品形式检验报告，核对选用三相配电变压器的主要参数与设计是否一致。

3. 运维阶段——机电运维管理方

为保证供电系统的正常运行，需加强配电设备的运维检修工作，广泛收集试验信息，结合设备当前运行情况制定停电计划，结合日常运维和工程实施统筹安排设备试验，并制定检修计划。

表 7-6

10 kV 油浸式三相双绕组无励磁调压配电变压器能效等级

额定容量(kVA)	1级						2级						3级						短路阻抗(%)
	电工钢带			非晶合金			电工钢带			非晶合金			电工钢带			非晶合金			
	空载耗损	负载损耗(W)		空载损耗	负载损耗(W)		空载耗损	负载损耗(W)		空载损耗	负载损耗(W)		空载耗损	负载损耗(W)		空载损耗	负载损耗(W)		
		变压器接法 Dynll/Yznll	Yyn0		变压器接法 Dynll/Yznll	Yyn0		变压器接法 Dynll/Yznll	Yyn0		变压器接法 Dynll/Yznll	Yyn0		变压器接法 Dynll/Yznll	Yyn0		变压器接法 Dynll/Yznll	Yyn0	
30	65	455	430	25	510	480	70	505	480	33	535	510	80	630	600	33	630	600	4.0
50	80	655	625	35	735	700	90	730	695	43	780	745	100	910	870	43	910	870	
63	90	785	745	40	880	840	100	870	830	50	930	890	110	1090	1040	50	1090	1040	
80	105	945	900	50	1060	1010	115	1050	1000	60	1120	1070	130	1310	1250	60	1310	1250	
100	120	1140	1080	60	1270	1215	135	1265	1200	75	1350	1285	150	1580	1500	75	1580	1500	
125	135	1360	1295	70	1530	1450	150	1510	1440	85	1615	1540	170	1890	1800	85	1890	1800	
160	160	1665	1585	80	1870	1780	180	1850	1760	100	1975	1880	200	2310	2200	100	2310	2200	
200	190	1970	1870	95	2210	2100	215	2185	2080	120	2330	2225	240	2730	2600	120	2730	2600	
250	230	2300	2195	110	2590	2470	260	2560	2440	140	2735	2610	290	3200	3050	140	3200	3050	
315	270	2760	2630	135	3100	2950	305	3065	2920	170	3275	3120	340	3830	3650	170	3830	3650	
400	330	3250	3095	160	3660	3480	370	3615	3440	200	3865	3675	410	4520	4300	200	4520	4300	
500	385	3900	3710	190	4380	4170	430	4330	4120	240	4625	4400	480	5410	5150	240	5410	5150	
630	460	4460		250	5020		510	4960		320	5300		570	6200		320	6200		4.5
800	560	5400		300	6075		630	6000		380	6415		700	7500		380	7500		
1000	665	7415		360	8340		745	8240		450	8800		830	10300		450	10300		
1250	780	8640		425	9720		870	9600		530	10260		970	12000		530	12000		5.0
1600	940	10440		500	11745		1050	11600		630	12400		1170	14500		630	14500		
2000	1085	13180		550	14000		1225	14640		710	14800		1360	18300		720	18300		
2500	1280	13360		670	15450		1440	14840		860	16300		1600	21200		865	21200		

10kV 干式三相双绕组无励磁调压配电变压器能效等级　　表7-7

额定容量(kVA)	1级 电工钢带 空载损耗(W)	1级 电工钢带 负债损耗 B100℃	1级 电工钢带 F120℃	1级 电工钢带 H145℃	1级 非晶合金 空载损耗(W)	1级 非晶合金 负债损耗 B100℃	1级 非晶合金 F120℃	1级 非晶合金 H145℃	2级 电工钢带 空载损耗(W)	2级 电工钢带 负债损耗 B100℃	2级 电工钢带 F120℃	2级 电工钢带 H145℃	2级 非晶合金 空载损耗(W)	2级 非晶合金 负债损耗 B100℃	2级 非晶合金 F120℃	2级 非晶合金 H145℃	3级 电工钢带 空载损耗(W)	3级 电工钢带 负债损耗 B100℃	3级 电工钢带 F120℃	3级 电工钢带 H145℃	3级 非晶合金 空载损耗(W)	3级 非晶合金 负债损耗 B100℃	3级 非晶合金 F120℃	3级 非晶合金 H145℃	短路阻抗(%)
30	105	605	640	685	50	605	640	685	130	605	640	685	60	605	640	685	150	670	710	760	70	670	710	760	4.0
50	155	845	900	965	60	845	900	965	185	845	900	965	75	845	900	965	215	940	1000	1070	90	940	1000	1070	
80	210	1160	1240	1330	85	1160	1240	1330	250	1160	1240	1330	100	1160	1240	1330	295	1290	1380	1480	120	1290	1380	1480	
100	230	1330	1415	1520	90	1330	1415	1520	270	1330	1415	1520	110	1330	1415	1520	320	1480	1570	1690	130	1480	1570	1690	
125	270	1565	1665	1780	105	1565	1665	1780	320	1565	1665	1780	130	1565	1665	1780	375	1740	1850	1980	150	1740	1850	1980	
160	310	1800	1915	2050	120	1800	1915	2050	365	1800	1915	2050	145	1800	1915	2050	430	2000	2130	2280	170	2000	2130	2280	
200	360	2135	2275	2440	140	2135	2275	2440	420	2135	2275	2440	170	2135	2275	2440	495	2370	2530	2710	200	2370	2530	2710	
250	415	2330	2485	2665	160	2330	2485	2665	490	2330	2485	2665	195	2330	2485	2665	575	2590	2760	2960	230	2590	2760	2960	
315	510	2945	3125	3355	195	29445	3125	3355	600	2945	3125	3355	235	2945	3125	3355	705	3270	3470	3730	280	3270	3470	3730	
400	570	3375	3590	3850	215	3375	3590	3850	665	3375	3590	3850	265	3375	3590	3850	785	3750	3990	4280	310	3750	3990	4280	
500	670	4130	4390	4705	250	4130	4390	4705	790	4130	4390	4705	305	4130	4390	4705	930	4590	4880	5230	360	4590	4880	5230	
630	775	4975	5290	5660	295	4975	5290	5660	910	4975	5290	5660	360	4975	5290	5660	1070	5530	5880	6290	420	5530	5880	6290	6.0
630	750	5050	5365	5760	290	5050	5365	5760	885	5050	5365	5760	350	5050	5365	5760	1040	5610	5960	6400	410	5610	5960	6400	
800	875	5895	6365	6715	335	5895	6265	6715	1035	5895	6265	6715	410	5895	6265	6715	1215	6550	6960	7460	480	6550	6960	7460	
1000	1020	6885	7315	7885	385	6885	7315	7885	1205	6885	7315	7885	470	6885	7315	7885	1415	7650	8130	8760	550	7650	8130	8760	
1250	1205	8190	8720	9335	455	8190	8720	9335	1420	8190	8720	9335	550	8190	8720	9335	1670	9100	9690	10370	650	9100	9690	10370	
1600	1415	9945	10555	11320	530	9945	10555	11320	1665	9945	10555	11320	645	99451	10555	11320	1960	11050	11730	12580	760	11050	11730	12580	
2000	1760	12240	13005	14005	700	12240	13005	14005	2075	12240	13005	14005	850	12240	13005	14005	2440	13600	14450	15560	1000	13600	14450	15560	
2500	2080	14535	15445	16605	840	14535	15445	16605	2450	14535	15445	16605	1020	14535	15445	16605	2880	16150	17170	18450	1200	16150	17170	18450	

7.4 电能监测与计量

7.4.1 【基本项】电能监测与计量，具体设计要点如表 7-8 所示。

绿色饭店电能监测与计量设计要点   表 7-8

编号	具体设计要点
1	绿色饭店主要次级用能单位用电量大于等于 10kW 或单台用电设备大于等于 100kW 时,应设置电能计量装置
2	绿色饭店应设置用电能耗监测与计量系统,并进行能效分析和管理
3	应按功能区域设置电能监测与计量系统
4	宜按照明插座、空调、电力、特殊用电分项进行电能监测与计量
5	冷热源系统的循环水泵耗电量宜单独计量

一、设立背景

我国电能消耗量巨大,其中建筑能耗占全国总电能耗的比例非常大,因此,建设绿色节能建筑,设置电能监测与计量系统,对电能进行合理、有效地利用,进而对降低电能消耗有非常积极的意义。电能监测与计量系统实现对电能使用的全参数、全过程的管理和监测功能,为能耗监测、节能运行管理的综合解决方案提供有力的支撑。符合国家有关公共建筑管理节能的政策和技术要求,可对建筑能耗进行动态监测和分析,实现建筑的精细化管理与控制,达到节能减排的目的。

二、设立依据

绿色饭店电能监测与计量系统应根据现行国家标准《公共建筑节能设计标准》GB 50189、《智能建筑设计标准》GB 50314、《绿色建筑评价标准》GB/T 50378、《绿色饭店建筑评价标准》GB/T 51165 等进行合理设置。

三、实施途径

1. 设计阶段——电气工程师

1) 在电气设计说明中应体现电能监测与计量系统设置技术要求,明确电能监测与计量系统的设置层级及范围。

2) 在绘制变、配电系统图时,应体现电能监测与计量表计的规格,并与设计说明保持一致。

3) 绘制电能监测与计量系统图。

2. 施工阶段——监理方

1) 对电能监测与计量系统进行验收,包括:

(1) 电能监测与计量系统形式是否合理;

(2) 表计精度、量程是否合理;

(3) 表计的设置是否满足对饭店各功能区域、各使用分项的全面监测;

2) 设备进场时,查验电气产品说明、产品形式检验报告,查验表计精度、量程不得低于设计值，进场时应对其进行留证取样送检。

3）工程安装完成后应监督对电能监测与计量系统的调试，调试合格后应对电能监测与计量系统运行进行检测。

3. 运维阶段——机电运维管理方

为保证电能监测与计量系统的正常运行，需加强电能监测与计量设备的运维检修工作，结合日常运维和饭店运营实施统筹安排设备检测、校准，并制定检修计划。

四、案例

建筑能耗分析管理系统以工作站主机、通信设备、测控单元为基本工具，为大型公共建筑的实时数据采集、开关状态监测及远程管理与控制提供了基础平台，它可以和检测、控制设备构成任意复杂的监控系统。该系统主要采用分层分布式计算机网络结构，系统结构如图 7-1 所示，建筑分类能耗主界面如图 7-2 所示。

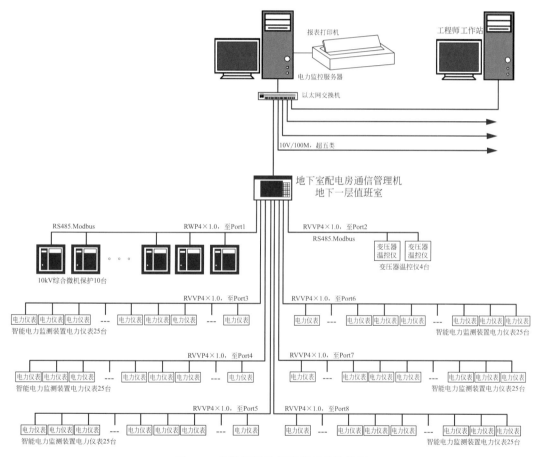

图 7-1　建筑能耗分析管理系统结构图

建筑能耗分析管理系统能够反映并统计如下建筑信息，包括：

1. 反映建筑物当年用能各分类能耗和折算为标准煤的综合能耗，并计算得到单位面积能耗。

2. 反映某分类能耗当日及昨日同期、当月及上月同期、当年及上年同期的用能及对比，增长百分比及增加值。

3. 反映某分类能耗过去 48h、过去 31 天、过去 12 个月、过去 3 年的用能趋势。

4. 反映某分项能耗的当月用能饼图，反映某分类能耗当年各月用能同比分析图；

5. 可灵活选择支路，并统计某段时间内支路用能的日、月、周、季、年用能；

6. 可对各支路分时段（尖、峰、平、谷）用能进行统计。

7. 通过在基础数据中设置各分时段（尖、峰、平、谷）用能单价，可统计分时段用能的金额。此项功能需配合使用带有复费率功能的电力仪表。

8. 统计各支路当年每月用能及去年同期用能。

9. 统计数据可导出至 Excel。

10. 在系统中设置每个部门的用能计划值，并与实际值进行比较。

图 7-2 建筑分类能耗主界面

通过建筑能耗监测系统实现对能耗使用的全参数、全过程的管理和控制功能，是能耗监测、集中控制和节能运行管理的综合解决方案。符合国家有关公共建筑绿色节能的政策和技术要求，可对建筑能耗进行动态监测和分析，实现建筑的精细化管理与控制，达到节能减排的效果。

本章参考文献

［1］中国建筑科学研究院等 . GB 50034—2013 建筑照明设计标准［S］. 北京：中国建筑工业出版

社，2013.

［2］中国建筑科学研究院等.JGJ/T 163—2008 城市夜景照明设计规范［S］.北京：中国建筑工业出版社，2008.

［3］中国建筑科学研究院等.GB 51348—2019 民用建筑电气设计标准［S］.北京：中国建筑工业出版社，2019.

［4］中国标准化研究院等.GB 20052—2020 电力变压器能效限定值及能效等级［S］.北京：中国标准出版社，2020.

［5］中国建筑科学研究院等.GB/T 50378—2019 绿色建筑评价标准［S］.北京：中国建筑工业出版社，2019.

［6］中国建筑科学研究院等.JGJ/T 229—2010 民用建筑绿色设计规范［S］.北京：中国建筑工业出版社，2010.

［7］中国建筑科学研究院等.GB 50189—2015 公共建筑节能设计标准［S］.北京：中国建筑工业出版社，2015.

［8］中国建筑科学研究院等.GB/T 50668—2011 节能建筑评价标准［S］.北京：中国建筑工业出版社，2011.

8

给水排水专业

阶段	涉及主体		水方案	水系统	水定额	用水计量	水质保障	水隔声防露	水易检修	灌溉方式	节水器具	生活热水	非传统水	景观补水	水设备选材
设计阶段	业主方														
	设计方	规划师													
		景观设计师													
		建筑师	○	○											
		室内设计师													
		结构工程师													
		给水排水工程师	●	●	●	●	●	●	●	●	●	●	●	●	●
		暖通工程师													
		电气工程师													
		经济分析师													
施工阶段	业主/监理														
	设计方														
	施工方			●	●	●	●	●	●	●	●	●	●	●	●
运营管理阶段	饭店业主代表														
	饭店总经理														
	饭店工程管理员		●	●	●	●	●	●	●	●	●	●	●	●	●
	饭店安全管理员														
	饭店绿色管理员		●	●	●	●	●	●	●	●	●	●	●	●	●
	饭店设备检测代理		○	○	○	○	○	○	○	○	○	○	○	○	○

●表示相关人员需重点关注内容;○表示相关人员需了解内容; 空白表示无需关注

给水排水条文见表8-1。

给水排水条文 表8-1

子项	条文编号	条文分类	条文内容	勾选项
8.1 水资源利用	8.1.1	基本项	各种水资源的综合利用方案及案例	□

子项	条文编号	条文分类	条文内容	勾选项
8.2 给水排水系统 设计	8.2.1	推荐项	二次加压供水的推荐系统形式	☐
	8.2.2	基本项	给水系统的用水点处压力控制要求	☐
	8.2.3	基本项	供水系统的供水计量要求	☐
8.3 用水水质 保障	8.3.1	基本项	生活饮用水系统的用水水质保障措施要求	☐
	8.3.2	推荐项	二次供水设施宜设置水质在线监测仪表	☐
	8.3.3	推荐项	热水系统补水的硬度要求	☐
	8.3.4	基本项	集中生活热水水质及消毒措施要求	☐
8.4 水系统设备 设施隔声隔 振、防结露	8.4.1	推荐项	给水管道布置要求及对环境影响的控制要求	☐
	8.4.2	推荐项	泵房的布置要求及对环境影响的控制要求	☐
8.5 绿化灌溉方式	8.5.1	基本项	对绿化灌溉方式的要求	☐
8.6 节水器具选择	8.6.1	基本项	对用水器具形式的要求	☐
8.7 生活热水系 统设计	8.7.1	推荐项	集中热水系统热源选择	☐
	8.7.2	基本项	生活冷热水系统保持压力平衡的要求	☐
	8.7.3	基本项	集中热水系统的温度计热水出水时间控制要求	☐
	8.7.4	推荐项	生活热水热媒回收推荐要求	☐
8.8 非传统水 源利用	8.8.1	基本项	绿色饭店非传统水源利用设施的建设要求	☐
	8.8.2	基本项	景观水体补水的要求	☐
8.9 给水排水设备 材料选择	8.9.1	推荐项	给水机热水管道材质推荐	☐
	8.9.2	推荐项	排水管道材质推荐	☐
	8.9.3	基本项	公共浴室淋浴设施的控制要求	☐

8.1 水资源利用

8.1.1 【基本项】水资源利用方案确定。

根据饭店的规模、定位、用水性质、所在区域市政条件及水资源情况，合理确定水资源利用方案，统筹利用各种水资源。

一、设立背景

合理利用水资源，避免水资源的损失和浪费，是保证我国经济和社会发展的重要战略。在饭店的设计过程中应充分考虑再生水、雨水等非传统水源的综合利用，做到水资源的减量、循环利用。

二、设立依据

参考现行国家标准《城镇给水排水技术规范》GB 50788 第 3.1.5 条："城镇给水规划应在科学预测城镇用水量的基础上，合理开发利用水资源、协调给水设施的布局、正确指导给水工程建设。"的要求。

三、实施途径

设计阶段——给水排水设计师

根据饭店的规模、定位、用水性质、所在区域市政条件及水资源情况，合理制定水资源利用方案，进行水量平衡计算，给出水资源综合利用的实施方案说明，并按照方案开展给水排水工程设计。

水资源综合利用实施方案中应包括生活用水量计算、中水原水量计算、中水回用系统水量计算以及水量平衡计算等内容。

四、案例 1

某五星级标准的豪华饭店，包括大型的宴会厅，商务会议，餐饮健身以及娱乐等设施。总建筑面积为 42115m²，其中：地上建筑面积为 29696m²，地下建筑面积为 12418m²。建筑高度：13.6m，屋檐高度：10.4m，屋脊高度：16.7m。建筑层数：地上 3 层，地下 1 层。

1. 生活给水系统

生活给水用水量计算如表 8-2 所示。

生活给水用水量计算表   表 8-2

用途	数目	人均密度	人数	人次	用水量	小时变化系数	使用时间	最高日用水量	最大时用水量	最高用水量	生活用水百分率	最大日生活用水量	最高小时用水量		
				次			h	m³/d	m³/h	L/s	%	m³/d	m³/h		L/s
酒店客房	114 房	2 人/房	228 人		400L/（人·日）	2.0	24	91.20	7.60	2.11	86.0	78.43	6.54		1.82
餐饮			674 座	3	50L/人次	1.2	12	101.10	10.11	2.81	93.3	94.33	9.43		2.62
会议			150 座	1.5	8L/人次	1.2	4	1.80	0.54	0.15	35.0	0.63	0.19		0.05
SPA 区			65 人	2	100L/人次	1.5	12	13.00	1.63	0.45	95.0	12.35	1.54		0.43
健身	619m²	10m²/人	62 人	2	50L/人次	1.2	12	6.19	0.62	0.17	86.0	5.32	0.53		0.15
KTV、棋牌茶座	333m²	2m²/人	167 人	3	15L/人次	1.2	18	7.49	0.50	0.14	86.0	6.44	0.43		0.12

用途	数目	人均密度	人数	人次	用水量	小时变化系数	使用时间	最高日用水量	最大时用水量	最高用水量	生活用水百分率	最大日生活用水量	最高小时用水量	
				次			h	m³/d	m³/h	L/s	%	m³/d	m³/h	L/s
办公室	1442m²	10m²/人	144人	1	40L/人次	1.2	12	5.77	0.58	0.16	35.0	2.02	0.20	0.06
泳池补水			300m³		5%	1.0	10	15.00	1.50	0.42	100.0	15.00	1.50	0.42
酒店职员			171人		100L/(人·日)	2.0	24	17.10	1.43	0.40	86.0	14.71	1.23	0.34
员工餐厅			171座	3	20L/人次	1.5	16	10.26	0.96	0.27	93.3	9.57	0.90	0.25
绿化	3000m²				2L/(m²·日)	1.0	4	6.00	1.50	0.42	0.0			
车库冲洗	5000m²				2L/(m²·日)	1.0	8	10.00	1.25	0.35	0.0			
用水小计								284.91	28.21	7.84		238.80	22.49	6.25
不可预见								28.49				23.88		
冷却塔								397.44	24.00	6.67	100.0	397.4	24.00	6.67
总用水量								710.84	52.21	14.50		660.12	46.49	12.91

本建筑最高日用水量为 710.84m³/d，最高时用水量 52.21m³/h，包括生活饮用水和中水的水量。其中最高日生活给水用水量为 660.12m³/d，最高时生活给水用水量为 46.49m³/h。

2. 热水系统

热水用水量计算如表 8-3 所示。

生活热水用水量计算表　　　　　　　　　　　表 8-3

用途	数目	人均密度	人数	人次	用水量	小时变化系数	使用时间	最高日用水量	热水用水	最大日热水用水量	最大时热水用水量	
				次			h	m³/d	%	m³/d	m³/h	L/s
酒店客房	114房	2人/房	228人		400L/(人·日)	2.0	24	91.20	40.0	36.48	3.04	0.84
餐饮			674座	3	50L/人次	1.2	12	101.10	37.5	37.91	3.79	1.05

用途	数目	人均密度	人数	人次	用水量	小时变化系数	使用时间	最高日用水量	热水用水	最大日热水用水量	最大时热水用水量	
				次			h	m³/d	%	m³/d	m³/h	L/s
会议			150座	1.5	8L/人次	1.2	4	1.80	25.0	0.45	0.14	0.04
SPA区			65人	2	100L/人次	1.5	12	13.00	15.0	1.95	0.24	0.07
健身	619m²	10m²/人	62人	2	50L/人次	1.2	12	6.19	50.0	3.10	0.31	0.09
KTV、棋牌茶座	333m²	2m²/人	167人	3	15L/人次	1.2	18	7.49	53.3	3.99	0.27	0.07
办公室	1442m²	10m²/人	144人	1	40L/人次	1.2	12	5.77	20.0	1.15	0.12	0.03
泳池补水			300m³		5%	1.0	10	15.00		0.00		
酒店职员			171人		100L/(人·日)	2.0	24	17.10	40.0	6.84	0.57	0.16
员工餐厅			171座	3	20L/人次	1.5	16	10.26	37.5	3.85	0.36	0.10
绿化	3000m²				2L/(m²·日)	1.0	4	6.00	0.0			
车库冲洗	5000m²				2L/(m²·日)	1.0	8	10.00	0.0			
用水小计								284.91		95.72	8.83	2.45
不可预见								28.49		9.57		
冷却塔								397.44				
总用水量								710.84		105.29	8.83	2.45

最高日热水用水量为 105.29m³/d，最高时生活给水用水量为 8.83m³/h。

3. 中水系统

（1）中水用水量计算如表 8-4 所示。

中水用水量计算表　　　　　　　　表 8-4

用途	数目	人均密度	人数	人次	用水量	小时变化系数	使用时间	最高日用水量（生活用水）	中水用水	最大日中水用水量	最大时中水用水量	
				次			h	m³/d	%	m³/d	m³/h	L/s
酒店客房	114房	2人/房	228人		400L/(人·日)	2.0	24	91.20	14.0	12.77	1.06	0.30
餐饮			674座	3	50L/人次	1.2	12	101.10	6.7	6.77	0.68	0.19
会议			150座	1.5	8L/人次	1.2	4	1.80	65.0	1.17	0.35	0.10
SPA区			65人	2	100L/人次	1.5	12	13.00	5.0	0.65	0.08	0.02
健身	619m²	10m²/人	62人	2	50L/人次	1.2	12	6.19	14.0	0.87	0.09	0.02

用途	数目	人均密度	人数	人次	用水量	小时变化系数	使用时间	最高日用水量（生活用水）	中水用水	最大日中水用水量	最大时中水用水量	
				次			h	m³/d	%	m³/d	m³/h	L/s
KTV、棋牌茶座	333m²	2m²/人	167人	3	15L/人次	1.2	18	7.49	14.0	1.05	0.07	0.02
办公室	1442m²	10m²/人	144人	1	40L/人次	1.2	12	5.77	65.0	3.75	0.37	0.10
泳池补水			300m³		5%	1.0	10	15.00	0.0			
酒店职员			171人		100L/（人·日）	2.0	24	17.10	14.0	2.39	0.20	0.06
员工餐厅			171座	3	20L/人次	1.5	16	10.26	6.7	0.69	0.06	0.02
绿化	3000m²				2L/（m²·日）	1.0	4	6.00	100.0	6.00	1.50	0.42
车库冲洗	5000m²				2L/（m²·日）	1.0	8	10.00	100.0	10.00	1.25	0.35
用水小计								284.91		46.11	5.72	1.59
不可预见								28.49		4.61		
冷却塔								397.44				
总用水量								710.84		50.72	5.72	1.59

最高日中水用水量为 50.72m³/d，最高时生活给水用水量为 5.72m³/h。

（2）水量平衡示意图详见图 8-1。

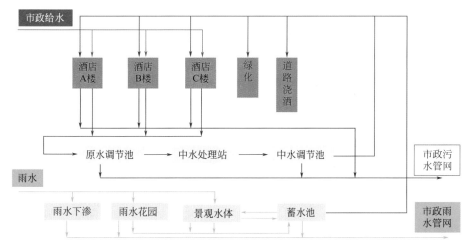

图 8-1　水量平衡示意图

五、案例 2

某上海饭店项目，建筑面积 12500m²，地上 4 层，地下 1 层，客房数 138 间，预计年平均入住率 80%。

项目采用 EDGE 软件对饭店的各水系统进行了优化设计。通过 EDGE 平台可简洁快速地对比各种节水措施对各系统用水量、建筑整体用水效率和投资回收期的影响，以达到经济性和环境效益的最优。主要用水器具的流量信息如表 8-5 所示，节水计算结果总览详见图 8-2。

主要用水器具的流量信息	表 8-5
	用水量信息
客房花洒	0.12L/s
客房卫生间水龙头	0.125L/s
客房马桶(如双冲,请分别列出流量)	3.5/5L
公共卫生间小便器	3L
公共卫生间马桶	3.5/5L
公共卫生间水龙头	0.125L/s
厨房水龙头	0.125L/s
厨房洗碗机	2L/个
室外灌溉	2L/m²/天
屋顶雨水收集再利用系统	50%的屋顶面积

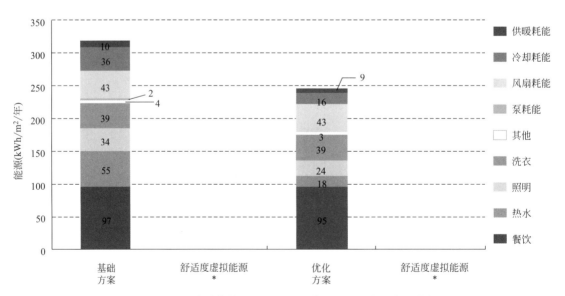

图 8-2　EDGE 节水计算结果总览（基准建筑基于相应国家节水标准）

8.2 给水排水系统设计

8.2.1 【推荐项】二次加压供水系统宜采用水泵＋高位水箱重力供水形式或储水箱＋变频水泵供水等节水供水方式。

（一）设立背景

饭店中集中了客房、洗浴及餐饮用水，用水量大、用水稳定性要求高，在二次加压供水系统选择过程中应充分了解和评估市政条件、饭店定位等因素，选用供水稳定性高的节水供水方式。水箱重力供水及储水箱＋变频水泵供水对外部市政条件的依赖性较小，供水稳定性高。市政供水条件好的区域也可考虑叠压供水等节能、节水供水方式。

（二）实施途径

设计阶段——给水排水设计师

根据饭店所在区域的市政供水条件以及饭店供水高度等因素合理确定二次加压供水系统的形式。

加压形式设置条件：

1. 当水源不可靠或只能定时供水或只有一根供水管而饭店又不能停水，或外部给水管网所提供的给水流量小于饭店所需要的设计流量时，应设贮水池（箱）。如图 8-3 所示。

2. 当饭店建筑为高层建筑，且用水量大时，可以采用高位水箱重力供水，这样对于饭店供水的稳定性、可靠性具有保证，但是需要根据用水量合理测算水箱的有效容积，并设置二次消毒装置，保证水箱水质。

3. 对于平面面积较大的多层饭店建筑，可以采用贮水箱加变频水泵供水的形式，但在设置过程中，应尽量增加变频水泵的台数，并设置气压罐，降低由于水泵切换过程带来的用水波动影响。

供水系统示意（图 8-3、图 8-4）。

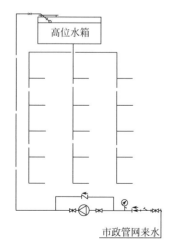

图 8-3 水泵＋高位水箱重力供水示意

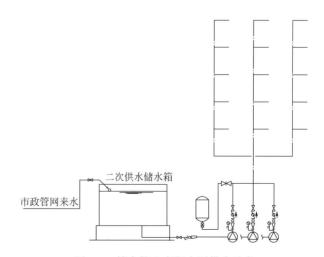

图 8-4 储水箱＋变频水泵供水示意

8.2.2 【基本项】给水系统用水点供水压力不应小于用水器具的最低用水压力，且不应大于 0.20MPa，当不满足要求时应增加供水分区或设置减压阀。

一、设立背景

控制用水点处供水压力是给水系统节水中最为关键的一个环节。给水额定流量是为满足使用要求，用水器具给水配件出口在单位时间内流出的规定出水量。流出水头是保证给水配件流出额定流量，在阀前所需的水压。用水点处供水压力大于用水器具的流出水头时，用水器具实际流量超过额定流量的现象，称超压出流现象，该实际流量与额定流量的差值，为超压出流量。超压出流不但会破坏给水系统水量的正常分配，影响用水工况，同时因超压出流量为无效用水量，造成了水资源的浪费。给水系统应采取措施控制超压出流现象，适当地采取减压措施，避免造成浪费。

饭店内部的用水点数量多，有效地控制用水器具的用水点压力，可以有效地节水。

二、设立依据

根据现行国家标准《民用建筑节水设计标准》GB 50555 中第 6.1.12 条"用水点处水压大于 0.2MPa 的配水支管应设置减压阀，但应满足给水配件最低工作压力的要求"，现行国家推荐标准《绿色建筑评价标准》GB/T 50378 中第 7.1.7 条第 2 款也有相同的要求。同时，现行国家标准《民用建筑节水设计标准》GB 50555 中第 4.1.3 条"保证各用水点处供水压力不超过 0.2MPa"也体现了防超压出流在建筑节水中的重要性。

三、实施途径

设计阶段——给水排水设计师

根据系统的供水压力，折减掉管道损失、供水高度等因素后确定用水器具用水点处的压力，超过规定压力值的需要设置减压设施或进行系统分区。

8.2.3 【基本项】用水计量。

应根据建筑内功能的划分以及用水性质的不同，分别设置用水计量装置。洗衣房、厨房、公共浴室、公共卫生间、游泳池补水、空调冷却水补水管、锅炉软化水补水、景观水体补水、室外浇洒以及饭店管理范围之外独立经营的区域等用水应设置水表。

一、设立背景

按照饭店内部用水的使用用途或不同经营管理单元为单位分别设置水表进行计量，不仅可以实现"用者付费"，达到节水目的，可以统计各种用途的用水量，便于饭店内部进行水耗进行分析进行优化，同时方便后期由于饭店经营管理模式的改变而造成的计量收费管理。

二、设立依据

根据现行国家标准《城镇给水排水技术规范》GB 50788 第 3.1.8 条：用水必须计量。同时《民用建筑节水设计标准》GB 50555—2010 中第 6.1.9 条也规定了供水系统的计量要求。

三、实施途径

1. 设计阶段——给水排水设计师

根据饭店中不同用水性质以及不同的管理单元、计费单元分别设置计量装置，方便后期的运行管理。用水计量包括了生活饮用水、生活热水、中水等供水的计量。其中对于热水用水品质要求高的、设置支管循环的生活热水系统中，在用水点处计量，一般采用设置供水、回水两块水表进行计量的方式，当采用干管循环时，可在支管处设置计量水表。

2. 运营阶段——管理方

根据管理需要，对各级水表进行计量统计收费，判断是否满足运营管理需求。用水分项计量示意如图 8-5 所示。

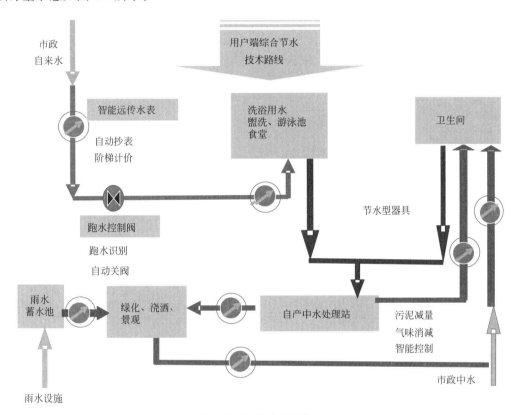

图 8-5　用水计量示意图

8.3　用水水质保障

8.3.1　【基本项】生活饮用水贮水池、高位水箱总容积不宜超过 36h 的用水量，并应有防污染及二次消毒措施。

一、设立背景

生活饮用水储水池、高位水箱中的储水直接与空气接触，容易受到外部的污染，储水的时间过长会增加水质变化及污染的风险。同时饭店建筑本身用水特点中与人体接触和饮用的用水比例大，用水安全的要求高，故为确保用水点处的水质安全，规定了设置消毒及储水设施的容积要求。

二、设立依据

根据现行城镇建设工程行业标准《二次供水工程技术规程》CJJ 140 第 6.5.1 条的规定："二次供水设施的水池（箱）应设置消毒设备。"的要求确定。

三、实施途径

设计阶段——给水排水设计师

根据饭店给水排水系统中的储水设施的位置，设置合理的消毒设施，如紫外线消毒器、紫外光催化氧化设备、臭氧消毒器等。当采用臭氧发生器时，应设置尾气消除装置，采用紫外线消毒器应选用具备对紫外线照射强度在线检测的产品，并宜有自动清洗功能。

采用水箱自洁消毒器时，宜采用外置设备。二次消毒产品如图 8-6、图 8-7 所示。

图 8-6　紫外线消毒器

图 8-7　水箱臭氧消毒器

8.3.2 【推荐项】二次供水设施宜设置余氯（总氯）、浊度、pH 等水质在线监测仪表。

一、设立背景

二次供水储水设施存在水质污染的风险，为保证饭店用水的安全，增加水质在线监控，发现问题并及时处理，降低因水质不达标而造成的事故风险。

二、设立依据

参考现行国家标准《二次供水运行维护及安全技术规程》T/CECS 509 的规定进行了相关的规定。

三、实施途径

1. 设计阶段——给水排水设计师

根据饭店的等级和所在地区水源水质情况，合理设置水质在线监测仪表。

2. 运行阶段——管理方

对水质进行在线监测，通过远传数据进行实时水质监控。

8.3.3 【推荐项】集中热水系统补水的水质硬度不宜超过 200mg/L，厨房和洗衣房的热水水质硬度不宜超过 150mg/L。

一、设立背景

主要考虑热水补水的硬度过高会使管道、设备产生结垢，影响设备的寿命和使用效果，从而对水质硬度进行了规定。

二、设立依据

根据现行国家标准《建筑给水排水设计标准》GB 50015 第 6.2.3 条的规定，同时结合国际饭店管理公司的要求，进行了相关的规定。

三、实施途径

1. 设计阶段——给水排水设计师

根据原水水质硬度情况，合理设置水质软化设施，如离子交换树脂等。

2. 运行阶段——管理方

对经过水质软化设施的出水进行测试，查看水质硬度是否满足设计的要求值。同时按照设备的使用说明定期维护、更换树脂。

8.3.4　【推荐项】集中生活热水系统应设置杀灭军团菌的消毒措施。

一、设立背景

设置消毒措施主要是针对热水系统中的军团菌等易在温水环境生长繁殖的致病菌的消除。军团病是由军团杆菌引起，这种细菌产生在自然环境中，在温水里及潮热的地方蔓延。热水供水系统很可能成为军团杆菌的大量繁殖提供生存环境，所以在热水系统中应采取措施去除军团菌。

二、实施途径

设计阶段——给水排水设计师

在系统设计中可以采用热力灭菌，即将加热器温度控制在55～60℃较为合适。也可以通过辅助的消毒方式，如紫外线消毒、紫外光催化氧化（AOT）及铜（银）离子等消毒措施也可以有效地杀灭军团菌。消毒设备如图8-8、图8-9所示。

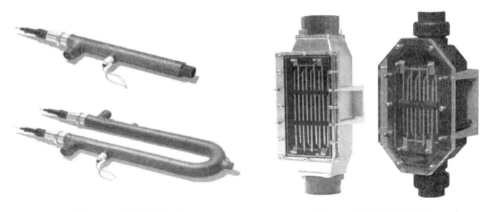

图8-8　AOT消毒设备　　　　　图8-9　铜银离子消毒设备

8.4　水系统设备设施隔声隔振、防结露

8.4.1　【推荐项】客房内给水管道不宜穿越卫生间之外的区域，当穿越非卫生间区域时，应采用隔声、防结露措施。

一、设立背景

客房是客人休息的私密空间，对内部环境要求高，且多数为精装修，如供水管道布置在卫生间之外区域，可能会产生噪声及结露，对客人的休息及后期管道维护产生不利影响。故规定给水管道宜布置在卫生间内，如果无法避免时，应采取相应措施减少不利影响。

二、设立依据

参考《建筑给水排水设计标准》GB 50015 第 3.6.12："当给水管道结露会影响环境，引起装饰层或物品等受损害时，给水管道应做防结露绝热层，防结露绝热层的计算和构造可按现行国家标准《设备及管道绝热设计导则》GB/T 8175 执行。"的要求。

三、实施途径

设计阶段——给水排水设计师

专业设计人员在管井设置和管线敷设路由的设置方面应充分考虑管道对客房区域的影响，尽可能避免管线进入客人的休息区域。

8.4.2 【推荐项】泵房不应在客房、会议室等有静音需求的房间上方或四周贴临设置。当必须设置时，应采取有效的隔声、隔振措施。

一、设立背景

泵房内的供水设备会产生一定的振动及噪声，对贴临的房间会产生影响，为保证客房、会议室等有静音需求房间的舒适性做出此规定。

二、设立依据

参考了现行国家标准《建筑给水排水设计标准》GB 50015 第 3.9.9 条的规定："民用建筑物内设置的生活给水泵房不应毗邻居住用房或在其上层或下层，水泵机组宜设在水池（箱）的侧面、下方，其运行噪声应符合现行国家标准《民用建筑隔声设计规范》GB 50118 的规定。"

三、实施途径

1. 设计阶段——给水排水设计师

在泵房选址过程中，应充分与建筑专业设计师沟通协调，合理设置泵房的位置，如无法满足要求时需要设置吸引、隔振夹层等措施来进行隔声、隔振处理。

2. 运行阶段——管理方

在运行阶段，应该对泵房距离最近的客房或会议室进行噪声检测，查看是否满足《民用建筑隔声设计规范》GB 50118 的要求，如不满足则需要设置进一步隔声降噪措施。

8.5 绿化灌溉方式

8.5.1 【基本项】绿化灌溉应采用节水型灌溉方式。

一、设立背景

传统的浇洒系统一般采用大水漫灌或人工洒水的形式，不但造成水的浪费，还会产生不能及时浇洒、过量浇洒或浇洒不足等一系列问题，而且对植物的正常生长也极为不利。随着水资源危机的日益严重，传统的地面大水漫灌已不能适应节水技术的要求，采用喷灌、微灌、滴灌等高效的节水灌溉方式势在必行。

二、设立依据

参考了现行国家标准《民用建筑节水设计标准》GB 50555 第 4.4.2 条的规定："绿化浇洒应采用喷灌、微灌等高效节水灌溉方式。"的要求。

三、实施途径

1. 设计阶段——给水排水设计师

设计师在设计灌溉系统时，应在设计说明或设计图纸中明确选择喷灌、滴灌、微灌等节水灌溉形式。

绿化浇洒应采用喷灌、微灌等高效节水灌溉方式。应根据喷灌区域的浇洒管理形式、地形地貌、当地气象条件、水源条件、绿地面积大小、土壤渗透率、植物类型和水压等因素，选择不同类型的喷灌系统，并应符合下列要求：

1）绿地浇洒采用中水时，宜采用以微灌为主的浇洒方式；

2）人员活动频繁的绿地，宜采用以微喷灌为主的浇洒方式；

3）土壤易板结的绿地，不宜采用地下渗灌的浇洒方式；

4）乔、灌木和花卉宜采用以滴灌、微喷灌等为主的浇洒方式；

5）带有绿化的停车场，其灌水方式宜按表 8-6 的规定选用；

停车场灌水方式

表 8-6

绿化部位	种植品种及布置	灌水方式
周界绿化	较密集	滴管
车位间绿化	不宜种植花卉，绿化带一般宽为 1.5～2m，乔木沿绿带排列，间距不应小于 2.5m	滴灌或微喷灌
地面绿化	种植耐碾压草种	微喷灌

6）平台绿化的灌水方式宜按表 8-7 的规定选用。

停车场灌水方式

表 8-7

植物种类	种植土最小厚度（mm）			灌水方式
	南方地区	中部地区	北方地区	
花卉草坪地	200	400	500	微喷灌
灌木	500	600	800	滴灌或微喷灌
乔木、藤本植物	600	800	1000	滴灌或微喷灌
中高乔木	800	1000	1500	滴灌

2. 施工阶段——监理方

按照设计要求检查灌溉喷头及设施的性能参数以及相关产品合格证书是否属于并满足设计要求的节水灌溉的形式。

3. 运行阶段——管理方

应该严格按照初始设计及建设的节水灌溉系统进行灌溉作业，不得私自接管进行人工或其他非节水灌溉作业。节水灌溉方式如图 8-10～图 8-13 所示。

图 8-10　微灌系统

图 8-11　滴灌系统

图 8-12　微喷灌系统

图 8-13　喷灌系统

8.6　节水器具选择

8.6.1　【基本型】应采用节水型卫生器具。

一、设立背景

本条规定选用的用水器具和设备等产品不仅要根据使用对象、设置场所、建筑标准等因素确定，还应考虑节水的要求，即无论选用什么档次的产品，均应是满足相关国家现行标准要求的节水产品。

二、设立依据

参考了现行国家标准《民用建筑节水设计标准》GB 50555 中第 6.1.1 条 "建筑给水排水系统中采用的卫生器具、水嘴、淋浴器等应根据使用对象、设置场所、建筑标准等因素确定，且均应符合国家现行产品标准《节水型生活用水器具》CJ/T 164 的规定" 非强制性要求。随着我国器具及设备节水理念的普及、节水技术的发展、相关国家标准及行业标准的实施，用水器具及设备的节水产品已经占据了主导市场，为社会所普遍接受，故本规范将其提升为强制性要求纳入，并对节水器具及设备应该满足的标准范围进行了扩大。

三、实施途径

1. 设计阶段——给水排水设计师

应该在设计说明和设备材料表中明确规定出节水型卫生器具的要求。

2. 施工阶段——监理方

应该严格按照设计要求的节水型卫生器具要求，对照所采购的器具产品说明书及合格证核查是否满足设计要求。

四、节水产品相关参数要求

1）现行国家标准《淋浴器水效限定值及水效等级》GB 28378 规定了以最大流量所达到的水效等级作为该淋浴器的水效等级，具体要求如表 8-8 所示。

淋浴器用水效率等级指标　　　　　　　　　　　　　表 8-8

类型	流量		
	1 级	2 级	3 级
手持式花洒(L/min)	≤4.5	≤6.0	≤7.5
固定式花洒(L/min)			≤9.0

2）现行国家标准《水嘴水效限定值及水效等级》GB 25501 规定了水嘴用水效率等级，在（0.10±0.01）MPa 动压下，具体要求如表 8-9 所示。

水嘴用水效率等级指标　　　　　　　　　　　　　表 8-9

用水效率等级	1 级	2 级	3 级
流量(L/s)	0.100	0.125	0.150

3）现行国家标准《坐便器水效限定值及水效等级》GB 25502 规定了坐便器用水效率等分为 3 级，各等级坐便器的用水量要求如表 8-10 所示。

坐便器用水效率等级指标　　　　　　　　　　　　　表 8-10

坐便器水效等级	1 级	2 级	3 级
坐便器平均用水量(L)	≤4.0	≤5.0	≤6.4
双冲坐便器全冲用水量(L)	≤5.0	≤6.0	≤8.0

注：每个水效等级中双冲坐便器的半冲平均用水量不大于其全冲用水量最大限定值的 70%。

4）现行国家标准《小便器水效限定值及水效等级》GB 28377 规定了小便器用水效率等级，在符合一般技术要求、冲洗功能要求、配套性技术要求的情况下，依据产品用水量的大小确定，具体要求如表 8-11 所示。

小便器用水效率等级指标　　　　　　　　　　　　　表 8-11

用水效率等级	1 级	2 级	3 级
冲洗水量(L)	2.0	3.0	4.0

8.7 生活热水系统设计

8.7.1 【推荐项】集中热水系统的热源宜优先利用工业余热、废热、地热，有条件的地区可采用太阳能热源、空气源热泵、地下水源热泵、地表水源热泵等热源。

一、设立背景

饭店是热水用水大户，在热水制备过程中应充分考虑节约能源的基本国策，在设计中应对工程基地附近进行调查研究，全面考虑热源的选择。

首先应考虑利用工业的余热、废热、地热和太阳能。如广州、福州等地均有利用地热水作为热水供应的水源。以太阳能为热源的集中热水供应系统，太阳能保证率应达到当地要求。由于受日照时间和风雪雨露等气候影响，不能全天候工作，在要求热水供应不间断的场所，应另行增设辅助热源，用以辅助太阳能热水器的供应工况，使太阳能热水器在不能供热或供热不足时能予以补充。

常用热水供应系统热源可再生能源利用种类如表 8-12 所示。

常用热水供应系统热源可再生能源利用种类 表 8-12

热源	条件	备注
余热、废热	有条件的区域优先采用	
地热	有条件的区域优先采用	
太阳能	日照时数大于 1400h/年且年太阳辐射量大于 $4200MJ/m^2$ 及年极端最低气温不低于 $-45℃$ 的地区，优先采用	
空气源热泵	夏热冬暖和夏热冬冷地区	计算时需扣减系统驱动产生的传统电能
水源热泵	在地下水源充沛、水文地质条件适宜，并能保证回灌的地区，采用水源热泵；在沿江、沿海、沿湖、地表水源充足，水文地质条件适宜，及有条件利用城市污水、再生水的地区，采用地表水源热泵	

二、设立依据

参考了现行国家标准《建筑给水排水设计标准》GB 50015 第 6.3.1 条的规定要求。

三、实施途径

1. 设计阶段——给水排水设计师

设计师在设计过程中，应根据项目所在区域的热源供应情况合理选择，在设计说明中明确指出相应的热源来源，预留相应的接入条件。并要求建设方提供相应的热源可接入条件的证明文件。

2. 施工阶段——监理方

严格按照设计图纸要求进行热源的选择及接入。

8.7.2 【基本项】集中生活热水系统的划分应与生活给水系统相一致，且应有保证配水点冷水、热水压力平衡的措施。

一、设立背景

为保证热水系统的稳定，避免在使用热水过程中出现忽冷忽热等问题的发生，应在设计过程中做到冷热水的分区一致，保证系统内冷、热水的压力平衡，达到节水、节能、用水舒适的目的。

二、设立依据

参考现行国家标准《建筑给水排水设计标准》GB 50015 第 6.3.7 条的规定要求。

三、实施途径

设计阶段——给水排水设计师

设计师在热水系统设计过程中，应首先从冷热水管道设置、分区设置等角度解决问题，保证饭店的冷热水系统分区相同、相同分区冷热水同源设置，如不能满足可以通过设置质量可靠的减压阀等附件来解决系统冷热水压力不平衡的问题。

8.7.3 【基本项】集中热水系统及水温设置。

集中热水系统应设置干、立管或干、立、支管机械循环。热水配水点供水温度不应低于45℃，应保证用水点热水出水时间不大于10s。

一、设立背景

1）强调了集中热水供应系统考虑到节水和热水使用舒适的要求，应设热水回水管道，保证热水在管道中循环。

2）所有循环系统均应保证立管和干管中热水的循环。对于热水使用要求高的饭店可采用保证支管中的热水循环，或有保证支管中热水温度的措施已达到舒适需求。

3）热水的出水温度及出水时间是衡量热水用水舒适度的主要指标，同时控制热水出水时间也是节约用水的一个重要措施，故作出此规定。

二、设立依据

参考现行国家标准《民用建筑节水设计标准》GB 50555 第 4.2.4 条第 1 款规定："集中热水供应系统，应采用机械循环，保证干管、立管或干管、立管和支管中的热水循环；"和 4.2.4 第 3 款："全日集中供应热水的循环系统，应保证配水点出水温度不低于 45℃ 的时间，对于住宅不得大于 15s，医院和旅馆等公共建筑不得大于 10s。"的要求。

三、实施途径

1. 设计阶段——给水排水设计师

结合饭店的档次定位以及热水系统的经济合理性确定集中热水系统的机械循环系统形式。在水加热器或换热器设置合理出水温度，保证热水配水点的热水供水温度不低于45℃。通过热水循环管道布置或设置支管电伴热维温系统保证热水用水点的热水出水时间不大于10s。

2. 运行阶段——管理方

在饭店运行过程中，通过实际运行检查热水出水点的出水温度以及出水时间是否满足设计的要求。

8.7.4 【推荐项】生活热水热媒回水进行余热回收。

当采用蒸汽热媒时，热媒回水应进行余热回收利用。

一、设立背景

蒸汽热媒经过一次换热后其温度较高，如果直接排掉不仅造成热污染需要降温处理，同时白白浪费能源，进行余热回收可以充分地利用热媒的热量，达到节能的效果。

二、设立依据

参考了现行国家标准《民用建筑节水设计标准》GB 50555 第 4.2.8 条规定："采用蒸汽制备开水时，应采用间接加热的方式，凝结水应回收利用。"的要求。

三、实施途径

设计阶段——给水排水设计师

热媒回水可以进行余热回收换热利用，在有中水、雨水回收利用系统时，凝结水可以直接排入到回用系统的清水池进行补充。

8.8 非传统水源利用

8.8.1 【基本项】建筑面积大于 2 万 m^2 的饭店，应设置非传统水源利用系统，可用于冲厕、地面冲洗、绿化、洗车和冷却塔补水等，使用率应达到 20% 以上。非传统水源原水可采用客房淋浴、洗涤、冷凝水等优质杂排水、市政再生水或雨水等。

一、设立背景

京津冀人均水资源占有量仅 $286m^3$，北京市人均水资源占有量低于 $200m^3$，远低于国际公认的人均 $500m^3$ 的"极度缺水标准"。北京市水资源缺口约 15 亿 m^3/a，南水北调中线一期工程通水，北京年均受水 10.5 亿 m^3/a，仍无法根本扭转北京市整体缺水的局面。北京冲厕用水量超过 4 亿 m^3/a。

2012 年，《国务院关于实行最严格水资源管理制度的意见》（国发［2012］3 号）提出加快推进节水技术改造。鼓励并积极发展污水处理回用、雨水和微咸水开发利用、海水淡化和直接利用等非常规水源开发利用。

2014 年 8 月 8 日，建城【2014】114 号文《关于进一步加强城市节水工作的通知》中，提出："五、加快污水再生利用。按照'优水优用，就近利用'的原则，在工业生产、城市绿化、道路清扫、车辆冲洗、建筑施工及生态景观等领域优先使用再生水。"

2015 年国务院印发《水污染防治行动计划》"水十条"规定，对京津冀的中水设施也提出了建设标准要求。目前许多省市已经对非传统水源利用提出了明确的建设标准，且作为用水大户的饭店建筑，合理地回用中水，利用非传统水源，可以有效地减少水资源的消耗量，因此提出本要求。

二、设立依据

非传统水源指不同于传统地表水供水和地下水供水的水源，包括再生水、雨水、海水等。再生水又分市政再生水和建筑中水，建筑中水的原水应优先选用优质杂排再生水又分市政再生水和建筑中水，建筑中水的原水应优先选用优质杂排水和杂排水，根据现行国家标准《民用建筑节水设计标准》GB 50555 的规定，"建筑可回用水量"指建筑的优质杂排水和杂排水水量，优质杂排水指杂排水中污染程度较低的排水，如沐浴排水、盥洗排水、洗衣排水、空调冷凝水、游泳池排水等。杂排水指民用建筑中除粪便污水外的各种排水，除优质杂排水外还包括冷却排污水、游泳池排污水、厨房排水等。从经济性角度讲，雨水更适合于季节性利用，比如用于绿化、景观水体、冷却等季节性用途，同时雨水调蓄池的雨水的储备也可以作为应急水源使用。中水和全年降水比较均衡地区的雨水则更适合于非季节性利用，比如冲厕等全年性用途。

使用非传统水源替代自来水作为冷却水补水水源时，其水质指标应满足现行国家标准《采暖空调系统水质》GB/T 29044 中规定的空调冷却水的水质要求。

全年来看，冷却水用水时段与我国大多数地区的降雨高峰时段基本一致，因此收集雨水处理后用于冷却水补水，从水量平衡上容易达到吻合。雨水的水质要优于生活污废水，处理成本较低、管理相对简单，具有较好的成本效益，值得推广。

同时参考国务院印发《水污染防治行动计划》"水十条"规定："自 2018 年起，单体建筑面积超过 2 万 m² 的新建公共建筑，北京市 2 万 m²、天津市 5 万 m²、河北省 10 万 m² 以上集中新建的保障性住房，应安装建筑中水设施。积极推动其他新建住房安装建筑中水设施。到 2020 年，缺水城市再生水利用率达到 20％以上，京津冀区域达到 30％以上。"的要求。

三、实施途径

1. 设计阶段——给水排水设计师

满足设置要求的饭店应设置非传统水源利用系统。有市政再生水供应的区域可以采用市政再生水作为水源进行处理达标后回用，但需要提供市政再生水供应的证明。收集杂排水或污水进行处理达标后回用，建筑排水中的优质杂排水和杂排水的处理工艺较简单，成本较低，是自产中水的首选水源。雨水适合于季节性利用，比如用于绿化、景观水体、冷却等季节性用途。设计过程中应设置回用管道系统、加压系统，水处理系统需要深化设计的应预留好设计条件。

当中水由建筑中水处理站供应时，建筑中水系统的年回用中水量应按下列三个水量中式（8-1）～式（8-3）的最小者确定。

$$W_m = 0.8 \times Q_c \tag{8-1}$$

$$W_m = 0.8 \times 365 Q_d \tag{8-2}$$

$$W_m = 0.9 \times Q_u \tag{8-3}$$

式中　W_m——中水的年回用量（m³）；

Q_c——中水原水的年收集量（m³）；根据年用水量乘 0.9 计算。

Q_d——中水处理设施的日处理水量（m³），根据现行国家标准《建筑中水设计标准》GB 50336 确定；

Q_u——中水供应管网系统的年需水量（m³），根据《民用建筑节水设计标准》GB 50555 第 5.1 节计算。

一个既定工程中制约中水年回用量的主要因素有：原水的年收集量、中水处理设施的年处理能力、中水管网的年用水量。这三个水量的最小者才是能够实现的年中水利用量。条文中的三个公式分别计算这三个水量。公式中的系数0.8主要折扣机房自用水和溢流水量，系数0.9主要折扣进入管网的补水量，因为中水供水管网的水池或水箱一般设有自来水补水或其他水源补水，管网的用水中或多或少会补充进这种补水。

2. 施工阶段——监理方

严格按照设计要求进行系统的设计、条件的预留，采用市政再生水作为水源时，应检查提供的市政再生水证明材料。

3. 运行阶段——管理方

在中水系统运行过程中，采用市政再生水作为水源时，应检查市政再生水是否及时供应，并应检测中水水质是否达标。

8.8.2 【基本项】景观水体补水。

当室外设置有观赏型景观水体时，其补水应采用雨水，季节性不足时可采用非传统水源补水。

一、设立背景

我国水资源严重匮乏，人均水资源是世界平均水平的1/4，目前全国年缺水量约为400亿m^3，用水形势相当严峻，为贯彻"节水"政策及避免不切实际地大量采用自来水补水的人工水景的不良行为，规定"景观用水水源不得采用市政自来水和地下井水"，优先利用雨水作为景观补水，雨水不足时可利用中水等非传统水源，解决人工景观用水补水的问题。景观用水包括人造水景的湖、水湾、瀑布及喷泉等，但属体育活动的游泳池、瀑布等不属此列。

二、设立依据

参考现行国家标准《民用建筑节水设计标准》GB 50555第5.1.4条规定："观赏性景观环境用水应优先采用雨水、中水、城市再生水及天然水源等。"的要求。

景观水体的平均日用水量按式（8-4）计算，年用水量按式（8-5）式计算。

$$W_{d1} = W_1 + W_2 + W_3 \tag{8-4}$$

式中　W_{d1}——平均日用水量（m^3/d）；

　　　W_1——日均蒸发量（m^3/d），根据当地水面日均蒸发厚度乘以水面面积计算；

　　　W_2——渗透量（m^3/d），为水体渗透面积与入渗速率的乘积；

　　　W_3——处理站机房自用水量等（m^3/d）。

$$W_{a1} = W_{d1} \times D_1 \tag{8-5}$$

式中　W_{a1}——景观水体年用水量（m^3/a）；

　　　D_1——年平均运行天数（d/a）。

水体的平静水面蒸发量各地互不相同，同一个地区每月的蒸发量也不相同，可查阅当地的水文气象资料获取。水体中有水面跌落时，还应计算跌落水面的风吹损失量。水体的渗透量根据式（8-4）计算。处理站机房自用水量可按日处理量的5%计。

三、实施途径

1. 设计阶段——给水排水设计师

设置雨水回收利用补水系统或中水利用等非传统水源补水系统作为室外观赏型景观水

体的补水水源。

2. 施工阶段——监理方

严格按照设计要求进行系统设计、条件的预留，采用市政再生水作为水源时，应检查提供的市政再生水证明材料。

3. 运行阶段——管理方

在室外观赏型景观水体系统运行过程中，除设备检修等必须停运的情况之外，其补水不得采用生活饮用水。利用雨水补充景观水体示意如图8-14所示。

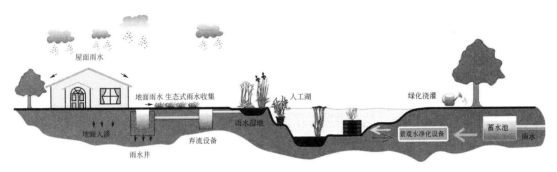

图 8-14　利用雨水补充景观水体示意

8.9　给水排水设备材料选择

8.9.1　【推荐项】给水及热水管道宜采用薄壁不锈钢管道或铜管。

一、设立背景

薄壁不锈钢管道、铜管在健康卫生、技术可靠性、性能优良性及使用寿命等方面都具有明显优势，已经成为中高端建筑给水、热水管道的最佳选择，同时这些管道材料可以很好地回收再利用，在饭店项目逐渐成为主流产品。故对管道材质进行了推荐规定。

二、实施途径

1. 设计阶段——给水排水设计师

在设计说明及材料表中对供水、热水的管道材料给出明确要求。

2. 施工阶段——监理方

根据设计要求，核查所采购的产品功能参数是否满足要求，并检查产品合格证书。

8.9.2　【推荐项】排水管道宜采用铸铁管或静音型塑料排水管道，客房区域的排水管道应选用静音型排水管道。

一、设立背景

饭店建筑的特殊使用性质，决定了它对室内噪声的高要求。而铸铁排水管道、静音型塑料排水管道相比较普通的排水管道在降低排水噪声方面有很大优势，对于噪声要求高的客房区域是十分必要的，故作了材料规定。

二、实施途径

1. 设计阶段——给水排水设计师

在设计说明及材料选用表中对排水管道材料给出明确的材质及噪声要求。

2. 施工阶段——监理方

根据设计要求，核查所采购的产品功能参数是否满足要求，并检查产品合格证书。

8.9.3 【基本项】淋浴设施控制。

公共浴室内淋浴设施应设置感应开关或延时自闭等装置。

一、设立背景

设置感应开关或延时自闭等装置，目的是避免在不淋浴过程中继续用水造成水资源的浪费。

二、设立依据

参考了现行国家标准《民用建筑节水设计标准》GB 50555 第 4.2.6 条第 4 款规定："4 淋浴器宜采用即时启、闭的脚踏、手动控制或感应式自动控制装置。"的要求。

实施途径

1. 设计阶段——给水排水设计师

在设计过程中，对阀门的设置形式以及功能要求在设计说明及图纸中进行规定。

2. 施工阶段——监理方

在淋浴器产品采购过程中，监理应该按照产品说明书检查产品性能参数是否满足设计的要求。

本章参考文献

［1］住房和城乡建设部标准定额研究所等. GB 50788—2012 城镇给水排水技术规范［S］. 北京：中国建筑工业出版社，2012.

［2］中国建筑设计研究院等. GB 50555—2010 民用建筑节水设计标准［S］. 北京：中国建筑工业出版社，2010.

［3］中国人民解放军军事科学院国防工程研究院等. GB 50336—2018 建筑中水设计标准［S］. 北京：中国建筑工业出版，2018.

［4］中国建筑科学研究院有限公司等. GB/T 50378—2019 绿色建筑评价标准［S］. 北京：中国建筑工业出版社，2019.

［5］华东建筑集团股份有限公司等. GB 50015—2019 建筑给水排水设计标准［S］. 北京：中国计划出版社，2019.

［6］九牧厨卫股份有限公司等. GB 28378—2019 淋浴器水效限定值及水效等级［S］. 北京：中国标准出版社，2019.

［7］中国标准化研究院等. GB 25501—2010 水嘴水效率限定值及水效等级［S］. 北京：中国标准出版社，2010.

［8］中国标准化研究院等. GB 25502—2017 坐便器水效限定值及水效等级［S］. 北京：中国标准出版社，2017.

［9］国家排灌及节水设备产品质量监督检验中心等. GB 28377—2012 小便器水效限定值及水效等级［S］. 北京：中国标准出版社，2012.

［10］天津市供水管理处等．CJJ 140—2010 二次供水工程技术规程［S］．北京：中国建筑工业出版社，2010.

［11］中国建筑设计院有限公司等．T/CECS 509—2018 二次供水运行维护及安全技术规程［S］．北京：中国计划出版社，2018.

室内环境质量

阶段	涉及主体	室内噪声	专项声学	照明质量	室内采光	视野设计	眩光控制	昼夜节律照明	空调末端调节	被褥选项	气流组织	热舒适	公共卫生事件	空气质量	幕墙气密性	空气过滤净化	绿色装饰装修建材	室内空气质量监控
设计阶段	业主方	○	○	○	○	○	○	○	○	○	○	○	○	○	○	○	○	○
	规划师（设计方）	○			○	●	○											
	景观设计师（设计方）	○				●												
	建筑师（设计方）	●	●	●	●	●	●		○		○		○	○	●		○	
	室内设计师（设计方）	●	●	●	●	○				●	○			○	●		●	
	结构工程师（设计方）	●																
	给水排水工程师（设计方）	●																
	暖通工程师（设计方）	●							●	○	●	●	●	○		○	●	●
	电气工程师（设计方）			●	○			●										●
	经济分析师（设计方）																	
施工阶段	业主/监理	○	○	○	○	○	○	○	○	○	○	○	○	○	○	○	○	○
	设计方	○	○	○	○	○	○	○	○	○	○	○	○	○	○	○	○	○
	施工方	●	●	●	●	●	●	●	●	●	●	●	●	●	●	●	●	●
运营管理阶段	饭店业主代表																	
	饭店总经理	○	○	○	○	○	○	○	○	○	○	○	○	○	○	○	○	○
	饭店工程管理员	●	●	●	●	●	●	●	●	●	●	●	●	●	●	●	●	●
	饭店安全管理员																	
	饭店绿色管理员	●	●	●	●	●	●	●	●	●	●	●	●	●	●	●	●	●
	饭店设备检测代理	○	○	○	○	○	○	○	○	○	○	○	○	○	○	○	○	○

●表示相关人员需重点关注内容；○表示相关人员需了解内容； 空白表示无需关注

室内环境质量条文见表9-1。

室内环境质量条文   表 9-1

子项	条文编号	条文分类	条文内容	勾选项
9.1 声环境质量	9.1.1	基本项	室内噪声、振动控制与建筑隔声	☐
	9.1.2	推荐项	专项场所声学设计	☐
9.2 光环境	9.2.1	基本项	照明质量、光生物安全性、LED 产品频闪比	☐
	9.2.2	推荐项	天然采光	☐
	9.2.3	推荐项	视野设计	☐
	9.2.4	推荐项	眩光控制	☐
	9.2.5	推荐项	昼夜节律照明	☐
9.3 热湿环境	9.3.1	基本项	空调末端可调节	☐
	9.3.2	基本项	被褥多种选项	☐
	9.3.3	推荐项	气流组织设计	☐
	9.3.4	推荐项	热舒适	☐
	9.3.5	推荐项	公共卫生事件	☐
9.4 空气品质	9.4.1	基本项	室内空气质量	☐
	9.4.2	推荐项	建筑外窗、幕墙气密性	☐
	9.4.3	推荐项	空气过滤净化	☐
	9.4.4	推荐项	绿色装饰装修建材	☐
	9.4.5	推荐项	室内空气质量监控	☐

9.1 声环境质量

9.1.1 【基本项】室内噪声、振动控制与建筑隔声。

客房、办公室、会议室、多用途厅、餐厅和宴会厅等主要功能房间的室内噪声级应至少满足现行国家标准《民用建筑隔声设计规范》GB 50118 中旅馆建筑的二级标准，客房墙体、门窗、楼板和客房隔声性能应至少满足现行国家标准《民用建筑隔声设计规范》GB 50118 中旅馆建筑的一级标准，并宜达到更高级别的标准，如表 9-2～表 9-6 所示。

《民用建筑隔声设计规范》规定的旅馆建筑室内允许噪声级   表 9-2

房间名称	允许噪声级（A 声级，dB）					
	特级		一级		二级	
	昼间	夜间	昼间	夜间	昼间	夜间
客房	≤35	≤30	≤40	≤35	≤45	≤40
办公室、会议室	≤40		≤45		≤45	
多用途厅	≤40		≤45		≤50	
餐厅、宴会厅	≤45		≤50		≤55	

《民用建筑隔声设计规范》规定的旅馆建筑客房墙、楼板的空气声隔声标准　　表 9-3

构件名称	空气声隔声单值评价量+频谱修正量	特级(dB)	一级(dB)
客房之间的隔墙、楼板	计权隔声量+粉红噪声频谱修正量 $R_w + C$	≥50	≥45
客房与走廊之间的隔墙	计权隔声量+粉红噪声频谱修正量 $R_w + C$	≥45	≥45
客房外墙(含窗)	计权隔声量+交通噪声频谱修正量 $R_w + C_{tr}$	≥40	≥35

《民用建筑隔声设计规范》规定的旅馆建筑客房之间、走廊与客房之间以及
室外与客房之间的空气声隔声标准　　表 9-4

房间名称	空气声隔声单值评价量+频谱修正量	特级(dB)	一级(dB)
客房之间	计权标准化声压级差+粉红噪声频谱修正量 $D_{nT,w} + C$	≥50	≥45
走廊与客房之间	计权标准化声压级差+粉红噪声频谱修正量 $D_{nT,w} + C$	≥40	≥40
室外与客房	计权标准化声压级差+交通噪声频谱修正量 $D_{nT,w} + C_{tr}$	≥40	≥35

《民用建筑隔声设计规范》规定的旅馆建筑客房外窗与客房门的空气声隔声标准　　表 9-5

构件名称	空气声隔声单值评价量+频谱修正量	特级(dB)	一级(dB)
客房外窗	计权隔声量+交通噪声频谱修正量 $R_w + C_{tr}$	≥35	≥30
客房门	计权隔声量+粉红噪声频谱修正量 $R_w + C$	≥30	≥25

《民用建筑隔声设计规范》规定的旅馆建筑客房楼板撞击声隔声标准　　表 9-6

楼板部位	撞击声隔声单值评价量	特级(dB)	一级(dB)
客房与上层房间之间的楼板	计权规范化撞击声压级 $L_{n,w}$ (实验室测量)	<55	<65
	计权标准化撞击声压级 $L'_{nT,w}$ (现场测量)	≤55	≤65

一、设立背景

现代饭店的建筑特点及地理位置因素决定了饭店环境往往会受到来自交通噪声、环境噪声以及机电设备噪声等各方面的干扰，同时，大量新型轻质墙体和构件的隔声性能难以满足饭店隔声的要求。而饭店室内噪声的大小、客房安静的程度及客房隔声的好坏是影响其环境品质的重要因素，直接关系到客人住店体验的舒适度。因此，控制室内噪声与振动、避免噪声干扰并提供私密的声环境是绿色饭店建设的一项基本要求。

二、设立依据

主要功能房间允许噪声级的二级及其以上标准要求详见表 9-2，客房隔声各级标准要求详见表 9-3～表 9-6，该条设立依据为现行国家标准《民用建筑隔声设计规范》GB 50118。

饭店室内噪声和隔声设计标准，除必须达到以上基本声学要求外，饭店声学设计标准应综合考虑现行国家标准《民用建筑隔声设计规范》GB 50118 和饭店管理公司的隔声要求，并与建设方协商，依据饭店的建设定位与使用要求合理确定。标准是隔声构造选择、通风空调等设备选型和噪声控制措施选择的依据，进而直接影响最终的声环境效果和投资成本。一般来说饭店的星级越高，选择的声学设计标准要求也越高。在条件许可时，宜按

较高的标准进行设计，但在确定声学设计依据时，也不宜一味追求过高的标准，这样会带来成本的大幅上升。

现行国家标准《民用建筑隔声设计规范》GB 50118 中未具体规定饭店大堂的室内允许噪声级。根据对 7 个城市 20 家饭店（包括商务、度假和快捷型）的宾客满意度问卷调查结果，在认为大堂最需要改进的地方的诸多选项中，被调查者选择噪声的比例为最大。因此，除常规的客房、办公室、会议室、多用途厅、餐厅和宴会厅外，绿色饭店规定大堂区域的噪声限值也很有必要。绿色饭店建筑大堂区（大堂接待处、问讯处、会客区和酒吧）背景噪声级推荐要求为：不大于 45dB（A）。该推荐要求也参考了多家国际知名饭店管理集团对饭店公共区域的噪声控制标准。

三、实施途径

1. 设计阶段——声学专业人员（或声学顾问）、建筑师、结构工程师、机电工程师、室内设计师、建设方

1）根据饭店的建设定位与使用要求，确定饭店项目室内噪声标准、隔声设计标准和其他声学设计要求，并在设计说明中予以表述。

2）各专业设计方应将声学设计落实在设计说明、材料表及具体图纸中。各专业设计方应协调配合，通过建筑布局优化、结构和构件隔声、机电设备噪声与振动控制、室内混响控制等使项目设计达到声学设计标准。

3）声学专业人员应对项目进行建筑声学设计分析、机电声学设计分析、结构噪声与振动设计分析。应核算室内背景噪声值和围护结构隔声是否满足项目室内噪声标准和隔声设计标准。核算室内噪声级时除考虑窗外传入的环境噪声外，还应考虑通风空调等噪声的影响。如果有与设备机房、电梯井道、健身娱乐场所等相邻的客房、会议室、宴会厅，应进行重点核算。应针对建筑平面、结构和材料、机电设计等为各专业提供声学建议意见，提出建筑隔声和设备噪声振动潜在的声学问题，给出解决方案，与各设计方进行沟通达成共识，并落实到施工图中，以确保其实施性。

4）声学专业人员（或声学顾问）与其他专业协作内容包括：

（1）建筑/结构——环境条件、平面功能/设备房/管井布置、噪声源及敏感区划分、承重/层高预留、墙体/楼板/门。

（2）幕墙——幕墙/窗隔声量、幕墙与内墙/楼板/防漏声处理。

（3）机电——设备消声及减振处理、管道消声及减振处理、设备房或吊装机组处理、设备房/管井布置、排风/排烟/进风口布置、室外设备布置及消声减振处理、防串声/漏声处理及工艺。

（4）室内——内装材料及吸声/混响考虑、内隔断声学考虑、风口风速及布置考虑、防串声/漏声处理及工艺、客房排水噪声隔离。

2. 施工、验收阶段——监理方（或声学顾问）

1）按照施工图巡查施工现场，核实施工及装修中是否存在可能降低建筑和构件隔声性能的隐蔽问题。

2）参考周边实际环境判断周边的噪声水平，再判断围护结构的隔声性能可否保证室内噪声级达到设计要求。

3）按照机电设计说明、设备表、做法详图等检查相应的设备噪声是否符合设计要求，

检查相关的机房和设备的隔声、消声、减振等噪声控制措施是否全部施工安装到位。

4）结合采购设备的噪声和振动情况说明以及现场调试运行情况，进一步核算相关隔声、消声、隔振设计计算书，再判断现有噪声振动控制措施可否保证室内噪声级达到设计要求。

5）项目验收除测量主要功能房间的室内噪声 A 声级、客房隔声性能外，推荐测量客房床头位置的低频噪声级，以避免振动（如地铁振动、机械设备振动等）引起的建筑物内二次结构噪声影响客房的舒适性。

6）发现问题及时整改。

3. 运营阶段——装修设计师、管理方/监理方（涉及围护结构的重新装修）

填充墙、门窗、楼板面层及吊顶等重新装修，从设计到施工监理至项目验收，应保证满足项目的室内噪声标准和建筑隔声标准要求。

设备维修更换，应保证配套的噪声振动控制措施有效，保证不降低建筑结构的隔声性能，满足项目的室内噪声标准和建筑隔声标准要求。

9.1.2 【推荐项】专项场所声学设计。

对有音质要求的空间，进行专门的声学设计。

一、设立背景

饭店建筑内很多功能房间对室内音质都有一定要求，对饭店大堂、前厅、游泳池、餐厅、贵宾室等功能空间进行声学设计可保证在这些空间的语言交流舒适；宴会厅、会议厅或多功能演播厅（其内部可包括舞台演出灯光音响系统、电影系统及会议系统）往往是用于举办婚庆活动、公司聚餐、大型集会、演讲、报告、新闻发布、产品展示、举办中小型文艺演出、舞会等活动，为满足其使用功能，向顾客提供高质量的声学使用环境，需进行专项声学设计。

二、设立依据

专项声学设计包括建筑声学设计和电声设计（若设扩声系统）。

建筑声学设计可参考现行国家标准《剧场、电影院和多用途厅堂建筑声学技术规范》GB/T 50356，扩声设计可参考现行国家标准《厅堂扩声系统设计规范》GB 50371，或采用饭店管理集团公司标准要求。

三、实施途径

1. 设计阶段——声学专业人员（或声学顾问）

1）根据甲方的设计意向，确定各空间的设计目标，订立声学设计指标，提交声学设计文件，包括设计说明、设计依据、设计指标、相关模拟分析图和计算书、详细列表和图示说明声学处理的应用区域、设备配置清单和设备系统图，提供声学施工详图及安装指导意见。

2）建筑声学设计，包括体型设计及围护结构隔声设计、室内音质设计、吸声及混响时间设计计算、噪声控制设计与计算等。

3）扩声设计，包括（最大声压级、传输频率特性、传声增益、声场不均匀度、语言清晰度等）扩声设计指标、设备配置及产品资料、系统连接图、扬声器布置图、计算机模拟辅助设计相关资料等。

4）声学设计方要与项目设计的各有关专业方进行沟通并达成共识，以确保专业声学设计的实施性。

5）大堂、宴会厅、游泳馆建筑声学处理方法示例：对于这些场所声学设计可重点考虑语言交流，包括语言清晰度、合适的混响时间以及避免各种音质缺陷。这些场所空间尺度较大，往往混响时间偏长，易出现回声等音质缺陷，应结合室内装修设计做吸声或扩散处理。语言清晰度的设计，既要确保交流双方能够相互听清彼此的讲话，还要保护交流内容的私密性。条件允许时，大堂顶棚宜做吸声处理，墙壁可结合室内装饰设计，做吸声处理或做凹凸装饰造型的扩散处理，造型的起伏程度不宜过小。大堂及休息区的座椅宜采用软座椅，以增加吸声量，降低混响时间。宴会厅通常为比较规则的矩形空间，因此相对平行的墙面至少要有一面进行吸声处理，地面可敷设厚地毯，否则需对顶棚进行吸声处理，以避免出现回声和颤动回声等音质缺陷。室内游泳馆内应防止回声产生，可进行吸声处理，选用的吸声材料应具有防水特性。

2. 施工阶段——监理方（或声学顾问）

1）按照声学设计说明、围护结构详图、室内声学处理装修做法详图等检查相关施工是否符合设计要求。

2）特别检查所使用的声学装修材料的相关声学性能指标是否满足要求。

3）在现场检查判断是否存在混响时间过长，回声、声聚焦等音质缺陷。

4）见证音响设备和扩声系统调试验收。

5）见证相关音质设计指标的现场测量和验收。

6）发现问题及时整改。

3. 运营阶段——装修设计师（涉及音质空间的重新装修）、声学专业人员（或声学顾问）、管理方、监理方

需重新进行声学设计、施工、检测和验收。

9.2 光环境

9.2.1 【基本项】照明质量、光生物安全性、LED产品频闪比。

饭店主要功能房间和区域的照明数量和质量应符合现行国家标准《建筑照明设计标准》GB 50034 的有关规定；客房、办公室等人员长期停留的场所应采用符合现行国家推荐标准《灯和灯系统的光生物安全性》GB/T 20145 规定的无危险类照明产品；选用 LED 照明产品的光输出波形的波动深度应满足现行国家推荐标准《LED 室内照明应用技术要求》GB/T 31831 的规定。具体如表 9-7、表 9-8 所示。

《建筑照明设计标准》规定的旅馆建筑照明标准值　　　　　　　表 9-7

房间或场所		参考平面及其高度	照度标准值(lx)	UGR	U_o	R_a
客房	一般活动区	0.75m 水平面	75	—	—	80
	床头	0.75m 水平面	150	—	—	80
	写字台	台面	300*	—	—	80
	卫生间	0.75m 水平面	150	—	—	80

房间或场所	参考平面及其高度	照度标准值(lx)	UGR	U_o	R_a
中餐厅	0.75m 水平面	200	22	0.60	80
西餐厅	0.75m 水平面	150	—	0.60	80
酒吧间、咖啡厅	0.75m 水平面	75	—	0.40	80
多功能厅、宴会厅	0.75m 水平面	300	22	0.60	80
会议室	0.75m 水平面	300	19	0.60	80
大堂	地面	200	—	0.40	80
总服务台	台面	300*	—	—	80
休息厅	地面	200	22	0.40	80
客房层走廊	地面	50	—	0.40	80
厨房	台面	500*	—	0.70	80
游泳池	水面	200	22	0.60	80
健身房	0.75m 水平面	200	22	0.60	80
洗衣房	0.75m 水平面	200	—	0.40	80

注：＊指混合照明照度。

《灯和灯系统的光生物安全性》光生物安全等级划分　　　表 9-8

分级	符号	描述
无危险类	RG0	灯对于本标准在极限条件下也不造成任何光生物危害
1类危险(低危险)	RG1	对曝光正常条件限定下,灯不产生危害
2类危险(中度危险)	RG2	灯不产生对强光和温度的不适反应危害
3类危险(高危险)	RG3	灯在更短瞬间造成危害

一、设立背景

饭店除了客房占据了较大的空间比例之外，还拥有会议厅、康乐设施、餐厅等多种类型的室内空间，其各自的照度、照度均匀度、眩光值、一般显色指数等照明数量和质量指标均应满足现行国家标准的要求，以保证其使用功能和提升宾客的视觉舒适性。同时为保障室内人员的健康，人员长期停留场所的照明应选择安全组别为无危险类的产品。光通量波动的波动深度过大，容易导致视觉疲劳、偏头痛和工作效率的降低，影响宾客的舒适度，因此需对 LED 照明产品的光输出波形的波动深度进行限制。

二、设立依据

照明质量设计可参考现行国家标准《建筑照明设计标准》GB 50034 的有关规定，光生物安全指标及相关测试方法可参考现行国家推荐标准《灯和灯系统的光生物安全性》GB/T 20145 的有关规定，LED 照明产品的光输出波形的波动深度应满足现行国家推荐标准《LED 室内照明应用技术要求》GB/T 31831 的要求，或采用饭店管理集团公司相当水平的标准要求。

三、实施途径

1. 设计阶段——电气工程师、内装顾问

1）根据甲方的设计意向，确定各空间的设计目标，订立照明设计指标，提交照明设计文件，包括设计说明、设计依据、设计指标等。

2）照明专项设计，包括重要功能空间和标准客房的灯具选型、天花布置和照度模拟分析和计算书等。

2. 施工阶段——监理方

1）按照电气设计说明、室内装修天花综合布置详图检查相关施工安装是否符合设计要求。

2）检查所使用的灯具和光源的相关光学性能指标是否满足要求。

3）见证相关照明设计指标的现场测量和验收。

4）发现问题及时整改。

3. 运营阶段——管理方

需定期进行灯具的表观检查，照明质量检测和预防性保养。

9.2.2　【推荐项】天然采光。

客房采光系数符合现行国家标准《建筑采光设计标准》GB 50033—2013 要求的数量比例不低于75%，大堂、餐厅、会议室等公共区域采光系数达标面积比例不低于75%，地下空间平均采光系数不小于0.5%的面积与首层地下室面积的比例达到10%以上。

一、设立背景

充足的天然采光有利于居住者的生理和心理健康，同时也有利于降低人工照明能耗。各种光源的视觉试验结果表明，在同样照度的条件下，天然光的辨认能力优于人工光，从而有利于人们工作、生活、保护视力和提高劳动生产率。

饭店的客房、大堂、会议室和休闲餐饮等功能空间，对采光的要求较高。足够的自然采光可提高室内空间环境的健康性，营造具有亲和力的光环境。

二、设立依据

自然采光设计的评价可参考现行国家标准《建筑采光设计标准》GB 50033 的要求。

三、实施途径

1. 设计阶段——建筑师、建筑环境顾问

1）根据甲方的设计意向，确定各空间的采光设计目标，订立天然采光的设计指标。

2）客房通常采用侧向采光，立面设计过程中，需结合日照分析，在选择较高透光率玻璃的同时，优化外窗或幕墙遮阳隔热设计。对于公共部位的大进深区域，通过合理的设计措施，如中庭、天窗、导光板、导光管、导光百叶、棱镜等，改善该区域的天然采光。通过模拟计算的方式核算所有客房的平均采光系数，以统计得到满足现行国家标准《建筑采光设计标准》GB 50033 的要求的客房数量及公区面积比例。

3）地下空间和大进深的地上空间，主要采取顶部采光的方式，光线自上而下，有利于获得较为充足与均匀的室外光线。顶部采光包括矩形天窗、锯齿形天窗、平天窗、横向天窗及其他形式，不同的方式组合能营造出多变的室内光环境和气氛。除此之外，可通过反光板、棱镜玻璃窗、下沉庭院、各类导光设备等技术和设施的采用，有效改善这些空间的室内自然采光环境。

2. 施工阶段——监理方、建筑环境顾问

1）按照建筑设计说明、施工图各节点大样以及玻璃透光率参数表检查相关施工安装是否符合设计要求。

2）在项目施工完成后对主要功能区域的天然采光情况进行现场测量和验收。

3）发现问题及时整改。

3. 运营阶段——管理方

需定期进行天然采光构件的表观检查和质量检测，开展预防性保养。

9.2.3 【推荐项】视野设计。

饭店重要功能空间的观景窗可提供清楚的室外视野。

一、设立背景

多项研究表明，窗外视野对室内使用者的心理有重要影响，因此在饭店的设计中保证重要功能房间（如大堂、客房、餐厅等）的窗外视野品质，对于饭店使用者的身心健康有积极意义。

二、设立依据

美国 LEED V4 体系文件中对常用空间建筑景观窗的视野提出了定量指标要求，判定房间室外视野达标与否的计算方法是在房间中 1.5m 高度处，以多条视线从不同方向看向景观窗，评估其视野满足要求的面积比例。

三、实施途径

1. 设计阶段——建筑师、建筑环境顾问

1）根据甲方的设计意向，确定各空间的透明幕墙或玻璃部位，区分采光窗和视野景观窗的分布，订立各区域视野可及性的设计指标。

2）对于视野景观窗的玻璃选择，尽可能避免各种陶瓷玻璃、纤维、压花玻璃，或添加的色彩（扭曲色彩平衡）对于视线的阻挡。

3）重要功能房间有 75％以上的面积比例拥有以下视野元素中的 2 种及以上：①植物、动物或天空；②移动景观；③距离玻璃外部至少 7.5m 的物体。

2. 施工阶段——监理方、建筑环境顾问

1）按照建筑设计说明、施工图各节点大样以及玻璃产品性能检查相关施工安装是否符合设计要求；

2）在项目施工完成后对主要功能区域的视野情况进行现场评估；

3）发现问题及时整改。

3. 运营阶段——管理方

需定期进行视野窗部件的表观检查和质量检测，开展预防性保养和清洁。

9.2.4 【推荐项】眩光控制。

避免眩光引起视觉上不舒适，采取外遮阳、内遮阳系统或调光玻璃等避免日光眩光的防护措施。

一、设立背景

眩光可能会导致视觉不舒适和对观察目标能力的下降，尤其是白天日光直射强度大甚至还会对眼睛造成损伤，因此能够避免日光直接眩光的设施对保证室内光环境的舒适有重要作用。

二、设立依据

美国 LEED V4 体系文件和 WELL 标准中均对日光引起的眩光控制提出了相关技术措施，通过采取多种策略来减少临窗处和室内区域的照度差异。

三、实施途径

1. 设计阶段——建筑师、建筑环境顾问

1）识别需进行日光眩光控制的重点区域及房间，确定眩光控制的目标；

2）对于视野要求较低的区域，可优先设置可调节的外遮阳系统；

3）对于视野要求较高的重要功能房间，可选择以下两种策略之一：

（1）电控或手控的室内遮光帘或百叶窗；

（2）电致变色智能调光玻璃。

2. 施工阶段——监理方、建筑环境顾问

1）按照建筑设计说明、遮阳节点大样以及玻璃参数表检查相关施工安装是否符合设计要求。

2）在项目施工完成后对日光眩光措施的效果进行现场评估。

3）发现问题及时整改。

3. 运营阶段——管理方

需定期进行遮阳系统或调光玻璃的表观检查和功能检测，开展预防性保养。

9.2.5 【推荐项】昼夜节律照明。

根据不同区域的功能使用需求，以生理等效照度为指标进行照明优化设计。

一、设立背景

生理等效照度（Equivalent Melanopic Lux，EML），是光照对生理节律循环产生影响的量度，可以确定室内光照条件如何最优地维持昼夜机能，在光环境设计中是重要设计因素。

二、设立依据

WELL 标准和中国健康建筑评价标准中均对不同房间的生理等效照度提出了参考阈值，可作为饭店光环境设计的参照标准。

三、实施途径

1. 设计阶段——建筑师、照明顾问

1）识别需进行等效生理照度（EML）的重点区域及房间，确定设计参数。

2）饭店客房、客房走廊、客房区域电梯及电梯厅满足夜间生理等效水平照度不高于 50 Melanopic lux。

3）大堂、餐厅等公共空间白天满足主要视线方向生理等效垂直照度不低于 150 Melanopic lux，且时数不低于 4h/d。

4）客房到卫生间的路径，以及卫生间内部，需由夜灯提供安全照明，且满足表 9-9 所示指标。

客房起夜照明设计指标 表 9-9

距地安装高度	出光方向	控制	主波长	光通量	距地 76cm 垂直照度
≤30cm	水平线以下	需要手动开关	≥550nm	≤15lm	≤50Melanopic Lux

2. 施工阶段——监理方、照明顾问

1）按照电器设计说明和照明平面图检查相关施工安装是否符合设计要求。

2）在项目施工完成后对生理等效照度抽样评估。

3）发现问题及时整改。

3. 运营阶段——管理方

需定期进行照明灯具的检查，开展预防性保养。

9.3 热湿环境

9.3.1 【基本项】空调末端可调节。

所有客房具有现场独立控制的热环境调节装置，其他主要功能区域 90％以上面积具有现场独立控制的热环境调节装置。

一、设立背景

饭店建筑的空调系统是提供室内使用者舒适性的重要保证手段。室内热舒适的调控性，包括主动式供暖空调末端的可调性，以及被动式或个性化的调节措施，总的目标是尽量地满足用户改善个人热舒适的差异化需求。入住饭店的旅客由于流动性大，类型多样，不同的人群对于热舒适的要求千差万别，必须确保客房内有现场控制的温度控制器，实现按自身需要进行热舒适设定和调节。

本条文的目的是杜绝不良的空调末端设计，如未充分考虑除湿的情况下采用辐射吊顶末端、宾馆类建筑采用不可调节的全空气系统等。而个性化送风末端、风机盘管、地板供暖等末端，用户可通过手动或自动调节来满足要求，有助于提高使用舒适性。

二、设立依据

各房间空调末端的设置可参考现行国家标准《公共建筑节能设计标准》GB 50189。

三、实施途径

1. 设计阶段——暖通工程师

1）根据甲方的设计意向，确定各功能房间的使用要求、开启时间段、负荷特点，确定不同的空调系统形式；

2）客房通常采用风机盘管系统、多联机系统或分体空调系统，需在房间内醒目位置设置控制面板或遥控器，方便宾客自主设定开启模式和温度；

3）公共区域，根据不同的使用需求可能采用集中式空调系统，则需要根据朝向、时间和负荷差异，划分合理的空调分区，并进行可独立启停的控制系统设计。

2. 施工阶段——监理方、建筑环境顾问

1）按照暖通设计说明、风系统图以及通风空调平面图，检查相关施工安装是否符合设计要求；

2）在项目施工完成后对主要功能区域的末端可调节性进行现场测量和验收；

3）发现问题及时整改。

3. 运营阶段——管理方

需定期进行空调末端控制器的表观检查和质量检测，开展预防性保养。

9.3.2 【基本项】被褥多种选项。

客房应提供不同厚度的被子以满足入住人员对于睡眠热环境的个性化需求。

一、设立背景

为用户提供一个适宜的睡眠环境是饭店建筑最为重要的功能。热环境通过影响人体热状态能显著影响人的睡眠质量，睡眠环境中更能直接影响人体的热环境的则是由床垫、被子、枕头等寝具所形成的贴近人体周围的微环境，因此寝具的选择十分重要。提供不同厚度的被子让用户根据自己的需求和习惯进行选择，能更好地针对用户的个性化差异提供一个适宜的睡眠热环境。

二、设立依据

相关饭店运营管理标准。

三、实施途径

1. 设计阶段——室内设计师

在客房内设置必要的储藏空间，用以收纳不同厚度的被褥。饭店客房应配有至少两种不同厚度的被子以供用户入住人员使用。以最常见的聚酯纤维填充被子为例，其参数参考表 9-10。

两种不同厚度被子（聚酯纤维填充） 表 9-10

被子厚度描述	重量(kg)	
	单人床(1.5m×2.0m)	双人床(2.0m×2.3m)
薄	0.9±0.09	1.4±0.14
厚	1.5±0.09	2.3±0.14

2. 运营阶段——管理方

需定期进行被褥的清洁和季节性更换。

9.3.3 【推荐项】气流组织设计。

应采取措施避免厨房、餐厅、打印复印室、卫生间、地下车库等区域的空气和污染物串通到其他空间；应防止厨房、卫生间的排气倒灌。

一、设立背景

避免厨房、餐厅、打印复印室、卫生间、地下车库等区域的空气和污染物串通到室内其他空间，为此要保证合理的气流组织，采取合理的排风措施避免污染物扩散，防止污染物和气味进入室内而影响室内空气质量。

二、设立依据

厨房和卫生间的排气道设计应符合现行国家标准《住宅设计规范》GB 50096、《住宅建筑规范》GB 50368、《建筑设计防火规范（2018 年版）》GB 50016、《民用建筑设计统一标准》GB 50352 等规范的有关规定。地下车库等的排风系统设计可参考现行建工行业建设标准《车库建筑设计规范》JGJ 100 中的相关要求。

三、实施途径

1. 设计阶段——暖通工程师、建筑环境顾问

卫生间、餐厅、地下车库等区域除设置机械排风，并保证负压外，还应注意其取风口和排风口的位置，避免短路或污染。对于不同功能房间保证一定压差，避免气味散发量大的空间（比如卫生间、餐厅、地下车库等）的气味或污染物串通到室内别的空间或室外主要活动场所。

2. 施工阶段——监理方、建筑环境顾问

1）按照暖通设计说明、风系统图以及通风空调平面图，检查相关施工安装是否符合设计要求。

2）在项目施工完成后对主要功能区域的气流组织和正负压情况进行现场测量和验收。

3）发现问题及时整改。

3. 运营阶段——管理方

需定期进行气流组织检查。

9.3.4 【推荐项】热舒适。

主要功能房间达到现行国家标准《民用建筑室内热湿环境评价标准》GB/T 50785 规定的室内人工冷热源热湿环境整体评价Ⅱ级的面积比例，达到 60%。

一、设立背景

人体热舒适是人体对热湿环境感到满意的主客观评价，舒适的室内热湿环境越来越受到人们的重视，长期处于不适宜的热湿环境中会对人体健康造成危害。影响室内热湿环境的室内外热湿作用、建筑围护结构热工性能以及暖通空调设备措施等。

二、设立依据

人工冷热源热湿环境整体评价指标应包括预计平均热感觉指标（PMV）和预计不满意者的百分数（PPD），PMV-PPD 的计算程序应按现行国家推荐标准《民用建筑室内热湿环境评价标准》GB/T 50785 附录 E 的规定执行。

三、实施途径

1. 设计阶段——暖通工程师、建筑环境顾问

1）根据甲方的设计意向，确定各功能房间的使用要求、开启时间段、负荷特点，确定不同的空调系统形式。

2）供暖、通风或空调工况下的气流组织应满足功能要求，避免冬季热风无法下降，气流短路或制冷效果不佳，确保主要房间的环境参数（温度、湿度分布，风速，辐射温度等）达标。对于高大空间，暖通空调设计应有专门的气流组织设计说明，提供射流公式校核报告，末端风口设计应有充分的依据，必要时应提供相应的模拟分析优化报告。对于客房，应重点分析空调出风口与床的关系是否会造成冷风直接吹到入住者，校核室内热环境参数是否达标。

2. 施工阶段——监理方、建筑环境顾问

1) 按照暖通设计说明、供暖、通风相关图纸，检查相关施工安装是否符合设计要求。

2) 在项目施工完成后对主要功能区域的空调系统进行调试和验收。

3) 发现问题及时整改。

3. 运营阶段——管理方

需定期进行空调系统检查。

9.3.5 【推荐项】重大突发公共卫生事件应对。

暖通空调系统应具备应对重大突发公共卫生事件的措施。

一、设立背景

当重大突发公共卫生事件出现时，如果饭店建筑的暖通空调系统设计不当、气流组织设计不合理、系统不能及时调控就会导致疾病的进一步蔓延。因此，建筑内暖通空调系统既要能保障室内人员热舒适，又要能应对重大突发公共卫生事件，保障人民健康。

二、设立依据

集中供暖空调系统的设计应满足现行国家标准《民用建筑供暖通风与空气调节设计规范》GB 50736 中的有关规定。空调通风系统的常规清洗消毒应当符合现行卫生标准《公共场所集中空调通风系统清洗消毒规范》WS/T 396 的要求。

三、实施途径

1. 设计阶段——暖通工程师、建筑环境顾问

1) 形成合理室外新风流经人员所在场所的气流组织。

2) 新风口、排风口、加压送风口、排烟口设置与距离必须满足卫生要求。

2. 施工阶段——监理方、建筑环境顾问

1) 按照暖通设计说明、风系统图以及通风空调平面图，检查相关施工安装是否符合设计要求。

2) 发现问题及时整改。

3. 运营阶段——管理方

1) 空调系统新风口及周围环境必须清洁，确保新风不被污染。

2) 在疫情期内，原则上应采用全新风运行，以防止交叉感染。

3) 采用新风、排风热回收器进行换气通风的空调系统，应按最大新风量运行，且新风量不得低于卫生标准，达不到标准者应通过合理开启门窗，加强通风换气，以获取足额新风量。

4) 在疫情期内，全空气空调系统与水-空气空调系统宜在每天空调启用前或关停后让新风和排风机多运行 1 小时，以改善空调房间室内外空气流通。

9.4 空气质量

9.4.1 【基本项】室内空气质量。

室内空气中的氨、甲醛、苯、总挥发性有机物、氡等污染物浓度应符合现行国家推荐

标准《室内空气质量标准》GB/T 18883 的有关规定。如表 9-11 所示。

《室内空气质量标准》规定的主要污染物浓度限值　　　　表 9-11

序号	参数	单位	标准值	备注
1	甲醛 HCHO	mg/m³	0.08	1h 均值
2	总挥发性有机物 TVOC	mg/m³	0.60	8h 均值
3	苯 C_6H_6	mg/m³	0.03	1h 均值
4	甲苯 C_7H_8	mg/m³	0.20	1h 均值
5	二甲苯 C_8H_{10}	mg/m³	0.20	1h 均值

一、设立背景

挥发性有机化合物（VOCs）作为室内空气重要的污染物种类之一，主要来源于建筑材料、建筑装饰装修材料（如人造板、壁纸、油漆、含水涂料、胶粘剂）、家具等，包括甲醛、苯系物、醇类、酯类等多种物质。其中，甲醛和苯已被 WHO 列为致癌物质。室内装修时，即使用的各种材料、制品均满足各自污染物环保标准，但各种装修材料同时使用仍然会发生装修材料散发的污染物产生积累的现象，室内空气污染物浓度仍可能会超标。为保护人体健康，预防和控制室内空气污染，建筑室内空气质量满足现行国家推荐标准《室内空气质量标准》GB/T 18883 的指标要求是绿色饭店建筑的最基本前提。

二、设立依据

主要污染浓度水平应低于现行国家推荐标准《室内空气质量标准》GB/T 18883 的要求。

三、实施途径

1. 设计阶段——建筑师、内装顾问、建筑环境顾问

1）根据甲方的设计意向，确定各空间的设计目标和装修设计标准，包括设计说明、设计依据、装饰装修材料列表等。

2）综合考虑室内装修设计方案和材料使用量、建筑材料、施工辅助材料、施工工艺、室内新风量等诸多影响因素，对最大限度能够使用的各种装修材料数量做出预算。根据各种装修材料主要污染物的释放特征，以"总量控制"为原则，重点对典型功能房间各种装修材料同时产生的甲醛、TVOC、苯系物等主要污染浓度水平分别进行预测评估。

2. 施工阶段——监理方、建筑环境顾问

1）依据装修方案施工。

2）项目竣工后，选取具有代表性的典型房间进行采样检测。

3）发现问题及时整改。

3. 运营阶段——管理方

定期进行室内空气质量检测，确保室内污染物浓度达标。

9.4.2 【推荐项】建筑外窗、幕墙气密性。

建筑外窗、幕墙具有较好的气密性以阻隔室外污染物穿透进入室内。

一、设立背景

室外污染物（PM2.5、PM10、O_3 等）可通过建筑外门窗缝隙等渗透入建筑内。在现

阶段我国大气污染普遍严重的情况下，房屋密闭性对有效控制室内空气质量十分重要。现行国家推荐标准《建筑幕墙、门窗通用技术条件》GB/T 31433 将建筑外门窗气密性划分为 8 个等级，将建筑幕墙气密性划分为 4 个等级。级别越高，空气渗透量越低，随渗透风穿透进入室内的污染物浓度越低。

根据现行国家环境保护行业标准《环境空气质量指数（AQI）技术规定（试行）》HJ 633 规定：空气污染指数划分为 0～50、51～100、101～150、151～200、201～300 和大于 300 六档，对应于空气质量的六个级别，指数越大，级别越高，说明污染越严重，对人体健康的影响也越明显。空气质量指数 100 以下时大气空气质量为优良水平，空气质量可接受，仅对极少数异常敏感人群健康有较弱影响，一年中 85％（约 310 天）以上天数空气质量指数为 100 以下地区，大气污染程度较轻，要求建筑外窗气密性达到现行国家推荐标准《建筑幕墙、门窗通用技术条件》GB/T 31433 规定的 4 级以上即可。对于其他无法达到该水准的地区，大气污染相对严重，从阻隔室外污染物穿透进入室内的角度，需对建筑外窗气密性严格要求，即达到现行国家推荐标准《建筑幕墙、门窗通用技术条件》GB/T 31433 规定的 6 级以上。

建筑幕墙的气密性能统一要求，无论室外空气质量如何，其气密性均要达到现行国家推荐标准《建筑幕墙、门窗通用技术条件》GB/T 31433、《建筑外门窗气密、水密、抗风压性能检测方法》GB/T 7106 规定的 3 级。

二、设立依据

中国健康建筑评价标准的相关要求。

三、实施途径

1. 设计阶段——建筑师、幕墙顾问

1）根据饭店项目所在地的年均空气质量指数，确定外窗和幕墙的气密性对应等级要求。

2）年均空气质量指数在 100 以下的地区，外窗气密性需达到现行国家推荐标准《建筑幕墙、门窗通用技术条件》GB/T 31433、《建筑外门窗气密，水密，抗风压性能检测方法》GB/T 7106 规定的 4 级以上要求；其他地区的外窗气密性需达到 6 级以上要求。

3）幕墙达到现行国家推荐标准《建筑幕墙、门窗通用技术条件》GB/T 31433、《建筑外门窗气密，水密，抗风压性能检测方法》GB/T 7106 规定的 3 级以上要求。

2. 施工阶段——监理方、幕墙顾问

1）按照建筑设计说明、施工图各节点大样以及玻璃气密性相关参数表检查相关施工安装是否符合设计要求。

2）发现问题及时整改。

3. 运营阶段——管理方

需定期进行幕墙及外窗气密性的表观检查和质量检测，开展预防性保养。

9.4.3 【推荐项】空气过滤净化。

设置空气净化装置降低室内颗粒污染物浓度，室内 PM2.5 年均浓度不高于 $25\mu g/m^3$，室内 PM10 年均浓度不高于 $50\mu g/m^3$。

一、设立背景

我国室内外空气污染相对严重，主要污染物包括可吸入颗粒物、细颗粒物、臭氧、VOCs 等，空气净化控制策略对我国建筑室内环境质量的保持十分必要。空气净化装置能够吸附、分解或转化各种空气污染物（一般包括 PM2.5、粉尘、花粉、异味、甲醛之类的装修污染、细菌、过敏原等），有效提高空气清洁度，降低人体致病风险。

常用的空气净化技术包括：吸附技术、负（正）离子技术、催化技术、光触媒技术、超结构光矿化技术、HEPA 高效过滤技术、静电集尘技术等。主要净化过滤材料技术包括：光触媒、活性炭、合成纤维、HEPA 高效材料、负离子发生器等。建筑可通过在室内设置独立的空气净化器或在空调系统、通风系统、循环风系统内搭载空气净化模块，达到建筑室内空气净化的目的。

二、设立依据

满足现行国家推荐标准《绿色建筑评价标准》GB/T 50378 中对于室内颗粒物浓度年均值控制的指标要求，同时参考中国健康建筑评价标准的相关要求。

三、实施途径

1. 设计阶段——建筑师、暖通工程师

1）设置具有空气净化功能的集中式新风系统、分户式新风系统或窗式通风器。

2）未设置新风系统的建筑，在循环风或空调回风系统内部设置净化装置，或在室内设置独立空气净化装置。

2. 施工阶段——监理方、暖通工程师顾问

1）按照暖通设计说明、施工图各节点大样及设备表检查相关施工安装是否符合设计要求。

2）发现问题及时整改。

3. 运营阶段——管理方

需定期进行净化设备的表观检查和质量检测，开展预防性保养。

9.4.4 【推荐项】绿色装饰装修建材。

选用的装饰装修材料满足国家现行绿色产品评价标准中对有害物质限量的要求。

一、设立背景

由于装饰装修材料中所包含的各种有害物质的释放对室内空气会形成严重污染，长时间暴露在高浓度的污染物环境中会引发多种健康问题。通过对材料污染物限值的规定，可以有效减少对室内空气品质及人体健康的影响。

二、设立依据

现行国家推荐标准《绿色产品评价　涂料》GB/T 35602、《绿色产品评价　纸和纸制品》GB/T 35613、《绿色产品评价　陶瓷砖（板）》GB/T 35610、《绿色产品评价　人造板和木质地板》GB/T 35601、《绿色产品评价　防水与密封材料》GB/T 35609 等，对产品中有害物质种类及限量进行了严格、明确的规定。其他装饰装修材料，其有害物质限量同样应符合现行有关标准的规定。

三、实施途径

1. 设计阶段——建筑师、室内设计师

明确装饰装修材料中对有害物质限量的要求，并落实在设计图纸中，用于指导后期

采购。

2. 施工阶段——监理方、建筑环境顾问

需按照设计要求采购建材，对采购的装饰装修材料的产品检测报告进行核查，确保材料有害物限值满足要求。

3. 运营阶段——管理方

建筑后期改造时，需按照设计时对装饰装修材料的要求进行采购。

9.4.5 【推荐项】室内空气质量监控。

饭店公共区域设置室内空气质量监控系统，监测公共区域的室内温度、相对湿度、PM10、PM2.5、CO_2 浓度等指标。公共区域空气质量监测系统与相关设备组成自动控制系统，且具备 PM10、PM2.5、CO_2 等浓度参数限值设定及越限报警等功能。

一、设立背景

建筑室内空气质量会随室内外情况随时变化，为了保持理想的室内空气质量指标，必须不断地收集建筑性能测试数据。空气污染物传感装置和智能化技术的完善普及，使对建筑内空气污染物的实时采集监控成为可能。当所监测的空气质量偏离理想阈值时，系统应做出警示，建筑管理方应对可能影响这些指标的系统做出及时的调试或调整。

二、设立依据

对于安装监控系统的饭店建筑，系统应相对温度（室内外）、相对湿度（室内外）、PM10（室内外）、PM2.5（室内外）、CO_2（室内）进行定时连续测量、显示、记录和数据传输的功能。监测系统对污染物浓度的最小读数时间间隔不宜长于 10min。监测仪器设备（传感器）的基本性能指标应符合表 9-12 的要求。

监测仪器（传感器）基本要求　　　　　　　　　　　　表 9-12

监测项目	主要仪器(传感器)	技术指标要求	校准要求
温度	热敏电阻、热电偶、铂电阻等	最小分辨率宜为 0.1℃，且应满足现行国家推荐标准《公共场所卫生检验方法 第 1 部分：物理因素》GB/T 18204.1 中对传感器的有关规定	每两年
相对湿度	氯化锂等湿敏元件	最小分辨率宜为 1%，且应满足现行国家标准《公共场所卫生检验方法 第 1 部分：物理因素》GB/T 18204.1 中对传感器的有关规定	每两年
PM10	粉尘测量仪等	最小分辨率宜为 $1\mu g/m^3$，且应满足现行国家计量检定规程《粉尘浓度测量仪检定规程》JJG 846 的有关规定	每年
PM2.5			
CO_2	不分光红外线气体分析仪等	最小分辨率宜为 1ppm，且应满足现行国家标准《公共场所卫生检验方法　第 2 部分：化学污染物》GB/T 18204.2—2014 中对仪器传感器的有关规定	每两年

三、实施途径

1. 设计阶段——电气工程师、建筑环境顾问

1）根据甲方的设计意向，确定各空间的设计目标和使用功能。

2）设计空气质量监测系统，对公共区域的室内温度、相对湿度、PM10、PM2.5、CO_2浓度等指标进行监测。

3）空气质量监测系统与相关设备组成自动控制系统，且系统可设定 PM10、PM2.5、CO_2等浓度参数限值并具备越限报警等功能。

2. 施工阶段——监理方、建筑环境顾问

1）按照暖通设计说明、自控设计说明以及通风空调平面图，检查相关施工安装是否符合设计要求。

2）在项目施工完成后对传感器执行功能和联动功能进行现场测量和验收。

3）发现问题及时整改。

3. 运营阶段——管理方

需定期进行空气质量监控系统的表观检查和质量检测，开展预防性保养。

本章参考文献

[1] 中国建筑科学研究院等.GB 50118—2010 民用建筑隔声设计规范 [S]. 北京：中国建筑工业出版社，2010.

[2] 同济大学等.GB/T 50356—2005 剧场、电影院和多用途厅堂建筑声学技术规范 [S]. 北京：中国计划出版社，2005.

[3] 中广电广播电影电视设计研究院等.GB/T 50371—2006 厅堂扩声系统设计规范 [S]. 北京：中国计划出版社，2006.

[4] 中国建筑科学研究院等.GB 50034—2013 建筑照明设计标准 [S]. 北京：中国建筑工业出版社，2013.

[5] 国家电光源质量监督检验中心（北京）等.GB/T 20145—2006 灯和灯系统的光生物安全性 [S]. 北京：中国标准出版社，2006.

[6] 中国建筑科学研究院等.GB/T 31831—2015 LED室内照明应用技术要求 [S]. 北京：中国标准出版社，2015.

[7] 中国建筑科学研究院等.GB 50033—2013 建筑采光设计标准 [S]. 北京：中国标准出版社，2013.

[8] 中国建筑科学研究院等.T/ASC 02—2016 健康建筑评价标准 [S]. 北京：中国建筑工业出版社，2016.

[9] 中国建筑科学研究院等.GB 50189—2015 公共建筑节能设计标准 [S]. 北京：中国建筑工业出版社，2015.

[10] Bier R H，Jr A D，Villani J，et al. Leadership in Energy and Environmental Design [S]. 2014.

[11] 中国建筑设计研究院等.GB 50096—2011 住宅设计规范 [S]. 北京：中国建筑工业出版社，2011.

[12] 中国建筑科学研究院等.GB 50368—2005 住宅建筑规范 [S]. 北京：中国建筑工业出版社，2005.

[13] 重庆大学等.GB/T 50785—2012 民用建筑室内热湿环境评价标准 [S]. 北京：中国建筑工业出版社，2012.

[14] 中国建筑科学研究院等.GB 50736—2012 民用建筑供暖通风与空气调节设计规范 [S]. 北京：中国建筑工业出版社，2012.

[15] 中国建筑科学研究院有限公司等.GB/T 50378—2019 绿色建筑评价标准 [S]. 北京：中国建筑工业出版社，2019.

10

施工管理

阶段	涉及主体	施工采购	施工组织	环境保护	节约资源	过程管理
施工阶段	业主方	○	○	○	○	○
	设计方	○		○	○	○
	施工方	●	●	●	●	●
	监理方	●	●	●	●	●
	运营方	○		○	○	
●表示相关人员需重点关注内容；○表示相关人员需了解内容； 空白表示无需关注						

施工管理条文见表 10-1。

施工管理条文　　　　　　　　　　　　　　　　　　　　　　　　　表 10-1

子项	条文编号	条文分类	条文内容	勾选项
10.1 施工采购	10.1.1	基本项	施工阶段绿色采购	☐
10.2 施工组织	10.2.1	基本项	绿色施工管理体系与组织机构	☐
	10.2.2	基本项	绿色建筑专项施工方案	☐
	10.2.3	基本项	施工人员职业健康安全管理	☐
	10.2.4	基本项	重点技术措施施工前专项会审	☐
10.3 环境保护	10.3.1	基本项	施工扬尘控制	☐
	10.3.2	基本项	施工降噪措施	☐
	10.3.3	基本项	施工废弃物减量化、资源化	☐
10.4 资源节约	10.4.1	基本项	施工节能	☐
	10.4.2	基本项	施工节水	☐
	10.4.3	基本项	施工节材	☐
10.5 过程管理	10.5.1	基本项	设计文件变更控制	☐
	10.5.2	基本项	建筑耐久性和节能环保措施	☐
	10.5.3	基本项	土建机电装修一体化施工	☐
	10.5.4	基本项	联机调试、综合调试和联合试运转	☐

子项	条文编号	条文分类	条文内容	勾选项
10.5 过程管理	10.5.5	推荐项	绿色施工宣传与培训	☐
	10.5.6	推荐项	绿色施工过程管理评价	☐
	10.5.7	推荐项	绿色数字化模拟施工	☐

10.1 施工采购

10.1.1 【基本项】施工阶段绿色采购。

绿色饭店施工阶段材料、构配件和设备采购时应关注产品的低碳环保特性。

一、设立背景

绿色采购是指在项目工程采购管理中考虑环境因素，通过绿色采购实现源头控制方式减少项目后期治理成本，保护自然环境，提高项目绩效。随着人们对环境问题的日益重视，在工程项目建设过程中实施绿色采购对实现人与自然和谐相处具有极其重要的现实意义。

设计阶段的建筑、结构、暖通空调、给水排水、强弱电等篇章中都已对材料、构配件和设备选用等进行了规定。因此，在施工过程中对建筑材料、构配件和设备进行采购时，除关注价格、性能、质量等传统指标外，建议对拟采购对象的环保性能加以关注，强调尽量采购环保性能优良、隐含碳排放低的商品，考虑产品生产过程中是否环保，施工安装过程、使用过程、拆除过程和拆除后的处理是否环保等因素。

此条为新增条文，旨在更大程度地避免施工采购时忽视建筑材料、构配件和设备的绿色环保特性。

二、设立依据

绿色施工相关规范规定及绿色施工的低碳环保要求。

三、实施途径

1. 施工阶段——业主方/监理方

开工前，业主方应明确要求和鼓励施工方采购绿色低碳环保的材料、构配件和设备，并进行必要的监督。过程中，监理方应积极配合业主单位。

2. 施工阶段——设计方

设计交底时，设计方应明确说明项目对绿色低碳环保的技术措施与性能要求。

3. 施工阶段——施工方

采购人员应严格按设计文件和业主的要求，采购低碳环保的材料、构配件和设备，并按规定报业主/监理、设计批准，需要变更时应及时办理手续。另外，在满足设计和业主要求的所有产品中，应尽量选择低碳环保的产品，如：本地化的、耐久性好的、循环性好的、垃圾利用率高、隐含碳排放低的产品。

10.2 施工组织

10.2.1 【基本项】绿色施工管理体系与组织机构。

应建立绿色施工管理体系与组织机构，明确岗位职责。

一、设立背景

管理体系与组织机构完备是绿色建筑建设目标实现的保障措施。成立专门的绿色建筑施工管理组织机构，完善管理体系和制度建设，是绿色建筑技术措施落地的必要条件，明确各岗位的职责权利与义务，避免因人设岗，防止因人员流动造成信息缺失。

二、设立依据

根据现行国家推荐标准《绿色建筑评价标准》GB/T 50378、《绿色饭店建筑评价标准》GB/T 51165 中的施工管理章节及绿色饭店实际施工过程绿色管理要求设置。

三、实施途径

1. 施工阶段——施工方

应成立专门的绿色建筑施工管理组织机构，结合项目自身特点成立绿色施工管理体系，明确施工项目经理为绿色施工组织实施及目标责任人，负责绿色建筑施工的组织实施及目标实现。施工管理架构可参考图 10-1。

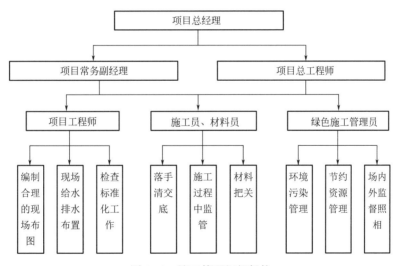

图 10-1 施工管理组织架构

各岗位职责设置如下：

项目总经理：绿色施工第一责任人，负责绿色施工的组织实施及目标实现。同时结合施工现场标准化管理要求，组建标化和环保协调组，制定相应的标化、环保和节能低碳管理制度，建立各项奖惩制度，监督各项措施的落实。

项目总工程师：协助项目总经理进行绿色施工管理工作，负责绿色施工技术管理和设计协调工作。组织技术骨干力量对绿色施工相关新工艺、新技术的研究。

项目工程师：负责绿色施工技术方案编制，在编制过程中贯彻节能降碳原则，通过方案优化，对技术措施进行经济技术对比分析，制订技术节约措施；负责制订"四新"推广应用计划，编制相关文件，如专项施工方案、作业指导书等，并做好总结。做好过程策划，对适合本项目的绿色施工技术措施进行识别、更新，并对可能发生的资源浪费及能源损耗给予纠正。积极推广使用商务部确定的十项新技术，确保施工质量，保障建筑节能降碳功能。

施工员：负责分管项目绿色施工措施的具体落实，并做好相关实施情况的记录以及相关数据的统计。参加项目部组织的绿色施工评比检查工作，并督促施工作业班组做好整改工作。参与项目各类可能发生的资源浪费及能源损耗预防措施的制定。

材料员：参与项目部绿色施工实施方案的编制，协助项目工程师规划各阶段现场平面布置，并对材料运输、保管、储存及节约使用制定相应措施。制定本项目材料使用计划，对商品混凝土、钢材、水泥等大宗材料制订专门采购收料制度。负责材料进场的验收工作，建立施工管理台账，记录材料进货日期和价格，建立领料制度，并在施工过程中监督材料使用情况，遏止浪费，节约用材。在与供货商或租赁方签订经济合同时，将有关的职业健康安全及环保要求纳入合同中，并对其施加影响；建立常用小器具和废旧料管理制度，包括按照公司有关要求对废钢材、废电线等可回收材料建立收集和处理制度。

绿色施工管理员：负责项目绿色施工策划；制定项目的环保要求和实施细则。编制节能、节水、节材、节地等措施方案。对项目绿色施工进行监控和管理。负责职工绿色施工的定期知识培训。过程中有关绿色施工照片的拍摄，并定期分类整理。完成与绿色建筑相关表格的填写、汇总和申报工作。项目绿色施工管理职能分配可参考表 10-2。

绿色施工管理职能分配表 表 10-2

序号	绿色施工要素	项目经理	项目副经理	项目工程师	安全工程师	项目经济师	施工员	技术员	材料员	资料员	总务员	质量检查员
1	绿色施工目标	★	▲	●	▲	▲	▲	▲	▲	▲	▲	▲
2	绿色施工策划	★	▲	●	▲	▲	▲	▲	▲	▲	▲	▲
3	各阶段动态监控	▲	★	●	▲	▲	▲	▲	▲	▲	▲	▲
4	人员安全健康管理	▲	▲	▲	★		▲	▲	▲		●	▲
5	扬尘、噪声与振动、光污染控制	▲	★	▲	▲		▲	▲	●		▲	
6	水污染的控制	▲	★	▲	▲		▲	▲	▲		●	▲
7	建筑垃圾控制及回收利用	▲	★	▲		▲	▲	▲	●		▲	▲
8	周边地下管道、管线保护	▲	●	★	▲		▲	▲			▲	▲
9	周转材料使用	▲	★	▲		▲	▲	▲	●		▲	▲
10	循环水的应用	▲	★	●			▲	▲	▲		▲	

注：★—负责；●—执行；▲—相关。

2. 施工阶段——监理方

以项目绿色建设目标为导向，对施工方成立的绿色建筑施工管理组织机构进行岗位职能审核，查漏补缺，防止出现岗位缺失。

10.2.2 【基本项】绿色建筑专项施工方案。

应制定绿色建筑技术措施专项施工方案及计划，并组织实施。

一、设立背景

绿色建筑专项施工方案一般包含两层含义，一方面要求施工的过程是绿色的，实现资源节约和环境友好的施工活动；另一方面要求施工完成后的项目是达到绿色设计要求的，项目所涉及的相关绿色建筑技术措施全部按照图纸施工到位。相关项目执行结果显示，施工方提供的绿色施工方案一般仅包含第一层含义，缺乏第二层内容，致使绿色建筑技术措施在实际施工过程中出现偏差，这也是绿色建筑运行评价标识项目较少的原因之一。

二、设立依据

根据现行国家推荐标准《绿色建筑评价标准》GB/T 50378、《绿色饭店建筑评价标准》GB/T 51165 中的施工管理章节及绿色饭店实际施工过程绿色管理要求设置。

三、实施途径

1. 施工阶段——施工方

施工过程中的绿色施工方案应重点编制环境保护和施工过程中发生的节能、节水、节材等相关内容，并宜单独成章（册），主要涵盖施工事项清单（不限于）如下：

1）工程概况（建筑概况、参建单位、绿色建筑概况、编制依据等）；

2）施工管理体系（管理方针、管理目标、管理构架、管理职责、任务分工）；

3）绿色施工具体措施（管理措施、节地、节能、节水、节材、环境保护等）；

4）绿色建筑具体措施（建筑、暖通、电气、给水排水、景观、装饰装修等涉及的节地、节能、节水、节材、室内环境等实施方案与实施措施）；

5）资料收集与过程管控（报表统计、现场检/监测数据、影像资料收集分析、会议记录、考核制度等）。

施工过程中的节地措施主要包括场地布局、临时设施、基坑、道路、围墙、植被等内容，主要强调通过项目施工实施方的方案优化，尽最大可能节约土地，降低施工过程中的碳排放，保护周边自然生态环境。具体措施可参见图 10-2 所示。

施工过程中的节能措施主要包括：制订合理施工能耗指标，提高施工能源利用率，尽可能降低施工过程中的碳排放量。优先使用国家、行业推荐的节能、高效、环保的施工设备和机具，提高施工设备的电气化水平等。施工现场分别设定生产、生活、办公和施工设备的用电控制指标，定期进行计量。根据当地气候和自然资源条件，充分利用太阳能、地热等可再生能源。合理配置供暖、空调、风扇数量，规定使用时间，实行分段分时使用，节约用电。具体措施可参见图 10-3 所示。

施工过程中的节水措施主要包括：制定有效的节水和用水方案，采用合理的措施，统筹综合利用各种水资源。施工区和办公、生活区实行分三路供水，采用节水系统和节水器具，并设独立水表计量等，具体措施可参见图 10-4 所示。

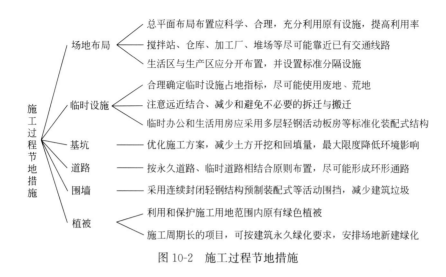

图 10-2　施工过程节地措施

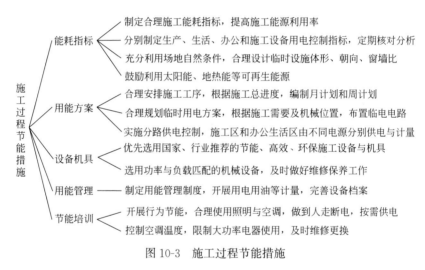

图 10-3　施工过程节能措施

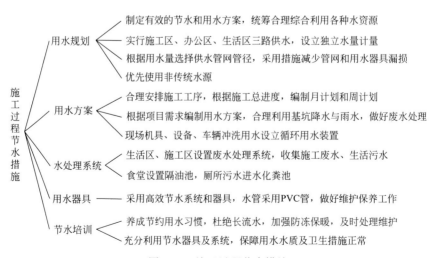

图 10-4　施工过程节水措施

施工过程中的节材措施主要包括：合理安排材料的采购、进场时间和批次。尽量采用工业化的成品，减少现场作业与废料，尽可能采购隐含碳低的材料或构件，充分利用废弃物，建筑垃圾分类收集、回收和资源化利用。临时设施充分使用装配方便、可循环利用的材料。优化钢筋配料和钢构件下料方案，提高模板、脚手架等的周转次数等。具体措施可参见图 10-5 所示。

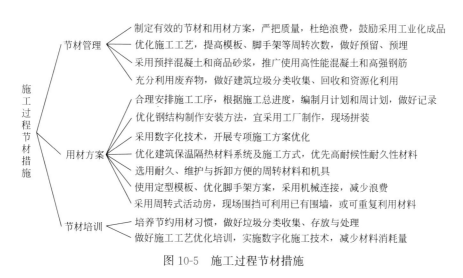

图 10-5 施工过程节材措施

施工过程中的环保措施主要包括：综合考虑本工程影响范围、影响程度、发生频次、社会关注度和法规符合性等方面，确定本工程的环境因素，包括植被破坏、粉尘飞扬、施工噪声、废水排放、土方遗撒、固体废弃物、油品遗撒、光污染等，并采取积极措施有效控制。减少植被破坏，利用规划的施工场地，施工期间不能破坏周边未用到的区域。施工区和办公区的其他裸露土壤，实施绿化处理。具体措施可参见图 10-6 所示。

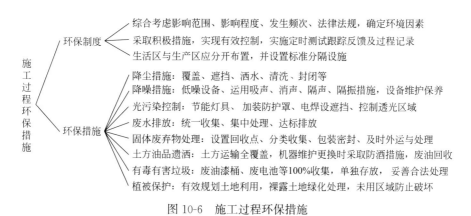

图 10-6 施工过程环保措施

绿色建筑技术措施专项施工方案则应根据绿色饭店设计得分情况，结合项目实际施工进程，制定针对性的节地、节能、节水、节材、室内环境等施工计划。

专项施工方案中的节地部分包括但不限于场地与各类污染源的安全防护措施、土壤污染治理与防护的无害化处理措施、厨房油烟排放达标处理措施、锅炉房达标排放处理措施、垃圾房达标排放的处理措施、绿地面积及植被配置、雨水渗透等生态环保措施、玻璃幕墙等光污染防控措施、建筑户外活动场地的遮阴措施、垃圾处理间设置与处理措施、场地与建筑及场地内外联系的无障碍设施、场地生态复原措施、场地表层土地保护和回收利用措施、绿色雨水基础设施、场地雨水径流总量控制措施等。具体可参见图10-7。

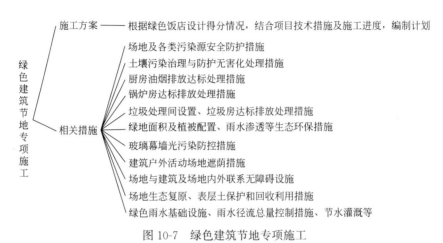

图 10-7　绿色建筑节地专项施工

专项方案中的节能部分包括但不限于围护结构节能构造及性能参数控制要求、设备系统的型号规格及性能参数性能要求及控制措施、采用环境友好型工质、建筑能耗分项计量技术措施、建筑照明配置及节能控制措施、建筑过渡季节能措施、风机水泵型号规格及性能参数控制措施、建筑分区及气流组织控制措施、电梯节能技术措施、供配电节能技术措施、排风热回收技术措施、余热废热及可再生能源利用技术措施等。具体可参见图 10-8 所示。

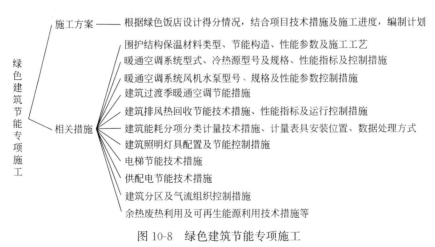

图 10-8　绿色建筑节能专项施工

专项方案中的节水部分包括但不限于建筑水资源利用技术方案、给水排水系统系统设计、防管网漏损技术措施、热水系统供应方式、节水器具性能及公共淋浴设施控制措施、绿化灌溉节水方式及控制措施、非传统水源利用技术及措施、用水计量方案及技术要求等。具体可参见图 10-9 所示。

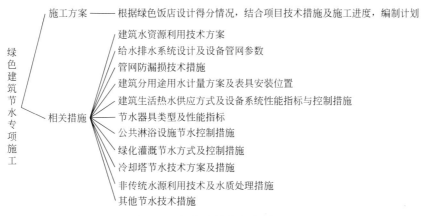

图 10-9 绿色建筑节水专项施工

专项方案中的节材部分包括但不限于建筑墙材及钢筋等材料及制品的规格型号、建筑土建与装修工程一体化情况、预制构件型号及规格要求、商品混凝土和预拌砂浆的使用要求、高耐久性建筑结构材料性能要求、装饰装修材料性能要求、可再利用与可再循环利用建筑材料性能要求、建筑废弃物再生建筑材料使用要求等，并尽可能采用隐含碳量低的材料和构件。具体可参见图 10-10 所示。

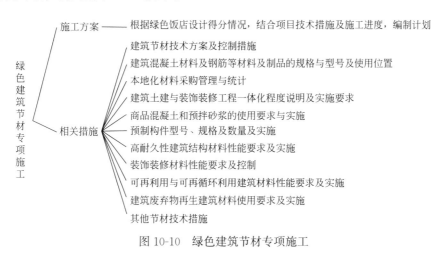

图 10-10 绿色建筑节材专项施工

专项方案中的室内环境部分包括但不限于建筑室内背景噪声的设计要求及楼板、外墙、外窗等构件的构造设计及性能指标要求、建筑建材污染物控制要求、建筑隔声减噪技术措施及施工要求、室内空调末端独立调节措施、气流组织及空气品质的污染控制措施及技术要求等。具体可参见图 10-11 所示。

在绿色施工专项计划中，应针对项目所采用的重点绿色建筑技术措施，详细编制相应的进度及计划，促使绿色建筑工程真正实现按图施工与按进度施工。

2. 施工阶段——监理方

应以项目绿色建设目标为导向，对施工方编制的绿色建筑专项施工方案、进度及过程文件管理等进行审核。

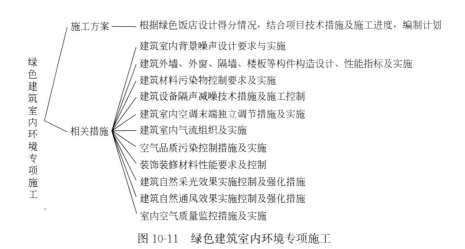

图 10-11　绿色建筑室内环境专项施工

10.2.3　【基本项】施工人员职业健康安全管理。

应制定职业健康安全管理计划、编写现场作业危险源清单及其控制计划、开展危险作业安全上岗培训并记录、记录劳动保护用品或器具进货及发放。

一、设立背景

建筑施工过程中应加强对施工人员的健康安全保护，编制并落实安全管理计划，保障施工人员的健康与安全。

根据《绿色施工导则》（建质〔2007〕223 号），人员安全与健康管理应包括：①制订施工防尘、防毒、防辐射等职业危害的措施，保障施工人员的长期职业健康；②合理布置施工场地，保护生活及办公区不受施工活动的有害影响。施工现场建立卫生急救、保健防疫制度，在安全事故和疾病疫情出现时提供及时救助；③提供卫生、健康的工作与生活环境，加强对施工人员的住宿、膳食、饮用水等生活与环境卫生等管理，明显改善施工人员的生活条件。

二、设立依据

根据现行国家推荐标准《绿色建筑评价标准》GB/T 50378、《绿色饭店建筑评价标准》GB/T 51165 中的施工管理章节及绿色饭店实际施工过程绿色管理要求设置。

三、实施途径

1. 施工阶段——施工方

施工方应针对工程特点、施工工艺制定安全技术计划，危险性较大的分部分项工程应按规定编制安全专项施工方案，超过一定规模危险性较大的分部分项工程应组织专家进行专项施工方案论证。从事建筑施工的项目经理、专职安全员和特种作业人员必须经行业主管部门培训考核合格取得相应资格证书后方可上岗作业。施工现场入口处及主要施工区域、危险部位应设置相应的安全警示标志牌，施工现场应绘制安全标志布置图，安全标志牌应根据工程部位和现场设施的变化进行及时调整，施工现场应设置重大危险源公示牌（若有）。工程项目部应建立安全检查制度，安全检查应由项目负责人组织，专职安全员及相关专业人员参加，定期进行并填写检查记录，对检查中发现的事故隐患应下达隐患整改通知单，定人、定时间、定措施进行整改。重大事故隐患整改后，应由相关部门组织复查。

施工方应对易燃易爆作业、吊装作业、高处作业、土方及管沟开挖作业、有刺激性挥发物作业、受限空间等危险性较大施工作业活动进行识别，分别编制危险作业安全管理计划，应对相关作业人员实行上岗培训、教育及考试取证，并在施工前应进行技术交底，施工中严格检查和验收。

根据现场作业人员工作性质、工种特点、防护要求，建立现场各类作业人员防护用品配备标准。对现场作业人员个人防护用品配备及发放情况进行统计登记，建立台账。对个人防护用品的日常使用进行检查指导、考核分析，督促防护用品的合理使用和正确配备。

2. 施工阶段——监理方

应根据项目实际进度，实时跟踪审核施工方的相关工作记录，确保相关工作到位。

10.2.4　【基本项】绿色饭店重点技术措施施工前专项会审。

应在施工前开展绿色饭店重点设计内容专项会审，并编制专项会审问题清单及解决方案。

一、设立背景

施工前开展专项会审对于参加各方充分理解项目绿色建筑建设目标，及实现目标所采用的重点技术措施真正落地具有重要意义。参建各方施工前应进行专业会审，并重视施工过程中绿色建筑重点内容的技术交流，保证绿色建筑的实施效果。

二、设立依据

根据现行国家推荐标准《绿色建筑评价标准》GB/T 50378、《绿色饭店建筑评价标准》GB/T 51165 中的施工管理章节及绿色饭店实际施工过程绿色管理要求设置。

三、实施途径

1. 施工阶段——建设方

组织设计方、施工方、监理方等各方开展绿色建筑专项技术会审。

2. 施工阶段——设计方

设计方应重视施工图设计文件的完善程度、设计方案的可实施性、"四节一环保"技术措施及相关标准规范的要求，且应考虑绿色建筑设计的施工可行性和便利性。

在建设方的统一组织协调下，会审时应细致地介绍绿色建筑设计的主导思想、构思和要求确定的防火等级、基础、结构、内外装修、机电设备设计中所采用的节地、节能、节水、节材及环境保护等具体技术要求及施工中应特别注意的事项。

3. 施工阶段——施工方

在建设方的统一组织协调下，参与绿色建筑专项技术会审，详细了解项目绿色建筑设计的主导思想、构思和要求确定的防火等级、基础、结构、内外装修、机电设备设计中所采用的节地、节能、节水、节材及环境保护等具体技术要求及施工中应特别注意的事项，并编制专项会审问题清单及具体解决方案。

4. 施工阶段——监理方

在建设方的统一组织协调下，参与绿色建筑专项技术会审，详细了解绿色建筑实施具体技术要求，核查施工方编制的绿色建筑专项会审问题清单与具体解决方案，并从专业角度为施工单位实施绿色施工出谋划策，为项目最终实现绿色建筑"四节一环保"目标奠定基础。

10.3 环境保护

10.3.1 【基本项】施工扬尘控制。

应编制扬尘控制计划书，记录扬尘控制具体措施及实施效果。

一、设立背景

扬尘是施工现场最常见的污染现象之一，根据《中华人民共和国大气污染防治法》，在城市市区进行建设施工或从事其他产生扬尘污染活动的单位，必须按照当地环境保护的规定，采取防治扬尘污染的措施。

二、设立依据

根据现行国家推荐标准《绿色建筑评价标准》GB/T 50378、《绿色饭店建筑评价标准》GB/T 51165 中的施工管理章节及绿色饭店实际施工过程绿色管理要求，及《中华人民共和国大气污染防治法》进行设置。

三、实施途径

1. 施工阶段——建设方

建设方应要求施工方根据项目特点进行扬尘控制及方案编制，并对实施过程记录进行审核。

2. 施工阶段——施工方

施工现场扬尘控制的主要对象包括：土方工程、进出车辆、堆放土方、易飞扬材料运输与保存、易产生扬尘的施工作业、高空垃圾清运、拆除工程、切割工程、装饰装修工程、安装工程等。施工方应根据地基与基础、结构工程、装饰装修及机电安装等三个阶段进行扬尘控制措施编制与实施。

扬尘控制措施主要有：施工现场主要道路进行硬化处理，土方集中堆放，裸露场地和集中堆放土方采取覆盖、固化或绿化等措施。建筑物/构筑物拆除时采用隔离、洒水等措施，并及时清理废弃物。施工现场土方作业采取防止扬尘措施，土方、渣土和施工垃圾运输采用密闭式运输车辆或覆盖措施，施工现场出入口处对运输车辆进行保洁清洗。结构脚手架外侧设置密目防尘网或防尘布，施工现场材料和大模板等存放场地平整坚实，水泥等易飞扬细颗粒建筑材料密闭存放或采取覆盖等措施。施工现场设置密闭式垃圾站，施工垃圾、生活垃圾分类存放，及时清运。

扬尘控制措施应定期检查记录，记录频次每月不少于一次，记录表格可采用扬尘控制措施记录表。具体如表 10-3 所示。

3. 施工阶段——监理方

监理方应对施工方的扬尘控制计划书与扬尘控制具体措施进行评审，并对施工过程扬尘控制措施记录的及时性及有效性进行审核。

扬尘控制措施记录表　　　　　　　　　　　表 10-3

工程名称		编号	
		填表日期	
施工方		施工阶段	
扬尘控制对象		扬尘控制措施及效果	
签字	建设方	监理方	施工方

10.3.2 【基本项】施工降噪控制。

应编制降噪控制计划书，实施降噪措施，测量施工场界噪声并记录。

一、设立背景

根据《中华人民共和国环境噪声污染防治法》，在城市市区范围内向周围生活环境排放建筑施工噪声的，应符合现行国家标准《建筑施工场界环境噪声排放标准》GB 12523 中施工场界环境噪声排放限值［昼间 70dB（A）/夜间 55dB（A）］的规定。

二、设立依据

根据现行国家推荐标准《绿色建筑评价标准》GB/T 50378、《绿色饭店建筑评价标准》GB/T 51165 中的施工管理章节及绿色饭店实际施工过程绿色管理要求，及《中华人民共和国环境噪声污染防治法》和《建筑施工场界环境噪声排放标准》GB 12523 进行设置。

三、实施途径

1. 施工阶段——建设方

建设方应要求施工方根据项目特点进行噪声控制及方案编制，并对实施过程记录进行审核。

2. 施工阶段——施工方

施工方应根据项目特点编制噪声污染防治计划，采取有效降噪措施，定期开展噪声测量，并做好相关记录。

在城市市区范围内，建筑施工过程中使用机械设备，可能产生环境噪声污染的，施工单位必须在工程开工十五日以前向工程所在地县级以上地方人民政府环境保护行政主管部门申报该工程的项目名称、施工场所和期限、可能产生的环境噪声值以及所采取的环境噪声污染防治措施的情况。在城市市区噪声敏感建筑物集中区域内，禁止夜间进行产生环境噪声污染的建筑施工作业。

降低施工场界环境噪声的方法主要有：加强施工管理，合理安排作业时间，严格按照施工噪声管理的有关规定，尽量避免夜间施工，采用低噪声施工设备和噪声低的施工方法，采用吸声、消声、隔声、隔振等措施降低施工机械噪声。具体如表 10-4 所示。

降噪措施记录 **表 10-4**

工程名称		编号	
		填表日期	
施工方		施工阶段	
噪声源		降噪措施	
签字	建设方	监理方	施工方

施工场界噪声测量时记录内容应主要包括：被测量单位名称、地址、测量时气象条件、测量仪器、测点位置、测量时间、仪器校准值（测前、测后）、主要声源、示意图（场界、声源、噪声敏感建筑物、场界与噪声敏感建筑物间的距离、测点位置等）、噪声测量值、最大声级值（夜间时段）、背景噪声值等相关信息。

3. 施工阶段——监理方

监理方应对施工方的降噪控制计划书与具体控制措施进行评审，并对施工过程降噪控制措施记录的及时性及有效性进行审核。

10.3.3 【基本项】施工废弃物减量化、资源化。

应制定施工废弃物减量化、资源化计划，实施施工废弃物回收利用，统计施工废弃物排放量。

一、设立背景

建筑施工废弃物包括工程施工产生的各类施工废料（不包括基坑开挖的渣土），其堆放或填埋不仅需占用大量土地，也可能破坏土壤环境，产生有害气体，也意味着资源的浪费。施工废弃物减量化资源化贯穿材料采购管理及施工全过程，减量化主要从源头控制，尽可能实现废弃物产出的最小化，资源化主要考虑废弃物回收利用的最大化，从而最大限度减少建筑施工过程中产生的废弃物。

二、设立依据

根据现行国家推荐标准《绿色建筑评价标准》GB/T 50378、《绿色饭店建筑评价标准》GB/T 51165 中的施工管理章节及绿色饭店实际施工过程绿色管理要求进行设置。

三、实施途径

1. 施工阶段——建设方

建设方应要求施工方根据项目特点进行施工废弃物减量化资源化控制与方案编制，并对实施过程记录进行审核。

2. 施工阶段——施工方

施工废弃物减量化、资源化计划制定时应重点关注项目施工过程中可能产生的废弃物，并优选施工工艺，制定减量化、资源化技术措施、制定相适应的组织管理架构及相应检查记录制度等。

可回收废弃物主要包括纸类、塑料、金属、玻璃、织物等，应分类收集、集中堆放，做好回收利用记录及回收单据收集，记录与单据中应注明品种、数量及时间等信息。

施工废弃物排放量主要根据材料的进货单与工程量结算单，按照每 1 万 m² 建筑面积的施工固体废弃物排放量进行统计，其计算公式为（材料总进货量－工程总结算量）×10000/建筑总面积。因此在施工过程中应注意做好建筑材料进货单和工程量结算清单的收集统计工作。具体如表 10-5 所示。

施工废弃物减量化资源化记录   表 10-5

工程名称			编号	
建筑面积	万 m²		填表日期	
施工方			施工阶段	
废弃物材料名称	工程总进货量，（t/m³）	工程总结算量，（t/m³）	工程总回收量，（t/m³）	回收处置方式
钢材类				
混凝土类				
木材类				
铝型材类				
纸板类				
玻璃类				
织物类				
塑料类				
……				
总计				
签字	建设方	监理方		施工方

3. 施工阶段——监理方

审核施工方制定的施工废弃物减量化、资源化计划及实施方案的完整性与可行性，并对施工过程中施工方可回收废弃物利用记录等信息进行核查并验证施工废弃物排放量收集统计结果。

10.4 节约资源

10.4.1 【基本项】施工节能。

应制定施工用能与节能方案，监测并记录施工区与生活区分类能耗、主要建筑材料和设备从货源地到施工现场的运输能耗、建筑施工废弃物从施工现场到废弃物处理/回收中心的运输能耗。

一、设立背景

施工用能是绿色建筑全寿命期评价的重要组成部分。施工过程能耗主要由三部分项目组成：建设过程中由于施工而发生的能耗（包括施工区能耗和生活区能耗）、材料设备运送到施工现场所需的运输能耗和施工现场产生的废弃物运送到处理中心或回收中心而产生的运输能耗。对施工过程的能源消耗进行监测与管理，实施有效节能措施是绿色建筑节能减排的重要任务之一。

二、设立依据

根据现行国家推荐标准《绿色建筑评价标准》GB/T 50378、《绿色饭店建筑评价标准》GB/T 51165 中的施工管理章节及绿色饭店实际施工过程绿色管理要求进行设置。

三、实施途径

1. 施工阶段——建设方

建设方应要求施工方采取有效措施控制施工过程中的能源消耗，编制相关实施方案及记录。

2. 施工阶段——施工方

施工方应根据项目及所在地的实际情况合理选用施工过程节能技术措施，具体可参考 10.4.1 中的施工过程节能措施部分内容。

施工区与生活区能耗统计时应分设电表，分开统计，记录表可参见表 10-6、表 10-7。施工区能耗包括施工中各类作业、设备及用于生产的临时建筑能耗，生活区能耗包括人员生活、各类生活设施、设备和用于生活的临时建筑能耗。

建筑工程施工用能记录表（施工区）　　　　表 10-6

工程名称		工程地点			
建筑类型		结构类型			
建设方		施工方			
记录时间段	施工用电量（kWh）	办公用电量（kWh）	施工用油量（t）	其他用能量（ ）	其他用能量（ ）	折算为标煤(t)
总计						

建筑工程施工用能记录表（生活区）　　　　表 10-7

工程名称		工程地点			
建筑类型		结构类型			
建设方		施工方			
记录时间段	生活用电量（kWh）	生活用气量（Nm³）	生活用油量（t）	其他用能量（ ）	其他用能量（ ）	折算为标煤(t)
总计						

主要建筑材料及设备的运输能耗可通过材料的运输距离、运次及每公里油耗等数据计

算确定，也可根据实际发生的能耗统计确定，可参考表 10-8 进行记录统计。其中有记录的建筑材料应占所有建筑材料重量的 85％以上。

建筑工程施工用能记录表（材料及设备运输） 表 10-8

工程名称				工程地点			
建筑类型				结构类型			
建设方				施工方			
记录时间段	材料、设备名称	货源地	数量（t）	运输距离（km）	消耗油量（t）	折算为标煤(t)	
总计							

建筑废弃物运输能耗中应包括土方工程渣土、废弃物回收利用和排放的运输能耗，统计方式同材料及设备运输能耗，统计表格可参见表 10-9。

建筑工程施工用能记录表（废弃物） 表 10-9

工程名称				工程地点			
建筑类型				结构类型			
建设方				施工方			
记录时间段	废弃物名称	目的地	数量（t）	运输距离（km）	消耗油量（t）	折算为标煤(t)	
总计							

3. 施工阶段——监理方

审核施工方提供的施工用能方案及计划的完整性与可行性，并对施工过程中施工方记录过程及统计结果进行核查确认。

10.4.2 【基本项】施工节水。

应制定施工用水与节水方案，监测与记录施工区与生活区水耗、基坑降水等非传统水源利用量。

一、设立背景

施工用水是绿色建筑全寿命期评价的重要组成部分，对施工过程的水资源消耗进行监测与管理，是绿色建筑节能减排的重要任务之一。

二、设立依据

根据现行国家推荐标准《绿色建筑评价标准》GB/T 50378、《绿色饭店建筑评价标准》GB/T 51165 中的施工管理章节及绿色饭店实际施工过程绿色管理要求进行设置。

三、实施途径

1. 施工阶段——建设方

建设方应要求施工方采取有效措施控制施工过程中的水资源消耗，编制相关实施方案及记录。

2. 施工阶段——施工方

施工方应根据项目及所在地的实际情况合理选用施工过程节水技术措施。施工现场供水管网应根据用水量设计布置，管径合理、管路简捷，采取有效措施减少管网和用水器具的漏损。现场机具、设备及车辆冲洗用水循环利用。施工现场办公区、生活区尽可能采用节水系统和节水器具，并实施用水定额管理。临时用水使用节水型产品，安装计量装置。具体可参考 10.2.2 中的施工过程节水措施部分内容。

施工过程中施工区、生活区的水耗是指消耗的城市市政提供的工业或生活用自来水，根据水表统计。

施工现场可优先采用雨水与中水等非传统水源进行搅拌、养护，现场机具、设备、车辆冲洗、喷洒路面、绿化浇灌等用水，优先采用非传统水源。施工现场建立可再利用水的收集处理系统，使水资源得到梯级循环利用。合理设计基坑开挖，减少基坑水排放，实现基坑水的有效利用。基坑降水的抽取量、排放量和利用量根据实际数据进行统计，非传统水源利用量根据水表计量进行统计。用水记录可采用表 10-10 进行统计。

建筑工程施工用水记录表　　　　　　　　表 10-10

工程名称				工程地点			
建筑类型				结构类型			
建设方				施工方			
记录时间段	生产用水量 (t)	办公用水量 (t)	生活用水量 (t)	基坑降水量(t)			非传统水源量(t)
				抽取量	排放量	利用量	
总计							

3. 施工阶段——监理方

审核施工方提供的施工用水方案及计划的完整性与可行性，并对施工过程中施工方记录过程及统计结果进行核查确认。

10.4.3 【基本项】施工节材。

应制定施工用材与节材方案，并采取有效措施降低钢筋、混凝土等材料损耗，提高临时设施、定型模板可重复利用次数，条件允许时可采用工厂化加工方式。

一、设立背景

施工用材是绿色建筑全寿命期评价的重要组成部分，对施工过程的材料资源消耗进行监测与管理，是绿色建筑节能减排的重要任务之一。

二、设立依据

根据现行国家推荐标准《绿色建筑评价标准》GB/T 50378、《绿色饭店建筑评价标准》GB/T 51165 中的施工管理章节及绿色饭店实际施工过程绿色管理要求进行设置。

三、实施途径

1. 施工阶段——建设方

建设方应要求施工方采取有效措施控制施工过程中的材料资源消耗，编制相关实施方案及记录。

2. 施工阶段——施工方

施工方应根据项目及所在地的实际情况合理选用施工过程节材技术措施。具体技术措施可参考 10.2.2 中的施工过程节材措施部分内容。

作为施工必备条件的建筑工程临时设施，如用房、道路、围墙、厕所（化粪池）、现场试验室、洗车池（蓄水池）等，配电室、工棚等，尽管在相对量上所占比例很小，但鼓励使用可重复使用的临时设施，可有效减少垃圾生成量。如办公和生活用房采用质量好的彩钢活动房、施工现场采用 1.8m 高彩钢板连续设置封闭围墙、采用标准化的可移动试验室和配电室等。临时设施应有由工厂提供的合格证明。

钢筋是混凝土结构建筑的大宗消耗材料，对其损耗进行控制可起到很好的效果。工厂化加工是指将钢筋用自动化机械设备按设计图纸要求加工成钢筋半成品，并进行配送的生产方式。钢筋专业化生产不仅可以通过统筹套裁节约钢筋，还可减少现场作业、降低加工成本、提高生产效率、改善施工环境和保证工程质量。工厂化加工钢筋使用率用工厂化加工钢筋进货量占钢筋使用结算量的比例计算，现场钢筋损耗率的计算公式为：钢筋损耗率＝（钢筋进货量－工程需要钢筋理论量）/工程需要钢筋理论量×100%。其中工程需要钢筋理论量即为根据实施地施工图计算的钢筋量（不包括定额损耗量）。

预拌混凝土损耗率主要根据混凝土理论量、混凝土剩余量及进货量计算，即预拌混凝土损耗率＝（预拌混凝土理论量－预拌混凝土实际使用量）/预拌混凝土理论量×100%。其中预拌混凝土理论量为混凝土工程清单中预拌混凝土的使用量，预拌混凝土实际使用量为预拌混凝土进货量减去预拌混凝土剩余量。

定型模板采用模数制设计，可通过定型单元，包括平面模板、内角、外角模板及连接件等，在施工现场拼装成多种形式的混凝土模板。它既可一次拼装，多次重复使用，又可灵活拼装，随时变化拼装模板的尺寸。定型模板的使用，提高了周转次数，减少了废弃物的产出，利于材料节约。定型模板包括钢（铝）框模板、钢模板、铝合金模板、玻璃钢模板等。定型模板的使用率按照模板用于实际建筑模板工程面积计算，具体为使用定型模板的模板工程面积/模板工程总面积的比值。

传统现场装修施工过程湿作业多，造成环境污染。采用装修材料的工厂化加工，现场直接安装，可提高材料利用率，减少现场湿作业，是装修工程施工发展的方向。工厂化加工是指将装饰工程所需的各种构配件的加工制作与安装，按照体系加以分离，由工厂定尺加工和整合，形成一个或若干部件单元，施工现场只是对这些部件单元进行选择集成、组合安装，不发生装饰材料的切割、钻孔、油漆喷涂等，工厂化加工具体包括块状吊顶（矿棉板、铝板、蜂窝铝板等）、成品玻璃隔断、成品木隔断、成品组合隔断架空地板、卡扣式竹木地板木饰面挂板、金属挂板、软硬包挂板、墙纸挂板单元式组合吊顶、集成式吊顶干挂石材整体橱柜、书架、整体卫浴。室内装饰工厂化率可按面积由下式计算：工厂化率＝工厂化加工现场安装表面面积/整个室内建筑装饰施工表面面积×100％。

3. 施工阶段——监理方

审核施工方提供的施工用材方案及计划的完整性与可行性，并对施工过程中施工方记录过程及统计结果进行核查确认。

10.5 过程管理

10.5.1 【基本项】设计文件变更控制。

设计文件变更评审手续合法完整，及时根据设计文件变更调整相关专项技术措施施工方案，并组织实施与记录。

一、设立背景

严格控制设计文件变更，避免出现随意降低建筑绿色性能的重大变更与施工活动。建设工程项目具有投资大、工期长、施工过程复杂，且受周围环境及主、客观因素（条件）影响大等特点，实施过程中随时可能受各种因素影响或制约，工程设计变更不可避免。通常，工程项目变更有来自建设单位因外界因素如市场环境，所做出的对工程项目的部分功能、用途、规模和标准的调整、设计单位对设计图纸的完善、施工单位根据施工现场环境所提出的变更、监理单位根据现场施工情况所提出有助于项目目标实现的变更。设计变更无论是由哪方提出，均应由监理单位会同建设单位、设计单位、施工单位协商，经过确认后由设计部门发出相应图纸或说明，履行审批手续后，方可付诸实施。施工单位应在收到设计变更图纸及资料后，及时对专项施工方案进行必要的调整，确保工程施工顺利进行。

二、设立依据

根据现行国家推荐标准《绿色建筑评价标准》GB/T 50378、《绿色饭店建筑评价标准》GB/T 51165 中的施工管理章节及绿色饭店实际施工过程绿色管理要求进行设置。

三、实施途径

1. 施工阶段——建设方

建设方应对设计变更持谨慎态度，严禁随意变更。确属原设计不能保证工程质量要求或施工条件不具备，或因外界因素如市场环境变化造成工程项目部分功能、用途、规模和标准等的调整，建设方应及时组织参建各方进行设计变更，并具体说明变更产生的背景、原因，明确变更要求及修改意见。坚决杜绝设计变更内容不明确，或随意降低绿色建筑性能的重大变更。

2. 施工阶段——设计方

设计方应对设计质量负责，严禁随意技术变更，确因标准要求提升、建设需求发生变化或施工条件不具备等情况发生，设计方应及时协同参建各方通过确定设计变更内容，并报原设计审图机构审查，保证设计变更的合规性与有效性。设计变更时应校核绿色饭店相关技术措施的得分情况，杜绝随意降低绿色建筑性能。

3. 施工阶段——施工方

施工方应积极参加由建设方发起的设计变更协调会，在收到设计变更图纸及资料后，及时对专项施工方案进行必要的调整并经监理方确认后方可施工。施工方应严格按照合规图纸开展施工，不得采用未经审查的设计图纸，杜绝随意改变绿色建筑技术措施。

4. 施工阶段——监理方

监理方应会同建设方、设计方、施工方协商，核查设计方提供的相关设计变更图纸或说明的合规性与有效性，审查施工方根据设计图纸变更调整的专项施工方案，并承担技术措施的施工过程监督职能，确保绿色饭店建设目标的实现。

10.5.2 【基本项】建筑耐久性和节能环保措施。

应对节能、环保要求材料及设备进行进场复验，检测并记录保证建筑结构耐久性和节能环保技术措施。

一、设立背景

建筑结构耐久性指标，决定着建筑的使用年限。施工过程中，应根据绿色建筑设计文件和有关标准的要求，对保障建筑结构耐久性的相关措施进行检测。建筑结构的设计使用年限是建立在预定的维修与使用条件下的。目前，我国建筑结构设计与施工规范，重点放在各种荷载作用下的结构强度要求，而对环境因素作用（如干湿、冻融等大气侵蚀以及建筑工程周围水、土中有害化学介质侵蚀等）下的耐久性要求则相对考虑较少。譬如，混凝土结构因钢筋锈蚀或混凝土腐蚀、钢结构锈蚀等导致的结构安全事故，其严重程度已远远超过因建筑结构构件承载力安全性能偏低带来的危害。因此，不仅应在结构设计中充分考虑耐久性问题，而且更应该在施工中对结构耐久性技术措施进行严格检测和记录，以确保结构耐久性设计与施工达到预定目标。

二、设立依据

根据现行国家推荐标准《绿色建筑评价标准》GB/T 50378、《绿色饭店建筑评价标准》GB/T 51165 中的施工管理章节及绿色饭店实际施工过程绿色管理要求进行设置。

三、实施途径

1. 施工阶段——施工方

施工方应按照相应标准对建筑材料与设备进行进场复验及必要的抽检和验收。对材料和设备的品种、规格、包装、外观和尺寸等进行检查验收，并应经监理方（建设方代表）确认，形成相应的验收记录。对材料和设备的质量证明文件进行核查，并应经监理方（建设单方代表）确认，纳入工程技术档案。进入施工现场用于节能工程的材料和设备均应具有出厂合格证、中文说明书及相关性能检测报告，定型产品和成套技术应有形式检验报告，进口材料和设备应按规定进行出入境商品检验。对材料和设备应按照相关标准要求进行施工现场抽样复验，并提供相应的检测报告与验收记录。相关检测可采用各专业施工、验收规范所进行的检测结果，不必专门为绿色建筑实施额外的检测。

2. 施工阶段——监理方

监理方应按照相应标准对建筑材料与设备进场复验实施见证取样，对施工方提供的验收报告及记录进行核查确认，对相关材料及设备的出厂合格证、中文说明书及相关检测报告（出入境商品检验）进行复查，确认施工方提供的工程技术档案符合建设要求。

10.5.3 【基本项】土建机电装修一体化施工。

应实施施工总承包统一管理，土建机电协调施工，实现建筑竣工时使用功能完备，装修到位。

一、设立背景

实现土建与机电的一体化施工，除要求根据建筑设计一次性完成饭店工程建设，提供可直接使用的饭店建筑，避免重复的装饰装修和资源浪费外，还要求在施工过程中，土建施工与机电安装密切配合，在施工总承包的统一管理下，各专业施工人员共同审核土建、机电施工图，按照总体施工进度计划，编制土建各阶段分部工程与机电施工工序流程图。土建机电一体化施工，有利于实现预留、预埋和各专业之间的合作，避免后期的钻孔、开凿、拆除等资源浪费，并能保证工程的质量和工期。

达到土建机电协调施工最有效的方式是施工总承包单位承担建筑的各分部工程，或者由施工总承包单位发包某分部或分项工程，或者建设单位与施工总承包单位签订协议，委托施工总承包负责协调施工。明确各施工方的责权利，施工总承包才能有效实现土建机电的协调施工。

二、设立依据

根据现行国家推荐标准《绿色建筑评价标准》GB/T 50378、《绿色饭店建筑评价标准》GB/T 51165 中的施工管理章节及绿色饭店实际施工过程绿色管理要求进行设置。

三、实施途径

1. 施工阶段——建设方

建设方应实施施工总承包统一管理模式，为土建机电装修一体化协调施工创造条件。

2. 施工阶段——设计方

设计方进行建筑设计时，应充分考虑实现土建机电装修一体化协调施工的可能性，并提供相应的节点设计与预埋要求，为土建机电装修一体化施工创造条件。

3. 施工阶段——施工方

土建机电各分部工程的协调施工，关键是装修与机电的协调施工。机电安装方应按照总体施工进度计划，与装修专业一同编排材料进场和施工计划。做到需要布置设备的房间，提前完工，及时封闭，按照不同的施工要求和配合深度，提出多种配合方案，便于有条不紊地安排施工进度。装修工程面层施工前必须完成管道试压、风管和部件检测、管道保温等全部工作，并通过各专业内部验收和监理工程师隐蔽验收完毕后才能进行。在装修施工之前机电安装方应提交末端器具的样品，如风口、灯具等，并根据施工图纸确定各末端器具部件在顶板、墙面、地面上的定位尺寸及空间尺寸，与装修施工方及其他专业承包方共同绘制末端器具综合排布图。在施工前各专业应根据综合排布图明确各自的配合范围及施工范围，并对其施工人员交底。确定好各专业与装修施工方之间的合理施工工序，减少返工，保证施工质量。

装修工程面层施工前必须完成管道试压、风管和部件检测、管道保温等全部工作，并通过各专业内部验收和监理方隐蔽验收完毕后才能进行。

4. 施工阶段——监理方

监理方应根据土建机电装修一体化施工方案，审核项目总体施工进度计划，做好隐蔽工程验收工作，减少返工，保证施工质量。

10.5.4　【基本项】联机调试、综合调试和联合试运转。

应进行联机调试、综合调试与联合试运转，在功能符合设计要求的基础上形成机电系统运行手册。

一、设立背景

机电调试是设备安装完成后开展的一道重要工序，绿色建筑目标能否实现，设备的调试起着积极重要的作用，如何协调土建、机电安装、给水排水、强弱电，以及运行控制和运行维护之间的关系，是机电调试工作的最重要内容之一。

机电系统调试包括单机调试、联机调试和综合调试。其主要包括制定完整的机电系统综合调试和联合试运转方案，对通风空调系统、给水排水与消防系统、电气照明系统、动力系统等的综合调试过程以及联合试运转过程。

二、设立依据

根据现行国家推荐标准《绿色建筑评价标准》GB/T 50378、《绿色饭店建筑评价标准》GB/T 51165 中的施工管理章节、绿色饭店实际施工过程绿色管理要求及相关设备系统安装调试规范进行设置。

三、实施途径

1. 施工阶段——建设方

建设方可将联机调试、综合调试和联合试运转要求纳入工程招标合同中，根据项目设计要求进行验收，并将机电工程运行手册作为项目验收条件。也可委托第三方完成最终调试报告，编制机电系统使用说明，组织专家培训使用方工作人员。

2. 施工阶段——施工方

施工方应在开展调试工作前进行调试的总体策划，建立组织机构，制定调试实施流程和技术方案，编制总体进度计划，完善各项保证措施等。调试过程中，对于交叉作业的预见与协调，多专业、多工种同时作业之间的工序协调，出现问题时的应对措施及各相关方的协调措施。

最终调试报告应简述调试管理的过程，包括每个过程中实施的各项活动、参与人员、出现的问题和解决方法、最终结果、及可参考的其他文件记录等，为物业管理单位提供运维依据。

3. 施工阶段——监理方

监理方应对施工方提供的调试计划与实施方案进行审核，并对调试过程进行监督管理，对调试过程及调试结果进行确认。协助施工方和建设方编制形成机电系统运行手册。

10.5.5　【推荐项】绿色施工宣传与培训。

宜开展绿色施工知识宣传与绿色低碳专项技术培训，并记录与考核。

一、设立背景

项目参建各方对项目绿色建设目标的认知程度直接影响绿色建筑实际效果。

二、设立依据

根据现行国家推荐标准《绿色建筑评价标准》GB/T 50378、《绿色饭店建筑评价标准》GB/T 51165 中的施工管理章节、绿色饭店实际施工过程绿色管理要求设置。

三、实施途径

1. 施工阶段——建设方

建设方可对项目绿色施工宣传与培训工作提出具体要求。

2. 施工阶段——施工方

施工方宜在施工过程中开展针对性的绿色施工宣传工作，如设置展板、横幅、标语等，增强全员绿色施工意识，节约用水、用电、用纸，使每个参与者自觉爱护施工现场一草一木，保持现场环境整洁，提高项目参建人员对项目绿色建设目标和绿色施工的认识。定期对参与者进行绿色施工知识培训、交流与必要的考核，促使参建各方熟悉掌握绿色施工的要求、原则和方法，及时有效地运用于工程施工实践。对可能产生环境和绿色建筑性能重大影响的操作人员除通过作业指导书指导外，还可以现场实地演习方式考核，并做详细记录。

3. 施工阶段——监理方

监理方可根据项目特点及参建各方人员构成，配合施工方开展相关绿色施工宣传与培训工作，并做好记录。

10.5.6 【推荐项】绿色施工过程管理评价。

宜建立绿色施工管理目标考核制度并对粉尘、噪声、废水污水及其他环境影响因素进行监测与评价。

一、设立背景

开展绿色施工过程管理评价有助于降低项目施工过程中对周边环境的影响降到最低，通过评价发现问题，并持续改进管理要求，实现绿色建筑的全过程管理目标。

二、设立依据

根据现行国家推荐标准《绿色建筑评价标准》GB/T 50378、《绿色饭店建筑评价标准》GB/T 51165 中的施工管理章节、绿色饭店实际施工过程绿色管理要求和环境保护相关标准与法律法规设置。

二、实施途径

1. 施工阶段——建设方

建设方可对项目绿色施工全过程管理评价提出要求。

2. 施工阶段——施工方

施工方可设立绿色施工管理目标考核小组，按目标分解和职责分工进行考核，做好考核记录，偏离管理目标较大的指标，由责任人写出原因分析报告和改进措施。开展施工过程环保监测，考核原则上每月进行一次。

粉尘监测是在土方施工、结构、装修阶段，每月监测一次，施工现场加工场集中处中央，办公区中央、生活区中央共三个点，施工正常后，在测量点各测量一次，并记录数据。当测试结果高于规定指标时，则采取更严格的降尘措施。遇特大风天气，可停工。

噪声监测根据《建筑施工场界噪声测量方法》进行监测，结构、装修等主要施工阶段每月进行 1 次，测量时间分为昼间及夜间两部分，夜间测量在 22 时以后进行。在同一测量点，连续测量 5～7 个数值，每次读数的间隔时间为 5s，测量值为 5～7 个数的平均值。施工现场对角分成 4 部分，在工地围墙外 1m 取 4 个测量点。传声器置于工地围墙外 1m，高度为 1.2m 以上噪声敏感处。当测试结果高于规定指标时，则采取更严格的降噪措施。

废水、污水监测由于现场产生的施工废水和生活污水没有排入城市污水管网，只经过现场沉淀回用或排入管理总承包废水处理系统，所以只要监测沉砂池、沉淀池的有效使用情况和积水池是否溢出即可。由环保管理员定期监测，定期清理沉砂池和沉淀池，保持排水系统畅通，化粪池定期联系排污公司进行外运处理。

其他监测主要是加强项目日常及例行检查，对运输遗撒、垃圾收集处理、油品遗撒等进行监测。

3. 施工阶段——监理方

监理方可对施工方开展的项目绿色施工全过程管理评价实施过程进行监督，并对实施效果进行确认。

10.5.7 【推荐项】采用绿色数字化模拟施工（BIM）技术。

宜采用绿色数字化模拟施工技术（BIM）优化施工流程，控制施工进度，提高施工质量。

一、设立背景

开展绿色数字化模拟施工（BIM）有助于降低项目施工过程中的不确定因素的影响，从而有效规避施工风险，为项目施工进度控制及施工质量提供技术支持与保障。

二、设立依据

根据现行国家推荐标准《绿色建筑评价标准》GB/T 50378、《绿色饭店建筑评价标准》GB/T 51165 中的施工管理章节设置。

三、实施途径

1. 施工阶段——建设方

建设方可对项目开展绿色数字化模拟施工（BIM）提出要求。

2. 施工阶段——设计方

设计方可配合施工方完善绿色饭店建筑数字化模拟施工模型（BIM），落实技术措施。

3. 施工阶段——施工方

施工方可根据项目实施要求，结合绿色饭店建筑具体技术措施，开展数字化施工模型建立与应用（BIM），并针对场地施工条件，合理安排施工工序，优选施工流程，控制施工进度，规避施工风险，提高施工质量。

4. 施工阶段——监理方

监理方可对施工方建立的数字化施工模型（BIM）开展针对性技术监督，确认施工方提供的施工工序的合理性与有效性，并对实施效果进行确认。

本章参考文献

［1］中国建筑科学研究院等．GB/T 50378—2019 绿色建筑评价标准［S］北京：中国标准出版社，2019.

［2］中国建筑科学研究院等．GB/T 51165—2016 绿色饭店建筑评价标准［S］北京：中国标准出版社，2016.

［3］中国环境监测总站等．GB 12523—2011 建筑施工场界环境噪声排放标准［S］北京：中国环境科学出版社，2011.

11

运营管理阶段

阶段	涉及主体		竣工移交	绿色运营方案和流程	运营室内环境质量	能源、水资源和材料消耗运维管理	污染源管理与监测	安全、绿色行为引导	饭店绿色改造
运营阶段	设计方(涉及改造装修)		●						●
	施工方(涉及改造装修)		●						●
	运营管理方	饭店业主代表		●	●	●	●	●	●
		饭店总经理	○	●	●	●	●	●	●
		饭店工程管理员		●	●	●	●	●	●
		饭店安全管理员		●	●	●	●	●	●
		饭店绿色管理员		●	●	●	●	●	●
		饭店设备检测代理		●	●	●	●	●	●
●表示相关人员需重点关注内容；○表示相关人员需了解内容； 空白表示无需关注									

绿色饭店建筑运营阶段条文见表 11-1。

绿色饭店建筑运营阶段条文　　　　　　　　　　　　　　　表 11-1

子项	条文编号	条文分类	条文内容	勾选项
11.0	11.0	基本项	角色及责任	□
11.1 竣工资料交底与交付	11.1.1	基本项	竣工后移交给运营管理方,需提交绿色相关资料文件	□
11.2 绿色运营方案和流程	11.2.1	基本项	完善的绿色运营方案和运营流程	□
	11.2.2	推荐项	结合饭店实际情况的方案和流程	□
	11.2.3	推荐项	工程绿色审计(每年一次)	□
	11.2.4	推荐项	绿色饭店运营人员培训	□
11.3 运营阶段室内环境质量	11.3.1	基本项	室内空气质量监控,饭店运营中必须按标准提供 24h 新风	□
	11.3.2	基本项	室内热舒适度	□
	11.3.3	基本项	室内背景噪声满足现行国家标准	□
	11.3.4	基本项	满足室内采光照明要求	□

子项	条文编号	条文分类	条文内容	勾选项
11.3 运营阶段室 内环境质量	11.3.5	推荐项	实施饭店各主要功能区的热舒适环境 4h 一次巡检制度	☐
	11.3.6	推荐项	实时推送空气质量信息	☐
	11.3.7	推荐项	室内环境满意度主观评价	☐
11.4 能源、水资源 和材料消耗运 维管理	11.4.1	基本项	制定饭店能源系统节能运行管理制度	☐
	11.4.2	基本项	冷热源、输配系统和照明等各部分的能耗应独立分项计量	☐
	11.4.3	基本项	供暖、通风和空调系统设置完善的设备监控系统	☐
	11.4.4	推荐项	实施能源资源管理激励机制,管理业绩与节约能源资源、提高经济效益挂钩	☐
	11.4.5	基本项	应建立健全各项管理制度和操作规程,保证供水水质、水压、水量符合国家有关标准的规定	☐
	11.4.6	基本项	应建立、健全二次供水设施清洗消毒、水质管理制度和检测档案	☐
	11.4.7	推荐项	设施设备应定期巡检和维护	☐
	11.4.8	推荐项	实施饭店能源系统持续调适和调节	☐
	11.4.9	推荐项	鼓励定期进行饭店安全风险评估	☐
	11.4.10	推荐项	定期开展饭店建筑物和装饰物的排查和维护	☐
	11.4.11	推荐项	绿色饭店在改造和采购过程中,应积极采用绿色技术与产品,建立绿色产品库	☐
11.5 绿色饭店 污染源管 理与监测	11.5.1	基本项	主要污染源排放控制	☐
	11.5.2	推荐项	不同污染源的处理方案	☐
	11.5.3	基本项	室内禁烟	☐
	11.5.4	推荐项	室外光污染	☐
	11.5.5	推荐项	室外噪声污染	☐
11.6 安全、绿色 行为引导 (社会责任)	11.6.1	基本项	安全危机管理预案	☐
	11.6.2	基本项	把生态和环保观念融入饭店的生产,运营及管理中	☐
	11.6.3	基本项	绿色饭店服务人员的绿色行为培训和引导	☐
	11.6.4	基本项	绿色饭店的绿色标识清晰明确	☐
	11.6.5	推荐项	消费者的绿色行为引导,制定碳积分方案	☐
	11.6.6	推荐项	鼓励饭店项目申报绿色建筑评价标识	☐
11.7 饭店的绿 色改造	11.7.1	推荐项	制定绿色改造内容与流程	☐
	11.7.2	推荐项	装修改造考虑建筑节能降碳、优化空间布局、提高功能空间利用率和提高坪效	☐
	11.7.3	推荐项	维护改造时应对既有设施和装修做好保护,全程绿色施工	☐

一、章节设立背景

饭店业是人口密集型产业，以建筑为特征。运营过程有着较高的耗能、水耗同时物品消耗大，产生大量的垃圾和污水。饭店运营管理阶段对建筑的节能减排发挥了重要作用，其中工程部控制了约70%的能源消耗。根据《管理体系在宾馆饭店业的应用》ISO 14000分析，通过全面分析宾馆饭店所提供的服务，以及活动中的环境因素和高消耗因素，通过制定改善方案，改造设施设备，加强员工培训，提高设备运行效率，建立科学的管理方式，使饭店从业人员意识到节约能源的重要性，并积极参与环境保护的工作中。据统计，此项工作，可以使饭店建筑在运营阶段能耗降低约10%～15%，减少约30%的水资源消耗，同时减少垃圾和废弃物的处理量，对环境保护和降低碳排放作出贡献。

建议饭店在运营阶段指定绿色管理人员（可专职也可兼职）负责此项工作，制定节能减排运行计划，落实环保与节能相关工作，针对现有设备设施状况和运营目标，制定并监督落实相关节能减排的运营措施。通过建立绿色饭店的可持续发展管理体系，做好常态化节能减排，实现绿色饭店在运营阶段的可持续发展。

二、运营管理阶段的主要角色职责

1. 饭店业主代表：为业主指派、经业主授权处理饭店相关运营决策，监督饭店绿色运营执行内容。

2. 饭店总经理：由业主遴选、代表业主方进行饭店的日常运营管理及决策，执行品牌饭店环保倡议及宣言。

3. 饭店工程（能源）管理员：主要负责执行与监督饭店绿色的日常运营，负责饭店能源有关的质量控制、检查及文档梳理总结等。

4. 饭店安全管理员：主要负责饭店安全相关的控制检查及文档记录整理。

5. 饭店绿色管理员（可专职也可兼职）：主要负责饭店绿色相关的控制检查及文档的记录整理。

6. 绿色建筑标识咨询（第三方机构）：可协助绿色饭店建筑获得绿色建筑评价标识证书，可协助在部分地区申请财政补贴或绿色金融支持。

7. 饭店设备检测机构（第三方机构）：主要对绿色饭店建筑、设备设施、室内环境等现场性能，提供专业第三方检测。

11.1 竣工资料交底与交付

11.1.1 【基本项】项目竣工后应将设计和施工相关资料移交给运营管理方，需提交绿色相关资料文件，以便于后期运营对饭店建筑在节能、节水及维修检测的管理。

设立背景

在筹建阶段开始所有的技术电子版资料和相关的档案应该完整地交接，这是基本要求。实际工作中建设和运营不是一个团队，项目交接不配合，运营团队没有完整的技术资料，造成原始情况不清，节能和改造没有依据，甚至导致安全隐患。因此，绿色饭店必须要完善此项工作。建立健全绿色饭店基础档案和规范化运营交付需提交的文件如表 11-2 所示。

绿色饭店基础档案和规范化运营交付需提交的文件　　　　　　　　表 11-2

图纸清单	
1	饭店结构竣工图(包括电子版)
2	饭店建筑竣工图(包括电子版)
3	幕墙竣工图(包括电子版)
4	饭店机电竣工图(包括电子版)
5	饭店装修竣工图(包括电子版)
6	厨房、泳池、洗衣房竣工图(包括电子版)
7	弱电、卫星电视及安保系统竣工图(包括电子版)
8	饭店消防竣工图(包括电子版)
9	小市政竣工图(包括电子版)
10	园林竣工图(包括电子版)
11	泛光照明竣工图(包括电子版)
合同及保修类	
1	与饭店有关联的所有合同复印件
2	与饭店有关联的保修协议类复印件
移交部分	
1	用于饭店部分订货的设备的随机资料
2	与饭店有关联的移交给饭店的移交清单
3	所有关于机电系统和设备的安装的合约文件
4	测试与调试顾问准备的测试和调试报告和总结
5	其他顾问准备的检验报告
6	机电培训进度表
7	备用物品清单
8	项目公司订货的所有联系人、联系电话清单
政府验收类	
1	与饭店有关的政府职能部门所颁发的证照原件或复印件

11.2　绿色运营方案和流程

11.2.1　【基本项】完善的绿色运营方案和运营流程。

设立背景

饭店在运营过程中应该承担更多的节能和环保责任。遵守国家与节能环保相关的法律法规，建立有关绿色运营方案和操作流程。设定节能环保的目标指标，各岗位的操作标准都应该包含减少能源和物品消耗，减少水资源浪费。根据操作标准和流程饭店方建立相应的管理制度，其中包括宣传与培训、检查与奖惩制度。鼓励项目开展社区慈善及环保社会活动。

11.2.2 【推荐项】结合饭店实际情况的方案和流程。

设立背景

饭店开业运营初期，应针对饭店运营系统的完整性及稳定性，开展检查、监测与诊断，按要求进行各项设备的保养，维护，调适，能源数据指标收集及饭店能耗审计。开展建筑设备监控系统的管理与使用培训，并利用系统的集成功能，将饭店制冷、供热、通风、空调系统、给水排水系统、变配电系统、自备锅炉系统、电梯系统等设备结构化及标准化，达到综合节能管理的合理性。

饭店运营 3~5 年后，饭店各项系统完整交接，系统运行稳定，饭店应针对能源系统管理建立关键运行参数，并根据空调使用面积建立能耗指标 EUI（Energy Use Intensity），单位为：$J/（m^2 \cdot a）$，以此作为年度热量指标依据。

无论燃油锅炉或燃气锅炉，发电机或太阳能，都需要取得的是热量，而热量用热值单位焦耳来衡量，称为热能：$J/（m^2 \cdot a）$，饭店使用的各种能源例如：电力，瓦斯，燃油，全部转换成焦耳，由此可完整地呈现饭店使用全部能源的数值。

饭店工程部的主要费用有两大部分：一个是能源费用，饭店内部的照明、电脑、电梯、水泵、风机、洗衣机、制冷的空调机组的运转等，电费是饭店最大的一项能源支出。PA 保洁、餐饮烹饪、管事部洗碗、洗衣房、客房浴室，都要用到水，水费也是饭店的一项重要能源支出。对北方饭店来说，供暖费往往是比水费还要高的支出。另一个是维修保养费用。最好的维修是始终保持设备处在正常的运行状态，不发生故障。

饭店能耗分析流程如图 11-1，饭店基本信息和能耗（能耗以 2016—2017 年为例）统计表格可参照表 11-3~表 11-5 制定。

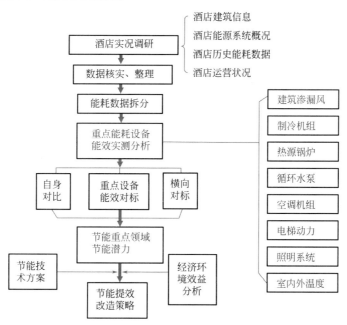

图 11-1　饭店能耗统计及提效方案分析流程

表 11-3

饭店基本信息表

填报单位(盖章):

饭店名称				饭店等级			
地址				建筑性质	1.□租赁、□自用 2.□单一业主、□多业主		
饭店建筑面积	m²	层数	地上_____层; 地下_____层	客房建筑面积	m²	职员数量	(人)
是否做过 节能改造	是□ 改几次( )		否	填表人		电话/传真	
能源管理部门				核对人		电话/传真	
饭店功能	□住宿 □餐饮 □娱乐 □商务 □度假 □市区 □郊区 □其他( )						
客房级别及间数	□总统套房_____间 □大套房_____间 □单间_____间 □双人间_____间 □其他_____间 总计:_____间						
饭店规模	□高峰日接待人数(人),床位数(床)						
各功能面积 (多选)	□客房( ) □大堂( ) □餐饮( ) □康乐( ) □机房( ) □后勤办公( ) □泳池( ) □洗衣房( ) □其他( )括号内填建筑面积(m²)						
日热水需求量 (吨)		年客房入 住率(%)		中央空调使 用面积(m²)			
2016 年总耗电 量(kWh)		用电总费用 (万元)		单位面积电 耗(kWh/m²)		单位面积电 费(元/m²)	
2017 年总耗电 量(kWh)		用电总费用 (万元)		单位面积电 耗(kWh/m²)		单位面积电 费(元/m²)	
2016 年总燃气、 燃油、煤 (m³ 或 t)		用燃气、燃 油、煤总费 用(万元)		单位面积综 合燃气、燃 油、煤耗量 (m³ 或 t/m²)		单位面积燃 气、燃油、煤 费用 (元/m²)	
2017 年总燃气、 燃油、煤 (m³ 或 t)		用燃气、燃 油、煤总费 用(万元)		单位面积综 合燃气、燃 油、煤耗量 (m³ 或 t/m²)		单位面积燃 气、燃油、煤 费用 (元/m²)	
2016 年总用 水量(t)		总用水总费 用(万元)		单位面积水 耗(t/m²)		单位面积水 费用(元/m²)	
2017 年总用 水量(t)		总用水总费 用(万元)		单位面积水 耗(t/m²)		单位面积水 费用(元/m²)	
水的单价		电的单价如 有峰谷电价, 要分别写上 峰、谷、平 的价格		燃气的单价		燃油的单价	

企业经营情况/年度	2016 年	2017 年	备注
主营业务收入(万元)			
利润(万元)			
税金(万元)			
能源收入比% 单位面积电费(元/m²)			

饭店基本信息调查表　　表 11-4

2016—2017 年各月能耗情况表

能源种类	单位	1月耗量		2月耗量		3月耗量		4月耗量		5月耗量		6月耗量		7月耗量		8月耗量		9月耗量		10月耗量		11月耗量		12月耗量		总耗量	
		16	17	16	17	16	17	16	17	16	17	16	17	16	17	16	17	16	17	16	17	16	17	16	17	2016年	2017年
电力	万 kWh																										
自来水	t																										
天然气	万 m³																										
柴油	t																										
液化气	t																										
煤炭	t																										
汽油	t																										
蒸汽(外购)	t																										
其他能源																											
累计																											

能源管理制度	序号	管理制度标题及主要内容	序号	管理制度标题及主要内容
	1		6	
	2		7	
	3		8	
	4		9	
	5		10	

饭店基本信息表

建筑围护结构及设备 表 11-5

填报单位(盖章)：

设计单位		施工单位		竣工日期	
设备的峰值负荷率(%)		变压器( )%		锅炉( )%	冷冻机( )%

主要建筑材料及供热方式	结构形式	□混凝土框架　□剪力墙　□砖混　□钢结构　□轻钢轻板结构　□混凝土砌块 □玻璃幕墙				
	窗墙比(%)			窗户是否可开启		
	墙体保温体系	□有　　□无	外(内)墙保温系统种类		导热系数[W/(m·K)]	
	是否有屋面保温	□有　　□无	屋面保温材料种类		导热系数[W/(m·K)]	
	外窗种类	□塑钢　□普通钢窗　□木窗　□铝合金窗 □其他			导热系数 [W/(m·K)]	
	中空玻璃种类	□有　□无	规格		是否有玻璃贴膜	□有　□无
	遮阳设施	□有　□无	做法	□内遮阳　□外遮阳	外墙饰面	□瓷砖　□涂料 □玻璃幕墙
	玻璃幕墙保温隔热措施	□有　□无	措施			
	热源方式	□城市热网　□区域锅炉房　□个体锅炉房　□热泵机组　□其他_____				
	供冷方式	□区域集中供冷　□中央空调系统供冷　□分户供冷　□其他_____				
	燃料种类	□燃煤　□燃油　□燃气　□直接电　□间接电　□生物质　□其他				

确保各分项能耗费用之和与总能耗费用相吻合。

1. 建立能源系统监控平台。绿色饭店应对能源系统关键运行参数和主要设备的能耗进行监测控制，建立监测和调控的联动的能源系统监控平台，用于分析解决饭店能源系统运行中的各种微观问题，实现饭店绿色经营、高效运行。

2. 建筑设备监控系统管理。运营中应定期开展建筑设备监控系统中设备技术状态的检查、监测与诊断，按要求进行楼宇设备的保养和修理，根据运营实际进行楼宇设备的更换、改造和折旧工作。确保建筑设备监控系统保持稳定的工作状态，助力饭店高效、节能、环保、低成本运营。

3. 空调系统运营管理。饭店应定期进行节能测试和能源审计，按照现行国家推荐标准《民用建筑能耗标准》GB/T 51161 中对不同气候区域的不同星级饭店规定了非供暖能耗指标的约束值和引导值指定本项目的建筑能耗强度管理目标，并定期通过能耗对标和能源审计挖掘饭店的节能潜力。通过充分利用自然通风，回收利用中央空调系统中的制冷、排风系统的余热，制定节能运行策略等措施降低空调系统能耗，实施厨房排风、补风系统联动，定期对用能设备巡查、检修等措施，降低空调系统运行能耗。

参考现行国家推荐标准《民用建筑能耗标准》GB/T 51161 中对不同气候区域的不同星级饭店规定了非供暖能耗指标的约束值和引导值。不同类型饭店建筑非供暖能耗指标的约束值和引导值应满足表 11-6 的规定。

饭店建筑非供暖能耗指标的约束值和引导值 ［kWh/（m²·a）］ 表 11-6

建筑分类		严寒和寒冷地区		夏热冬冷地区		夏热冬暖地区		温和地区	
		约束值	引导值	约束值	引导值	约束值	引导值	约束值	引导值
A类	快捷及三星级及以下饭店	70	50	110	90	100	80	55	45
	舒适型及四星级饭店	85	65	135	115	120	100	65	55
	奢侈型及五星级饭店	100	80	160	135	130	110	80	60
B类	快捷型及三星级及以下饭店	100	70	160	120	150	110	60	50
	舒适型及四星级饭店	120	85	200	150	190	140	75	60
	奢侈型及五星级饭店	150	110	240	180	220	160	95	75

注：A类饭店建筑：可通过开启外窗方式利用自然通风达到室内温度舒适要求，从而减少空调系统运行时间，较少能源消耗的饭店建筑应为 A 类饭店建筑。

B类饭店建筑：因建筑功能、规模等限制或受建筑物所在周边环境的制约，不能通过开启外窗方式利用自然通风，而需常年依靠机械通风和空调系统维持室内温度舒适要求的饭店建筑应为 B 类饭店建筑。

严寒和寒冷地区饭店建筑非供暖能耗指标：应包括空调、通风照明、生活热水、电梯、办公设备以及建筑内供暖系统的热水循环泵的电耗、供暖用的风机电耗等饭店建筑所使用的所有能耗。

非严寒寒冷地区饭店建筑非供暖能耗指标：应包括冬季供暖在内建筑使用的所有能耗。

4. 给水排水系统运输管理。按要求充分分区域使用中水系统。结合已有设备实施，利用储存法或滞留法进行雨水回收利用。定期对给水排水系统管网进行检测、维护，杜绝滴漏跑冒现象发生。开展节约用水宣传，加强日常节水管理。

5. 照明系统的运营管理。定期巡检照明系统，检查公共区域的时控、光控或声控等自动照明控制系统的工作状态。更换损坏灯具时应采用节能灯。

6. 厨房洗衣房系统运营管理。饭店应制定涉及厨房卫生、食品原料管理与验收、防火安全、设备与用具、纪律等方面的完善厨房管理制度。

洗衣房设备较多，有水洗机、脱水机、烘干机、平烫机等，运营中，加强设备的清洁保养，强化洗涤用料管理，制定详细的用料配比，合理选用洗涤原料，严格地按照使用量投放，减少浪费。控制人为流失，实行量化管理。制定降耗管理制度，避免出现机器空转，下班前全面检查各类设备。

7. 绿色采购流程。实施绿色采购，应建立并维护合格供应商目录和档案。做到进货、检查、验收记录完善，可追溯。及时清退不合格供应商产品，并从目录中删除不合格产品供应商。

8. 食品安全控制。设有专职食品安全管理人员，食品加工、储存、处置及设备、餐器具清洁和消毒应满足现行国家推荐标准《绿色饭店》GB/T 21084 相应规定。提供安全健康食品，食品采购、生产、加工、销售食品符合相关法规和标准要求，并具备相应资质。每年至少进行二次食品安全演练。

9. 废弃物循环处理。运营过程中减少一次性用品的使用，必须使用的采用可降解材质产品。制定相关制度，督促并鼓励员工进行固体废弃物的分类再循环处理利用。

10. 室内环境与健康管理。室内通风良好，室内 CO_2 浓度低于 800ppm。新风系统符合现行标准《公共场所集中空调通风系统卫生规范》WS 394 要求，有完善的送风控制制度及运行维护清洗记录。卫生间面盆、浴缸、坐便器每日消毒，且清洁用具分类，操作程序合理。进行客房内空气清洁、清新和风机盘管回风口杀菌除异味净化工作。

11.2.3 【推荐项】建议至少每年开展一次工程绿色审计。

设立背景

建议已运营的饭店项目，引入第三方审计，针对饭店各项设备，系统的运行状态，水、电、煤、供热、制冷等 5 表能耗管理，运营模式，人员配置，设备维护，维修，以及置换等定期进行综合审计，达到饭店提高运营效率并降低运营成本的目的。

11.2.4 【推荐项】绿色饭店运营人员培训。

设立背景

针对不同的饭店应编制不同的培训手册，包括对新员工、临时工、关键岗位（工程部、厨房、洗衣部等）的培训，高层管理者必须经过专业培训，每年至少进行两次、不少于 8 课时的培训，新员工经培训后方可上岗。培训内容主要包括：上岗前培训、专业理论知识、消防知识、设备操作、节约降本技巧等。培训可采用模拟操作、现场教学、交流分享、技能比赛等形式进行，并留档保存培训过程中所用的文件、现场照片、培训记录等资料。

11.3 运营阶段室内环境质量

11.3.1 【基本项】饭店建筑运营阶段的室内空气质量应满足相关国家标准规范要求，且运营中必须按标准提供 24h 新风。

空气中的主要污染物浓度控制：

（1）定期检测室内空气中污染物浓度。氨、甲醛、苯、总挥发性有机物（TVOC）、氡、可吸入颗粒物 PM10 等污染物浓度应满足现行国家推荐标准《室内空气质量标准》GB/T 18883 有关规定。室内可吸入颗粒物 PM2.5 不高于现行国家标准《环境空气质量标准》GB 3095 中 PM2.5 一级浓度限值（$35\mu g/m^3$）。

（2）对建筑物内的客房、公共区域的装饰装修以及机电设备的改造装修，应满足建材有害物限值标准，并开展空气污染物浓度评估。

设立背景

危害人体健康的室内空气污染物主要包括游离甲醛、苯、氨、氡和 TVOC，以及可吸入颗粒物 PM2.5 等。本导则要求氨、甲醛、苯、总挥发性有机物（TVOC）、氡、可吸入颗粒物 PM10 等污染物浓度应满足现行国家推荐标准《室内空气质量标准》GB/T 18883 有关规定，此要求同现行国家推荐标准《绿色饭店建筑评价标准》GB/T 51165。此外，同时要求室内可吸入颗粒物 PM2.5 不高于现行国家标准《环境空气质量标准》GB 3095 中 PM2.5 一级浓度限值，对应浓度值 $35\mu g/m^3$，也是现行环境保护行业标准《环境控制质量指数（AQI）技术规定（试行）》HJ 633 中 AQI 为优级时对应的 PM2.5 浓度限值。

考虑到饭店建筑定期重新装修和更换内饰的使用特点，要求饭店建筑在运营期间制定严格的复查制度，定期对客房和主要公共空间的室内污染物浓度进行检测，对不合格区域采取有效的治理措施。

11.3.2 【基本项】室内热舒适度应满足国家标准要求，并进行定期监测调试。

饭店建筑的主要功能房间应满足现行国家推荐标准《民用建筑室内热湿环境评价标准》GB/T 50785 规定的室内人工冷热源热湿环境整体评价Ⅱ级的面积比例，达到 60%。如表 11-7、表 11-8 所示。

整体评价指标   表 11-7

等级	整体评价指标	
Ⅰ级	PPD≤10%	-0.5≤PMV≤$+0.5$
Ⅱ级	10%<PPD≤25%	-1≤PMV<-0.5H 或 $+0.5$<PMV≤$+1$
Ⅲ级	PPD>25%	PMV<-1 或 PMV>$+1$

局部评价指标   表 11-8

等级	局部评价指标		
	冷吹风感（LPD_1）	垂直空气温度差（LPD_2）	地板表面温度（LPD_3）
Ⅰ级	LPD_1<30%	LPD_2<10%	LPD_3<15%
Ⅱ级	30%≤LPD_1<40%	10%≤LPD_2<20%	15%≤LPD_3<20%
Ⅲ级	LPD_1≥40%	LPD_2≥20%	LPD_3≥20%

设立背景

建筑室内热舒适是人体对热湿环境感到满意的主客观评价，饭店建筑在运行使用中，室内热湿环境对人体的舒适度起到重要影响。影响室内热湿环境的包括室内外热湿作用、建筑围护结构热工性能以及暖通空调设备措施等。具体可参考本书第 9 章室内环境质量。

11.3.3 【基本项】室内噪声控制。（例如：分贝水平，混响）

项目建成后交付前，对主要功能空间的声学性能进行专项验收。

设立背景

项目运行后，应按照《绿色饭店建筑评价标准》的要求，对主要功能空间（包括大堂前台、客房、餐厅、会议室、饭店管理办公室、商务办公室等）室内背景噪声级、客房楼板、隔墙的隔声性能、大型会议室和宴会厅等专业声学空间的混响时间等声学指标进行检测，并应符合国家标准或相关饭店集团标准的要求。

绿色饭店主要功能房间的室内噪声级应符合现行国家标准《民用建筑隔声设计规范》GB 50118 中的二级标准：a) 客房室内噪声级：达到一级标准，得 4.5 分；达到特级标准得 6 分。具体规定值如表 11-9。

饭店客房和多功能厅噪声要求 　　　　　　　　　　　　　　表 11-9

房间名称	允许噪声级（A 声级,dB）					
	特级		一级		二级	
	昼间	夜间	昼间	夜间	昼间	夜间
客房	≤35	≤30	≤40	≤35	≤45	≤40
多用途厅	≤40		≤45		≤50	
餐厅、宴会厅	≤45		≤50		≤55	

11.3.4 【基本项】饭店建筑运行阶段的室内光环境需满足相关标准要求。

饭店主要功能房间和区域的照明数量和质量应符合现行国家标准《建筑照明设计标准》GB 50034 的有关规定：客房、办公室等人员长期停留的场所应采用符合现行国家推荐标准《灯和灯系统的光生物安全性》GB/T 20145 规定的无危险类照明产品，选用 LED 照明产品的光输出波形的波动深度应满足现行国家推荐标准《LED 室内照明应用技术要求》GB/T 31831 的规定。

客房采光系数符合现行国家标准《建筑采光设计标准》GB 50033 要求的数量比例不低于 75%，大堂、餐厅、会议室等公共区域采光系数达标面积比例不低于 75%，地下空间平均采光系数不小于 0.5% 的面积与首层地下室面积的比例达到 10% 以上。

避免眩光引起视觉上不舒适，采取外遮阳、内遮阳系统或调光玻璃等避免日光眩光的防护措施。且根据不同区域的功能使用需求，以生理等效照度为指标进行照明优化设计。具体可参考本书第 9 章室内环境质量。

11.3.5 【推荐项】实施饭店各主要功能区的热舒适环境定时巡检制度。

【条文说明】

根据关于印发《公共建筑室内温度控制管理办法》的通知（建科〔2008〕115 号）的要求：公共区域夏季温度设置不低于 26℃，冬季温度不高于 20℃。《绿色饭店》标准要求客房内的湿度控制在 40%～65%，温度根据当地气候，合理调控。餐厅内湿度控制在 40%～65%，温度适宜，室内通风良好，采用自然通风系统，推荐室内 CO_2 浓度低于 800ppm。

因此，在饭店实际运营管理中，应定时对饭店各主要功能区进行温度、湿度、噪声以及 CO_2 浓度的巡检，并记录整理归档。巡检中发现不合理现象，通过能源系统的调试或调节进行改善，为顾客提供良好的室内环境服务。

11.3.6 【推荐项】实时推送空气质量信息。

设置基于互联网的健康环境在线系统（网页、App 等），实时推送饭店的室内环境参数和其他绿色信息。

(1) 具有监测 PM10、PM2.5、CO_2、CO 浓度等的空气质量监测系统。

(2) 数据至少间隔十分钟采集一次，有效存储时间至少一年。

设立背景

考虑到部分空气质量参数指标在线监测技术准确度及经济性在现阶段无法满足实时监测应用推广要求，从而不能实现室内空气质量指数的发布，故现阶段选择 PM10、PM2.5、CO_2 三个具有代表性和指示性的室内空气污染物指标进行监测并进行室内空气质量指数的发布。其中 CO_2 除可以直接反应室内污染物浓度情况外，还可作为标志物间接反应建筑新风量及空气置换效率。室内空气质量指标应在饭店大堂公布。

11.3.7 【推荐项】室内环境满意度主观评价。(评价表可参见附件)

(1) 调查室内空气质量主观评价，对室内空气质量的不满意率低于 20%；

(2) 制定并执行改进措施。

设立背景

室内空气中污染物成分复杂，一些微量或未知化学物质无法被仪器进行准确测量，但其气味或刺激性可能引起人体不适，因此单凭室内空气污染物的客观检测评价并不能完全满足人体对室内空气质量的要求。《Ventilation for Acceptable Indoor Air Quality》ASHRAE 62.1 中针对此问题进行了定义规范，将主观评价与客观评价进行了结合，即在大多数人（80% 以上）没有对室内空气质量表示不满意的前提下，且空气中没有已知污染物达到可能对人体健康产生威胁的浓度，则认定室内空气质量可接受。

有效问卷需至少涵盖 50% 入住宾客。问卷调查内容可参见附件。

11.4 能源、水资源和材料消耗运维管理

Ⅰ 用能管理与监测（高效能源运行管理）

11.4.1 【基本项】制定饭店能源系统节能运行管理制度。

降低饭店能源系统运行能耗不仅需要采用一些先进的节能技术和节能产品，更重要的是提高空调系统的运行管理水平。饭店项目在运营阶段，应制定科学、合理的节能运行管理制度来保证饭店能源系统高质量、高效率地运行，降低能耗、延长检修周期和使用寿命。能源系统运行管理制度主要内容包括能源系统运行人员管理、系统节能运行、系统节能检查和系统节能维护保养四部分。如空调系统节能运行管理制度的框架如图 11-2 所示。

11.4.2 【基本项】冷热源、输配系统和照明等各部分的能耗应独立分项计量。

1. 实行合理分功能、分项计量，来满足运营人员对能源用能系统的效率进行分析评估；分业态计量，按不同业态和区域功能来满足管理者对能源所占经营成本进行分析；要

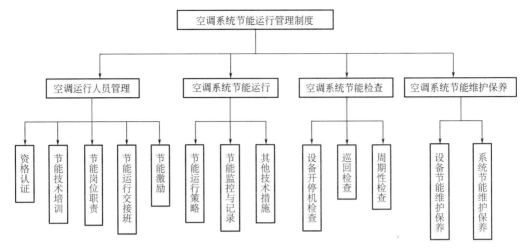

图 11-2　空调系统节能运行管理制度框架图

平衡好二者的关系。

2. 分项计量覆盖率应达到 80%。

3. 有完整的记录与分析。

设立背景

大型饭店建筑能源消耗情况较复杂，包括电能、水、燃气、蒸汽等。当未分项计量时，不利于统计饭店各类系统设备的能耗分布，难以发现能耗不合理之处。为此，要求设有集中空调的饭店，在系统设计（或既有饭店改造设计）时必须考虑设置能耗监测系统，使饭店内各能耗环节能够实现独立分项计量。这有助于分析饭店各项能耗水平和能耗结构是否合理，发现问题并提出改进措施，从而有效地实施建筑节能。

对于单栋建筑面积超过 20000m² ，且设有集中空调的各类饭店建筑应严格按照上述规定对各部分能耗进行独立分项计量，对于面积不足 20000m² ，或未设置集中空调的饭店，应按照功能区域分别进行能耗计量。

为科学、规范地建设大型公共建筑能耗监测系统，统一能耗数据的分类、分项方法及编码规则，实现分项能耗数据的实时采集、准确传输、科学处理、有效储存，为确定建筑用能定额和制定建筑用能超定额加价制度提供数据支持，指导国家机关办公建筑和大型公共建筑节能管理和节能改造，住房和城乡建设部于 2008 年发布了《国家机关办公建筑和大型公共建筑能耗监测系统分项能耗数据采集技术导则》等一系列指导文件，绿色饭店建筑应参照执行。

分类能耗中，电量应分为 4 项分项，包括照明插座用电、空调用电、动力用电和特殊用电。各分项可根据建筑用能系统的实际情况灵活细分为一级子项和二级子项。其他分类能耗不应分项，如图 11-3 所示。

《民用建筑节能条例》第十八条规定："实行集中供热的建筑应当安装供热系统调控装置、用热计量装置和室内温度调控装置。"

分项能耗数据的采集、传输和能耗监测系统的设计、建设、验收和运行维护应满足国家和地方相关管理文件的要求。

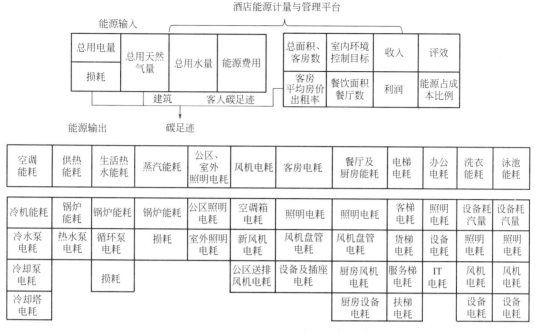

图 11-3　饭店能源计量与管理平台思路

11.4.3　【基本项】供暖、通风和空调系统设置完善的设备监控系统。

1. 系统监测功能完善，可对各系统实现自动监测。
2. 系统控制功能完善，可对各系统实现自动控制。
3. 系统运行状态良好，运行、维护保养记录完整。

设立背景

为了节省运行中的能耗，供暖、通风与空调系统需配置必要的监测与控制系统。按现行行业推荐标准《建筑设备监控系统工程技术规范》JGJ/T 334 的有关规定，建筑设备监控系统要对冷热源、水系统、蓄冷/热系统、空调系统、空气处理设备、通风与防排烟系统进行设备运行和建筑节能的监测与控制。进行建筑设备监控系统的设计时，应根据监控功能需求设置监控点，监控系统的服务功能应与饭店管理模式相适应，以实现对供暖、通风与空调系统主要设备进行可靠的自动化控制。

本条的目的是确保建筑物的高效管理和有效节能，重点关注系统和设备的控制策略及运行效果，侧重关注建筑主要用能设备的自动监控系统工作是否正常，是否具有完整的运行记录。建筑供暖、通风、空调系统是建筑物的主要用能设备，为有效降低建筑的能耗，对空调通风系统的冷热源、风机、水泵等设备应进行有效监测，对用能数据和运行状态进行采集并记录，并对设备系统按照设计的工艺要求进行自动控制，通过在各种不同工况下的自动调节来降低能耗。自动控制常用的控制策略有定值控制、最优控制、逻辑控制、时序控制和反馈控制等。工程实践证明：只有设备自动监控系统处于正常工作状态下，建筑物才能实现高效管理和有效节能，如果针对各类设备的监控措施比较完善，综合节能可达 20% 以上。

当饭店建筑的面积不大于 20000m² 时，对于其公共设施的监控可以不设建筑设备自动监控系统，但应设置简易的节能控制措施，如对风机水泵的变频控制、不联网的就地控制器、简单的单回路反馈控制等，也能取得良好的效果。

11.4.4 【推荐项】实施能源资源管理激励机制，管理业绩与节约能源资源、提高经济效益挂钩。

1. 工程部考核体系中应包含能源资源管理激励机制；
2. 可采用合同能源管理模式。

设立背景

本条重点关注物业管理机构工作考核体系中能源资源节约的激励机制、与租用者签订的合同中应包含节能相关条款。

采用合适的管理机制可有效促进运行节能。在运营管理过程中，采取有效的激励措施，将节约能源资源、提高经济效益作为管理业绩的重要内容，促进提升管理水平和效益。物业管理机构的工作业绩考核体系可通过能源资源节约奖惩细则建立起激励和约束机制。

鼓励采用能源合同管理（EMC）方式进行饭店能源系统的节能改造或运行管理，让专业的人干专业的事，用专业化管理手段来提高品质，同时实现双赢的目标。聘用能源管理公司进行能源管理时，可在合同中引入鼓励性管理费等措施，激励管理公司加强能源系统的高效管理，进一步降低能源消耗。倡导积极开展年度能源管理审计及对标工作。

电梯待机耗能高，夜间人流量少时，群控的电梯应部分待机、部分退出运行。

II 用水管理与监测

11.4.5 【基本项】应建立健全各项管理制度和操作规程，保证供水水质、水压、水量符合国家有关标准的规定。

1. 对不同用途的水资源进行分类管理、操作及进行记录；
2. 应按照国家相关规范要求定期进行水质检测，当不具备自行检测能力的，应委托卫生监督检验部门进行检测。
3. 建议供水设施每半年进行一次保养并记录。

设立背景

饭店项目实际运营中，因根据现行国家标准《建筑给水排水设计标准》GB 50015 中对不同用途的水资源进行分类管理和操作，保证供水的水质满足相关标准要求，水压水量满足饭店实际运营需求。

现行国家标准《建筑给水排水设计标准》GB 50015 要求：给水系统设计应综合利用各种水资源，宜实行分质供水，充分利用再生水、雨水等非传统水源，优先采用循环和重复利用给水系统。卫生器具给水配件承受的最大工作压力，不得大于 0.6MPa。给水系统采用的管材和管件，应符合国家现行有关产品标准的要求。管材和管件的工作压力不得大于产品标准公称压力或标称的允许工作压力。

生活给水系统的水质、生活热水水质、游泳池和水上游乐池的淋浴等生活用水水质应符合现行国家标准《生活饮用水卫生标准》GB 5749 的要求。生活热水应定期升高到 60℃

以上一定时间以消杀军团菌，如表 11-10。

生活给水水质要求   表 11-10

指标	限值
①微生物指标	
总大肠菌群(MPN/100mL 或 CFU/100mL)	不得检出
耐热大肠菌群(MPN/100mL 或 CFU/100mL)	不得检出
大肠埃希氏菌(MPN/100mL 或 CFU/100mL)	不得检出
菌落总数(CFU/mL)	100
②毒理指标	
砷(mg/L)	0.01
镉(mg/L)	0.005
铬(六价,mg/L)	0.05
铅(mg/L)	0.01
汞(mg/L)	0.001
硒(mg/L)	0.01
氰化物(mg/L)	0.05
氟化物(mg/L)	1.0
硝酸盐(以 N 计,mg/L)	10 地下水源限制时为 20
三氯甲烷(mg/L)	0.06
四氯化碳(mg/L)	0.002
溴酸盐(使用臭氧时,mg/L)	0.01
甲醛(使用臭氧时,mg/L)	0.9
亚氯酸盐(使用二氧化氯消毒时,mg/L)	0.7
氯酸盐(使用复合二氧化氯消毒时,mg/L)	0.7
③感官性状和一般化学指标	
色度(铂钴色度单位)	15
浑浊度(NTU-散射浊度单位)	1 水源与净水技术条件限制时为 3
臭和味	无异臭、异味
肉眼可见物	无
pH(pH 单位)	不小于 6.5 且不大于 8.5
铝(mg/L)	0.2
铁(mg/L)	0.3
锰(mg/L)	0.1
铜(mg/L)	1.0

当采用中水为生活杂用水时，杂用水水质应符合现行国家推荐标准《城市污水再生利用 城市杂用水水质》GB/T 18920 的要求，如表 11-11。

生活杂用水水质要求 表 11-11

序号	项目		冲厕、车辆冲洗	城市绿化、道路清扫、消防、建筑施工
1	pH		6.0～9.0	6.0～9.0
2	色度,铂钴色度单位	≤	15	30
3	嗅		无不快感	无不快感
4	浊度(NTU)	≤	5	10
5	五日生化需氧量(BOD_2)/(mg/L)	≤	10	10
6	氨氮(mg/L)	≤	5	8
7	阴离子表面活性剂(mg/L)	≤	0.5	0.5
8	铁(mg/L)	≤	0.3	—
9	锰(mg/L)	≤	0.1	—
10	溶解性总固体(mg/L)	≤	1000(2000)[a]	1000(2000)[a]
11	溶解氧(mg/L)	≥	2.0	2.9
12	总氯(mg/L)	≥	1.0(出厂),0.2(管网末端)	1.0(出厂),0.2[b](管网末端)
13	大肠埃希氏菌(MPN/100mL 或 CFU/100mL)		无[c]	无[c]

注："—"表示对此项无要求。

a 括号内指标值为沿海及本地水源中溶解性固体含量较高的区域的指标;

b 用于城市绿化时,不应超过 2.5mg/L;

c 大肠埃希氏菌不应检出。

饭店热水供应系统的原水的水处理,应根据水质、水量、水温、水加热设备的构造、使用要求等因素经技术经济比较按下列规定确定:

1. 当洗衣房日用热水量(按 60℃计)大于或等于 10m³ 且原水总硬度(以碳酸钙计)大于 300mg/L 时,应进行水质软化处理。原水总硬度(以碳酸钙计)为 150～300mg/L 时,宜进行水质软化处理。

2. 其他生活日用热水量(按 60℃计)大于或等于 10m³ 且原水总硬度(以碳酸钙计)大于 300mg/L 时,宜进行水质软化或阻垢缓蚀处理。

3. 经软化处理后的水质总硬度宜为:①洗衣房用水:50～100mg/L。②其他用水:75～150mg/L。

11.4.6 【基本项】应建立、健全二次供水设施清洗消毒、水质管理制度和检测档案。

1. 建立、健全二次供水设施清洗消毒制度。

2. 进行归档管理。

【条文说明】

饭店运营中应认真贯彻国家《消毒管理办法》,确保二次供水水质,根据国家、地方卫生行政职能部门的规定和要求,制定适合本饭店的管理制度。如规定如下内容:

1. 二次供水设备清洗消毒人员须取得体检合格证,经卫生知识培训后上岗,并每年进行一次健康检查。

2. 二次供水设施每年清洗消毒一次。

3. 建立清洗消毒档案，消息记录二次供水设施的基本情况，包括清洗时间、地点、容积，清洗消毒人员的姓名，使用消毒剂的名称等。

4. 清洗消毒所用的各种消毒剂、除垢材料必须满足符合卫生要求，使用的消毒剂必须合法，除液氯和氯气外，均须获得卫生部或省级卫生行政部门颁发的卫生许可批件方可使用。

5. 消毒清洗后恢复供水前进行水质检测。

6. 配合卫生监督机构对二次供水水质进行定期全面检查，并将检查报告的复印件归档，妥善保管。

Ⅲ 建筑性能监测和持续调试

11.4.7 【基本项】设施设备应定期巡检和维护。

1. 室内照明灯具及控制系统、空调末端和控制系统、隔声降噪设备等需要保证其有效性，定期巡检，如有损坏应及时更换；

2. 对空调通风系统和净化设备制定预防性保养计划，进行定期检查和清洗。

设立背景

通过对空调通风系统和净化设备系统进行定期检查和清洗，确保设备正常运行的同时，保障用户的健康。重点关注通过清洗空调通风系统，降低疾病产生和传播的可能性，保证室内空气品质。物业管理机构应定期对空调通风系统和净化设备系统进行检查，如检查结果表明达到清洗条件，空调通风系统应严格按照现行国家标准《空调通风系统清洗规范》GB 19210 的规定进行清洗和效果评估，净化设备系统按照厂家的相关维保说明进行清洗。如检查结果表明未达到必须清洗的程度，则可暂不进行清洗，仅对检测结果进行记录即可。

11.4.8 【推荐项】实施饭店能源系统持续调适和调节。

【条文说明】

部分饭店项目由于设计的建筑能源系统设备选型过大、与实际需求不匹配，造成后期运营中的问题，包括：①用能类型多，开源不节流，导致大量能源浪费。工程部控制着饭店 70% 以上的用能，冷冻机、锅炉、变压器、水泵、风机、电梯，这些大型用电设备高效运行对饭店节能至关重要。②运营过程中的各岗位人员用能标准不健全，导致能源资源浪费。例如：员工洗涤、洗碗、洗澡怎样节水，是否制定严格标准和流程。③调研时发现空调系统混水现象比比皆是，造成空调系统中的冷却塔、制冷机组运行效率降低。对新能源存在误区。④有一些饭店采用太阳能生活热水，用热泵或锅炉作为辅助热源，但是由于产品或设计方案不接地气，饭店晚上客人洗澡用水量最大，补水量也最大，补到换热器里的大量冷水，有辅助热源加热，出太阳后太阳能集热循环停止运行，结果使太阳能的效率由60% 降到 30% 左右。⑤一些饭店虽然选用高效的设备提供能源使用，由于忽略系统效率，系统瓶颈导致高效能源设备不能产生高效系统。

对于饭店能源系统，良好的设备不一定带来满意的效果，其用能一定要从系统上解决，技术是条件，管理是保障。需要在实际运营中，根据饭店实际业态的变化、室外气温的变化，不断地对建筑围护结构等进行排查，对能源系统运行状态进行持续调节，确保能源系统根据饭店实际负荷侧需求进行供能，真正实现在运行控制中从"省多少"到"用多少"的转变，实现饭店项目真正的高效节能运行。通过能源系统持续调适和调节，实现第6章暖通空调系统中的供暖、通风及空调系统运行能耗降低等目标。

目前，随着大数据、互联网技术应用的普及，企业开始从传统模式向互联网、移动化态势转变，"互联网＋"成为饭店行业转型的新动力，智慧智能饭店是发展趋势，通过能源系统分项计量、搭建能源监控平台等，为实现饭店建筑能源系统管理的精细化提供了可能。饭店建筑在实际运营中，应结合建筑设备监控系统的设计，在运行中加强供暖、通风和空调系统等能源系统的自动监测、自动控制的功能，充分发挥完善的能源综合计量管理系统在管理能源中的作用，量化能耗数据、掌握能耗动态信息、找出节能降耗着手点、对比节能效果差异、建立起一套完整的能源管理节能措施，加强能源管理水平，提高管理工作效率；利用能耗量化考核指标及能源按量收费等经济指标杠杆效应，促进用户的节能意识，达到整体节能目标。

Ⅳ 建筑物和装饰物管理

11.4.9 【推荐项】定期进行饭店安全风险评估。

【条文说明】

建筑安全评估指专业技术人员通过核查资料、现场检查和必要的简单测试，对房屋建筑的地基基础、建筑结构、建筑构件与部件、建筑装饰装修和建筑设施设备可能存在的结构安全隐患、使用安全隐患进行分析判断，对房屋建筑的使用安全做出综合评价的活动。评估内容包括：地基基础、建筑结构、建筑构件部件、建筑装饰装修、构筑物、建筑消防、防雷系统、建筑电梯等特种设备、配套的建筑给水排水、供暖供热、空调设备及系统等。安全评估流程如图11-4所示。

11.4.10 【基本项】定期开展饭店建筑物和装饰物的排查和维护。

【条文说明】

饭店运营一段时间后，对建筑构配件和设备进行定期维护，可以使建筑和设备处于最佳状态运行，可以节省资源消耗，延长使用寿命。对建筑的维护要求应按相关规定严格执行。

饭店的装饰包括硬装和软装，其中硬装饰指传统装饰中的拆墙、刷涂料、吊顶、铺设管线、电线等，软装的元素包括家具、装饰画、陶瓷、花艺绿植、布艺、灯饰、其他装饰摆件等。在现代饭店装饰中，软装饰和硬装饰是相互渗透的。在日常运营管理中，要定期巡查，定期收集饭店运营中的缺陷（功能、流线等），做到部分装饰应及时维修或更换，硬装饰应考虑集中改造。如饭店建筑室内抹灰、吊顶、饰面砖墙以及房屋建筑外墙保温、

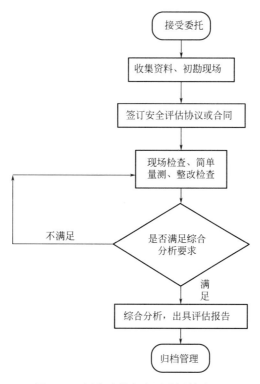

图 11-4　饭店建筑安全风险评估流程

饰面砖、门窗幕墙等的日常检查、特定检查、维修资料核查与现状损伤检查。开展维修工作时，应尽可能选用绿色材料。

如建筑物及装饰物陈旧或不能满足使用需求，需进行装修改造，可参见 11.7 饭店的绿色改造。

V　运维阶段绿色采购

11.4.11　绿色饭店在运营阶段（含改造）需要遵循产品的绿色采购，应积极采购或采用绿色环保或具有绿色产品认证技术与产品，建立绿色产品库。

一、设立背景

面对日益严重的环境污染，可持续环境保护开始成为饭店行业关注焦点。饭店运营用品是环境问题产生的起点和根源。绿色采购系指饭店采购合同内容都必须符合节能、节水、环保优先、不消耗臭氧以及含有再生成分的产品和绿色运输服务的要求。

饭店运营采购（FFE）包括：家具，固定设备，设施及原材料，零部件（含包装材料），半成品，辅助材料以及成品。根据产业绿色环保标准及规范，采购可回收/重复使用，寿命长，可降解/堆肥，节省资源，高品质/性能，减少塑料制品，减少污染，使用再生材料的产品。饭店运营过程中采购项目具体如表 11-12。

饭店运营过程中采购项目　　　　　　　　　　　　表 11-12

编号	采购项目
1	软装包括但不限于各区域:装饰布艺/织物、装饰灯具、艺术饰品、地毯
2	供装修材料,包括但不限于:五金件、开关面板、卫浴、门锁
3	指示牌及标志(非装饰公司负责部分)
4	各营业区域、公共区域的移动客房家具、餐饮家具、办公家具、陈列家具、沙发、移动屏风
5	厨房、洗衣房设备
6	宴会营运设备:毛巾加热设备、宴会屏风、宴会推车、宴会椅子车、移动舞台车、移动酒吧、平台式钢琴等
7	视听设备,包括宴会部、餐厅、培训使用(非工程已含项目)扩音器、混合调音台、麦克风、麦克风架子、CD 播放机、数码投影机、录音/像设备、投影仪等
8	客房送餐服务手推车和其他设备:西餐送餐车、电热保温箱、电热加温器、服务托盘、面包机等
9	餐饮服务推车及设备:酒水运输车、台布车等
10	餐厅营运推车及设备:移动切肉车、移动酒吧、糕点冰车、香槟冷藏车、雪茄加温盒等
11	餐厅、宴会厅、泳池、酒吧等使用的瓷器:正餐盘、烟灰缸、碗、杯、茶壶、咖啡壶、糖缸、奶缸、耐热瓷器、加盖汤碗、大浅盘等
12	玻璃器皿(酒吧、酒廊、餐厅、宴会等):啤酒杯、葡萄酒杯、香槟杯、苏打水杯、水晶杯、玻璃酒杯、高脚酒杯、水匝、玻璃水瓶等
13	餐具(酒吧、酒廊、餐厅、宴会厅等):大餐刀、餐叉、餐勺、蛋糕铲、鱼叉、切肉刀、鸡尾酒叉、甜点叉和勺子等
14	异型器皿(酒吧、酒廊、餐厅、宴会厅等):奶壶、保温咖啡壶、鱼盘、口布环、盐胡椒磨、大水扎等
15	自助餐炉(餐厅和酒吧):电热自助餐炉、嵌入式、切肉台、咖啡瓮、汤台、蛋糕台等
16	餐厅、酒吧布草:餐布、口布、餐垫布、桌布、托盘布、桌方巾、会议毯、台裙、酒吧巾、冷热毛巾等
17	西厨房、日本/中式厨房的散具:壶、锅、托盘、碗、炒锅、过滤器、食品柜、烤箱、砂锅、冰淇淋器具、甜品模具、烘烤模具、点心房散具等
18	厨房餐厅塑料散具:白色的周转箱和盖子、白色铲子、调味盒子、白色储物箱、白色保鲜盒等
19	客房用品(部分一次性用品建议饭店客人自备):洗发水、淋浴露、香皂、梳子、牙刷套装、擦鞋纸、清洁袋、火柴、信纸、便笺、信封、笔、洗衣袋、客房指南等
20	浴室布草、浴袍、毛巾、房间面巾、游泳池及健身中心:浴巾、地巾、防滑垫、手巾、面巾、浴袍、拖鞋等
21	床/床垫/底座:客房大床、小床/双床、床垫及底座、折叠床等
22	客房布草,包括所有客房的床单:大床床单、小床/双床床单、折叠床床单枕套、毛毯及羽绒被的被套;客房毯子、羽绒被及被套、床垫保护套/床裙:保护套及床裙、枕头等
23	客房设备及用品:电子保险箱、电视装置、浴室配备、带收音功能的电子闹钟、电吹风、挂衣架、衣架、熨衣板、电熨斗套装、迷你吧冰箱、电视指南、电视、电话冰桶、烟灰缸、电水壶、茶杯及杯碟、汤匙、玻璃器皿、搅拌器、肥皂碟等
24	后台区域的办公设备:复印机、计算器、传真机、铭牌、照相机/摄像机、打印机、文件柜、碎纸机、计时器等
25	对客区域的办公设备:桌子、底座、书柜、文件柜、保险箱及安全设备的安装等

编号	采购项目
26	客用保险箱和后台保险箱:客用保险箱、收银台、钥匙箱等
27	急救及消防安全设备:轮椅、药箱、担架、便携式灭火器、消防车、消防斧头、铁撬棍、面罩、氧气机等
28	所有部门的沟通设备:对讲机、充电器、手机等
29	员工餐厅设备及用品:椅子、餐盘、刀具、叉匙、茶杯、玻璃杯、筷子、汤碗、糖罐、牛奶壶等
30	员工更衣室设备:不同的更衣柜组合(单人,双人,三人等)、长凳、辅助家具、衣架、浴帘、浴巾、垃圾桶、工作台、固定座椅等
31	管家部运作设备及用品:用品罐、垃圾斗、抹布、手套、板凳、玻璃清洁刮刀、拖把、其他用品等
32	管家部使用的清洁及维护设备:吸尘器、地毯清洁机、地板抛光机、清洁刷、干洗机、烘干机等
33	洗衣房营运的设备及用品:烫板、烫剂、打标器及标识、衣架、衣架刷、压衣板、去污刷等
34	礼宾部的手推车及设备:礼宾部行李车和手推车、信件称重器、告示牌、平板车等
35	健身中心内的设备:跑步机、脚踏车、台阶器、训练垫、哑铃等
36	泳池家具及设备:泳池吧台、椅子、桌子、伞、遮阳伞、服务推车、泳池维护设备等
37	员工制服
38	运作所需的电脑硬件及软件:台式电脑、显示器、笔记本电脑、打印机和扫描仪、饭店管理系统软件、各营业点收款系统、后台管理系统等
39	其他:运营车辆、包括升降工程车、电瓶车、脚踏车、饭店使用轿车等

二、实施途径

饭店绿色采购实行办法:

1. 饭店采购部门需成立绿色采购管理小组《管理环境管理标准》ISO 14000。

2. 根据《政府绿色采购条例》等相关法律,法规,建立明确绿色采购体系及流程。

3. 建立绿色采购物料清单,应尽量采购具有国家认证的绿色标签商品,开展绿色采购调查、评估化学物质调查报告、评估 ICP 报告、汇总、调查表和阶段性评估物料。

4. 建立绿色供应商评价体系及绿色验证合格供应商清单,供应商需通过有关检验机构认证后,经过《符合性评鉴程序》决定是否满足法规或标准中所要求任何绿色作业程序;由有关机关证明其有能力执行绿色产品生产的工作程序,授予绿色验证。

5. 建立绿色物流。

11.5 绿色饭店污染源管理与监测

11.5.1 【基本项】主要污染源排放控制。

设立背景

保护环境是饭店业义不容辞的社会责任和义务。饭店在运营过程中必须有效控制污染物的排放。饭店的污染物包括锅炉烟尘排放、油烟排放、污水排放、固体废弃物、噪声排放等。锅炉烟尘排放应符合现行国家标准《锅炉大气污染物排放标准》GB 13271 规定。餐厅油烟排放应符合现行国家标准《饮食业油烟排放标准》GB 18483。污水排放应符合标准现行国家标准《污水综合排放标准》GB 8978 规定。固体废弃物管理应符合现行国家标准《一般工业固体废物贮存和填埋污染控制标准》GB 18599 的规定。噪声排放符合现行国家标准《工业企业厂界环境噪声排放标准》GB 12348 规定。

11.5.2 【推荐项】不同污染源的处理方案。

设立背景

绿色饭店应按照《环境监测管理办法》等规定，建立饭店运营监测制度，制定监测方案，对污染物排放状况及其对周围环境质量的影响开展自行监测，保存原始监测记录，并公布监测结果。

绿色饭店热源应采用低氮冷凝式燃气锅炉或者进行锅炉低氮燃烧、烟气余热回收等改造，提高锅炉效率，降低总排放，定期检测烟尘排放浓度，做到锅炉实际排放低于国家/地方排放标准限值的要求。运营过程中应对油烟净化设备进行定时维护，及时更换不能满足排放要求的油烟净化设备，采用专用净化剂来降低餐厅油烟排放。并应实施厨房隔油循环管理。

饭店运营过程中，洗衣房洗涤和清洗使用无化学品洗涤方法，卫生间面盆、浴缸、坐便器用消毒液采用不含氯的无毒无刺激性产品等措施，争取实现污水零排放。冷却塔远离新风口，并定期监测冷却塔中的水体，确保不被污染，冷却循环水电导率≤1800μS/cm。将污水中的优质杂排水、废水分开处理，加强排污循环再利用管理。

固体废弃物实施分类收集和运输。不焚烧废弃物。选择与使用环境标志产品，采用可降解的包装。垃圾房干湿分开，有干垃圾房和密闭的湿垃圾房，湿垃圾房温度控制在19℃以下。用颜色垃圾桶区分可回收与不可回收垃圾，以便资源可循环利用。有毒消耗品/危险品管理的库房应单独设在室外，专门收集并交专门机构处理，并制定合理的化粪池固体管理制度及处理措施。

餐厨垃圾及时清理，鼓励进行生物降解资源化无害化堆肥处理。减少一次性用品的使用，必须采用可降解材质产品。设置定点或专用的原辅材料无公害生产加工基地。

饭店应设置清洁用品放置空间，且化学品、易燃品存放独立空间，并配备独立的排风、防爆开关、灭火器等设备确保安全。

饭店应积极主动去获得环境管理体系认证。环境管理体系认证是指由第三方公证机构依据公开发布的现行国家推荐标准《环境管理体系要求及使用指南》GB/T 24001，对供方（生产方）的环境管理体系实施评定，评定合格的由第三方机构颁发环境管理体系认证证书，并给予注册公布。通过环境管理体系认证，能够提升饭店自身环保管理能力，检查使用的原材料、生产工艺、加工方法以及产品的使用和用后处置是否符合环境保护标准和法规的要求。

11.5.3 【基本项】室内禁烟。

1. 饭店公共区域采用有效的禁烟措施，实施室内全面禁烟；

2. 建筑出入口、可开启外窗、新风引入口等 10m 半径范围内，以及所有的露天平台、天井、阳台、屋顶和其他经常有人员活动的区域设立禁烟标志并禁止吸烟。

设立背景

现行国家推荐标准《绿色饭店》GB/T 21084 中，也对客房采取无烟客房的比例进行了规定，本条的要求和该标准相一致。室内的定义中室内是指饭店公共区域，客房，后勤区及室内停车场。

禁烟成为建筑使用者非常关注的方面，且代表了物业管理水平的高低。对于物业管理单位，应严格设置禁烟标志，室内任何区域（专设吸烟室除外）均不允许吸烟，室外需避免人员密集区、建筑出入口、可开启窗户和建筑新风引入口等部位的影响。物业管理单位需严格按照本条规定设置禁烟标志，且需定期巡查是否存在违反条文规定吸烟的行为。

11.5.4 【推荐项】室外光污染。

1. 室外照明有助于改善饭店的外观和环境气氛，但是需要全面考虑光污染产生的不利影响。

2. 饭店的泛光照明、楼体照明、饭店的 Logo 形象灯，在设计、安装时都需要考虑眩光、局部的亮点产生的光污染。

设立背景

建工行业建设推荐标准《城市夜景照明设计规范》JGJ/T 163 对于城市的照明光污染作出了相关规定，饭店的室外照明设计与安装也应该遵循如下原则执行。

1. 光污染的限制应遵循下列原则：

（1）在保证照明效果的同时，应防止饭店夜景照明产生的光污染。

（2）饭店室外夜景照明的光污染，应从设计安装源头进行规避，避免出现先污染后治理的现象。

（3）应做好饭店夜景照明设施的运行与管理工作，防止设施在运行过程中产生局部亮光点，或者照射角度发生变化产生光污染。

2. 饭店光污染的限制应采取下列措施：

（1）在设计规划饭店室外泛光灯、楼体灯、Logo 形象灯时，应对限制光污染提出相应的要求和措施。

（2）应将照明的光线严格控制在被照区域内，限制灯具产生的干扰光，超出被照区域内的溢散光不应超过 15％。

（3）在饭店运行期间，应合理设置夜景照明运行时段，及时关闭部分或全部夜景照明、广告照明和非重要景观区高层建筑的内透光照明。

（4）确定照明装置的照射角度非常重要，特别要注意是否有散落的光线或从其他视角看到眩光。

11.5.5 【推荐项】室外噪声污染。

1. 饭店的冷却塔在设计安装后，必须确保运行时产生的噪声，对客房及周围居民不产生噪声污染。

2. 饭店的厨房排油烟机在设计安装时，必须确保运行后，产生的噪声达到环保规范要求的指标。

设立背景

本条重点关注产生室外噪声污染的冷却塔系统、厨房排油烟系统的运行是否达到环保要求的噪声排放标准。现行国家环境噪声标准《声环境质量标准》GB 3096，对于冷却塔、厨房排油烟机白天及夜间排放引起的噪声有明确的规定。对于饭店客房、居民区域按照Ⅰ类标准执行，白昼 55dB，夜间 45dB。

饭店在设计与安装时需要进行充分地论证，确保冷却塔、厨房排油烟机安装的区域，与饭店客房、周围居民住房的距离达到规划要求。并且在前期设计时，需要综合考虑设备设施规格型号参数，以及运行时产生最大噪声分贝，从而在源头减少噪声。

噪声污染治理：

消声导流片法及特点在冷却塔进风口安装消声导流片，通过消声导流片的消声作用，来减少冷却塔噪声对外界的影响。

隔声屏障一般设计为距冷却塔进风口的距离大于冷却塔进风口高度，屏障高度等于屏障到进风口的距离。

隔声屏障也适合于排油烟机噪声超标的改造治理。

11.6　安全、绿色行为引导（社会责任）

11.6.1　【基本项】建立健全节能应急预案及操作规程，并有效实施。

1. 节能设施运行应具有完善的应急预案。
2. 相关设施的操作规程在现场明示，操作人员严格遵守规定。

设立背景

本条重点关注各类相关设施的运行是否有章可依，应急预案是否完善并有效执行。

操作规程是指为保证各项设施、设备能够安全、稳定、有效运行而制定的相关人员在操作时必须遵循的程序或步骤。

应急预案是指面对突发事件，如重特大事故、环境公害及人为破坏时的应急管理、指挥、救援计划等。由于一些节能设施（如太阳能光热、光电系统等）的运行可能受到一些灾害性天气的影响，为保证安全有序，必须制定相应的应急预案。

节能的操作规程、应急预案不能仅摆在文件柜里，还应成为操作人员遵守的规则。在各个操作岗位现场的墙上应明示制度、操作流程和应急措施，操作人员应严格遵守规定，熟悉工作要求，以有效保证工作的质量。

11.6.2　【基本项】根据社会经济可持续发展的要求，把生态和环保观念融入饭店的生产，运营及管理中，控制污染源，节约资源，使用循环资源来增加饭店经济效应，社会效益和环境效益。

设立背景

绿色行为引导包括：绿色企业文化、绿色运营策略、绿色员工培训、绿色消费方式和绿色饭店对社会的贡献，具体内容如下：

"绿色企业文化"是指强化员工绿色服务意识，使员工在运营与服务过程中，对环境保护的绿色价值观念的认知与实践，从而形成绿色饭店文化。

"绿色运营策略"引导消费者绿色住房体验，尽量减少使用一次性盥洗用具，塑胶制品，包装垃圾，鼓励消费者尽可能减少垃圾排放，倡导自主垃圾分类，鼓励顾客将不同垃圾分类后投入不同颜色分类垃圾桶内。奖励资源循环利用，布草的换洗选项，选购再生资源为原料的制品，注意适度消费及资源的节约，食用安全健康的绿色食品，并提倡拒食野生动物资源。

"绿色员工培训"于饭店员工身心和谐的工作环境，适当的服务业务培训，并提供各种教育机会，培养与人和谐，与生态和谐的饭店"绿色"员工。

"绿色消费方式"倡导绿色消费、绿色出行、绿色居住使成为饭店房客的绿色文化自觉行动。引导房客确立全新的、尊重自然、顺应自然和保护自然的生态价值观。大力倡导适度消费，形成科学、低碳、环保、循环的绿色消费方式，以达到资源永续利用。

"绿色饭店对社会的贡献"应尽量支持与参与联合国可持续发展目标（UNSDGs）包括：结束贫穷、消除饥饿、确保健康生活、公平的优质教育、实现性别平等、清洁饮用水和环卫设施、可再生能源、就业与经济增长、创新和基础设施、减少国家间不平等、可持续城市和社区、可持续消费和生产模式、气候行动与合作、谨慎利用海洋资源、恢复森林、建立有效、负责、包容的制度和可持续发展目标。

11.6.3 【基本项】绿色饭店服务人员的绿色行为培训和引导。

设立背景

绿色饭店应设置绿色专员，指导饭店服务人员的绿色行为，宣讲宣传绿色文化。督促引导饭店管理人员将绿色节能理念应用到饭店运营中日常行为，积极主动节能、节材、降耗，以保证饭店低成本运营，并实现良好节能环保的社会效益。对饭店服务人员定期开展的绿色节能培训，培训注重与运营实际相结合，促进降本运营，将员工培训与奖金挂钩，鼓励饭店建立绿色低碳互动激励及培训机制，倡导构建绿色可持续发展生态圈。

11.6.4 【基本项】绿色饭店的绿色标识清晰明确。

设立背景

绿色饭店应在明显位置将已获得的绿色标识进行展示，标志内容应包括建筑名称、面积、节能率，可再生能源利用率，绿地率，可再利用可再循环建筑及室内装饰材料用量占比，室内空气污染物浓度等信息，向顾客宣传绿色节能，引导顾客进行绿色消费，并接受顾客监督。

11.6.5 【推荐项】消费者的绿色行为引导，制定碳积分方案。

设立背景

绿色饭店应从顾客点滴体验入手，制定顾客绿色消费的碳积分实施方案，设定饭店平均能耗标准为参考值，并记录顾客从入住房间到退房之间的实际用电和用水量，如果低于平均水平，就可以积到属于自己的"碳积分"，与会员积分互通，积累到一定程度就可以

207

兑换相应积分的礼品。从而引导顾客绿色出行，住宿期间将空调调至节能模式，及时关灯、节约用电，适度洗浴，节约用水，自带牙具等必须用品，减少一次性消费品的使用和自主垃圾的分类抛弃；引导顾客适量点餐，减少一次性餐盒、筷子、杯子的使用，避免浪费。实施"碳积分"在向顾客宣传绿色节能的同时又可彰显绿色饭店的社会责任。饭店也可参考如下做法开展引导顾客绿色消费：

在饭店大堂、客房、餐厅等主要公共区域设立倡导绿色消费的告示、标记及相应的文字说明，有效地向宾客宣传饭店的环保计划和倡议，为宾客提供相关的绿色服务，引导宾客认识、了解、认可并参与到绿色消费中来。其次，利用电报、宣传窗、标语宣传节能意识。

引导宾客进行绿色消费餐厅的具体做法，如在各个餐厅门口摆放以绿色食品为主题的展示台，引导宾客绿色消费，其次将引导宾客绿色消费的内容列入服务程序，如点菜时提醒宾客根据用餐人数把握点菜数量，用餐结束时为客人提供打包服务或存酒服务，再次，积极向宾客推荐绿色食品。

饭店客房部可根据现行国家推荐标准《绿色饭店》GB/T 21084 对房内设施进行适当调整，降低客房物资用品消耗量，向宾客提供绿色客房。首先，在服务指南中增加绿色饭店宣传页，邀请宾客参加饭店的绿色活动，倡导绿色消费。其次，对客房内设施进行适当调整，如取消梳子、牙具的塑料包装袋，取消浴衣袋、垃圾袋、指甲锉、女宾袋等一次性用品，购物袋改为纸袋，洗衣袋改为布袋，擦鞋盒改为无纺布擦鞋布等。再次，在满足宾客需求前提下，降低客房物资用品消耗量，如减少一次性用品的消耗量，减少客用棉织品的洗涤次数。

【案例】

某连锁酒店 2015 年 4 月 8 日在上海的中高端饭店产品发布会中推出当时业内最完整的智能饭店系统，宾客们可以通过 App 实现：通过 App 实现从入住到退房的无后顾之忧的住宿过程。比如：用 App 实现预定、支付、选房、开门、退房、续住等全功能，远程并智能调控客房里的温度、灯光模式、音乐、空气湿度与洁净度，移动设备可无线连接智能电视，实现双屏互动等。而在智能化的同时，如家还植入了环保健康理念。业内首创"碳积分概念"，即设定饭店平均能耗标准作为参考值，记录宾客入住期间的实际能耗使用状况，与会员积分互通，鼓励和奖励宾客的节能行动。这些创新体验使宾客在整个入住过程中能真正感受到饭店的智能化控制、健康绿色、节能环保以及人文关怀，体验到方便高效的移动入住，为现代商旅人士营造了既能舒服休憩、又能随心随性的精致之"家"。

11.6.6 【推荐项】鼓励饭店项目申报绿色建筑评价标识。

设立背景

对于满足现行国家推荐标准《绿色建筑评价标准》GB/T 50378 的饭店建筑项目，鼓励在运营阶段申报绿色建筑评价标识。根据现行《绿色建筑标识管理办法》："住房和城乡建设部负责制定完善绿色建筑标识制度，指导监督地方绿色建筑标识工作，认定三星级绿色建筑并授予标识。省级住房和城乡建设部门负责本地区绿色建筑标识工作，认定二星级绿色建筑并授予标识，组织地市级住房和城乡建设部门开展本地区一星级绿色建筑认定和标识授予工作。"

　　同时，各地方还出台了绿色建筑标识项目的相关财政奖励政策，具体奖励标准可与各省住建厅、市住建委等相关管理部门确认落实。

11.7　饭店的绿色改造

11.7.1　【基本项】对于有必要进行绿色改造的饭店项目，应结合实际需求，制定绿色改造内容与操作流程。

【条文说明】

1. 改造原则

1）先易后难。将白炽灯、节能灯、射灯、卤素灯、荧光灯改为 LED 灯源，水龙头改为感应水龙头，老式 9L 水箱放置 300mL 塑料瓶等。

2）量入为出。将老式电机改为永磁电机、变频永磁电机。加装太阳能热水板、太阳能电池板。

3）设备寿命周期。尽可能使用空气源热泵代替锅炉及溴化锂直燃机，安全可靠，节能减排，节省人力。

4）绿色环保。装修材料尽可能使用少胶、少大理石、少密度板的材料，窗户改为断桥铝双玻窗户。

5）设施设备周期保养。定期地维护保养，延长设备使用寿命。

2. 改造流程

1）成立以总经理为组长的绿色改造领导小组。

2）成立专门的项目组。定人、定计划，每周总结检查。

11.7.2　【推荐项】绿色饭店装修改造应从建筑节能降碳、优化空间布局、提高功能空间利用率和提高坪效的角度出发，制定改造装修方案。

【条文说明】

　　饭店建筑通常在运营 8～10 年左右，需要进行一定程度的装修改造。改造要考虑饭店自身情况和市场情况，充分分析客户情况和竞争对手情况，紧密结合存在问题的深度解析及饭店项目的定位调整、营销策略等进行前期调研、定位的调整及方案的策划。做到装修和改造策划方、设计方、采购施工方和运营管理方一系列上下游产业链互通互融，一切工作以满足运营使用方的要求、提高运营坪效为出发点。不能过度依赖设计装修公司，严防盲目的定位、设计的错位、投资的不合理性，更不能一味地追求"高大上"，设备选型过大、大堂过大、客房过大，以及大理石、水晶灯、高端的装饰材料普遍使用等现象的发生。

　　应用绿色节能等先进的理念，指导装修和改造工作，充分考虑先进节能技术和方案，绿色建材、高效设备的应用，通过布局优化提升饭店的收益面积比例。通过饭店能源系统的节能改造和饭店围护结构气密性的封堵改善，降低饭店实际能源负荷需求、提高能源效率。具体如：①饭店改造采用绿色设计和装修，选用优质床品、绿色建材、LED照明和节水卫浴，选用低能耗设备、变频设备以及绿色客房新风系统、照明控制系统、空气质量监测系统。②设备更新改造（淘汰耗能设备，采用节能环保设备）、系统改造（优化系统使之更高效）、装修改造（绿色建材，循环利用减少垃圾）。③改造合理的室内物理环境设计，为宾客提供清洁、安全、健康、绿色、智能的居住体验和服务。物理环境是指室内光线、温度、湿度、隔声、供暖、通风、人流交通、通信监控、消防疏散、视听等的设计处理。这些内容是衡量环境质量的主要因素，也是饭店品质的内在表现。

事实上，完美的装修过程是三分硬装修，七分软装饰。装饰材料的选用要突出安全、健康、绿色的原则。

11.7.3　维护改造时应对既有设施和装修做好保护，全程绿色施工。

【条文说明】

除了定期维护外，饭店建筑运营一段时间后通常会进行改造，包括装修改造和设备系统等的维修更新改造，应注意事前做好既有设施和装修保护，减少维护改造对既有设施和装修影响，避免不必要损失。

本章附件

室内环境满意度主观评价信息（供参考）

第一部分　基本信息

第1题：您的性别
　　□男　□女

第2题：您的年龄
　　□25岁以下　□25～44岁□45～60岁□60岁以上

第3题：您的学历
　　□高中及以下　□专科　□本科　□硕士及以上

第4题：您的职业
　　□企业商务人员　□机关干部　□专家学者
　　□私营经营者　□自由职业者　□其他

第5题：您的平均年薪
　　□5万元以下　□6万～10万元　□11万～20万元　□20万～50万元
　　□50万元以上

第6题：您入住饭店的原因
　　□商务活动　□参加会议　□观光旅游　□探亲访友　□其他

第二部分：顾客消费体验打分

说明：该部分是您对入住该饭店的实际感受的打分，如"我对该客房清洁卫生很满意，选择5"，如表11-13。

顾客对饭店环境及消费体验调查表 表 11-13

项目	非常不满意				非常满意
	1	2	3	4	5
1. 饭店基础设施					
饭店建筑外观独特					
饭店内部设计新颖,有特色					
色彩、灯光、音乐等营造舒适氛围					
饭店拥有特色餐厅					
饭店拥有 SPA、游泳池等娱乐健身设施					
饭店设施设备现代化、有品质					
2. 饭店内部服务体验					
饭店拥有品牌文化或纪念品					
可网上预订,网上产品信息真实、丰富					
饭店有组织特色活动					
饭店员工仪容仪表得体					
饭店员工服务态度热情					
饭店提供个性化和人性化的服务					
饭店能及时处理顾客投诉					
3. 饭店环境体验					
饭店内部安全					
饭店外部安全					
饭店的装修					
房间的色彩和色调					
房间内的空气(气味)					
房间清洁卫生					
饭店客房舒适宽敞					
床及卧具的舒适性					
房间的噪声大小					
饭店为我带来舒适感					
饭店为我带来愉悦感					
饭店为我带来独特感					
给予我归属感、认同感					
我会选择再次入住该饭店					
我会选择向别人推荐该饭店					

本章参考文献

［1］孙建超．饭店业的环境问题及 ISO 14000 在饭店业中的应用［J］．中国环境管理（吉林），2003，22（6）：2.

［2］住房和城乡建设部标准定额研究所等．GB/T 51161—2016 民用建筑能耗标准［S］．北京：中国标准出版社，2016.

［3］中国建筑科学研究院等．GB/T 51165—2016 绿色饭店建筑评价标准［S］北京：中国标准出版社，2016.

［4］中国建筑科学研究院等．GB/T 50378—2019 绿色建筑评价标准［S］北京：中国标准出版社，2019.

［5］住房和城乡建设部标准定额研究所等．GB/T 51161—2016 民用建筑能耗标准［S］．北京：中国标准出版社，2016.

［6］中国建筑科学研究院等．JGJ/T 163—2008 城市夜景照明设计规范［S］．北京：中国建筑工业出版社，2008.

［7］上海现代建筑设计（集团）有限公司等．GB 50015—2019 建筑给水排水设计标准［S］．北京：中国计划出版社，2019.

［8］住房和城乡建设部标准定额研究所等．GB 50033—2013 建筑采光设计标准［S］．北京：中国标准出版社，2012.

［9］住房和城乡建设部标准定额研究所等．JGJ/T 334—2014 建筑设备监控系统工程技术规范［S］．北京：中国标准出版社，2014.

［10］中国建筑科学研究院等．JGJ/T 63—2008 城市夜景照明设计规范［S］．北京：中国标准出版社，2008.

［11］住房和城乡建设部标准定额研究所等．GB 50118—2010 民用建筑隔声设计规范［S］．北京：中国标准出版社，2010.

［12］中国环境监测总站等．GB 12348—2008 工业企业厂界环境噪声排放标准［S］．北京：中国环境科学出版社，2008.

12

碳 排 放 计 算

阶段	涉及主体		碳排放指标	碳排放算法	碳排放统计和管理
设计阶段	业主		●	●	
	设计方	建筑(含景观、动线)	●	●	
		暖通	●	●	
		给水排水	○	○	
		结构建材	●	●	
		建筑环境(声光热)	○	○	
		电气	○	○	
施工阶段	业主(/监理)		●	●	
	设计方		○	○	
	施工方		●	●	
运营阶段	设计方(涉及改造装修)		●	●	
	施工方(涉及改造装修)		●	●	
	运维管理方	饭店业主代表	○	○	○
		饭店总经理	●	○	●
		饭店工程管理员	●	●	●
		饭店安全管理员	○	○	○
		饭店绿色管理员	●	●	●
		饭店设备检测代理	○	○	○
●表示相关人员需重点关注内容；○表示相关人员需了解内容； 空白表示无需关注					

碳排放计算条文见表 12-1。

<table>
<tr><td colspan="4">碳排放计算条文</td><td>表 12-1</td></tr>
<tr><th>条文编号</th><th>条文分类</th><th colspan="2">条文内容</th><th>勾选项</th></tr>
<tr><td>12.1</td><td>推荐项</td><td colspan="2">碳排放关键指标</td><td>□</td></tr>
<tr><td>12.2</td><td>推荐项</td><td colspan="2">碳排放计算方法</td><td>□</td></tr>
<tr><td>12.3</td><td>推荐项</td><td colspan="2">饭店碳排放统计和管理要求</td><td>□</td></tr>
</table>

12.1 碳排放关键指标

12.1.1 【推荐项】对于运营一年以上的饭店建筑，应满足饭店可比碳排放强度指标。

参考现行地方推荐标准《饭店低碳评价规范》DB 33/T 2317，对于运营一年以上的饭店建筑，饭店的碳排放强度指标应符合表 12-2 要求。

饭店可比碳排放强度指标表   表 12-2

饭店类型	评价指标	评价值		
		三级	二级	一级
按五星级或金鼎级标准设计和建设	碳排放强度	≤69	≤57	≤50
按四星级或银鼎级标准设计和建设	碳排放强度	≤76	≤62	≤55
按三星级及以下标准设计和建设	碳排放强度	≤70	≤58	≤51

注：表中所指星级是依据现行国家推荐标准《旅游饭店的星级与评定》GB/T 14308 进行评定的饭店等级；表中所指金鼎级、银鼎级是依据现行地方推荐标准《特色文化主题饭店基本要求与评定》DB33/T 871 进行评定的饭店类型。

12.2 碳排放计算方法

12.2.1 【推荐项】开展饭店建筑碳排放计算。

从建筑的全生命周期看，可分为如下几个阶段，包括：材料生产阶段、运输阶段、建造阶段、运营阶段和拆除阶段。建筑全生命周期的碳排放为所有阶段的碳排放之总和，请详见表 12-3。通常建筑领域的碳排放计算主要考虑从材料建造阶段至建筑拆除阶段，在此期间，建筑运营碳排放占比较大。

本导则将介绍当前几种较为常用碳排放计算方法：①根据现行国家推荐标准《建筑碳排放计算标准》GB/T 51366，计算建筑全生命周期的排放量。②根据现行产品推荐标准《饭店业碳排放管理规范》SB/T 11042 中给出的"排放系数法"进行量化和计算。③根据现行地方推荐标准《饭店低碳评价规范》DB33/T 2317，重点计算饭店建筑在运行阶段的碳排放情况。各项目可结合自身需要，可选择不同计算方法。

不同阶段的碳排放关键指标和具体内容   表 12-3

关键指标	具体内容
建筑材料生产阶段碳排放量	水泥、混凝土、砂浆、钢材、玻璃、保温材料等建材生产直接排放的二氧化碳和建材加工消耗的能源所产生的间接二氧化碳之和。即"摇篮到大门"的建材碳足迹数据
建筑材料运输阶段碳排放量	建筑材料及构配件在运输过程中所产生的二氧化碳排放量
建造阶段碳排放量	①饭店建筑施工过程中施工机械设备产生的直接碳排放量和消耗的能源带来的间接碳排放量

关键指标	具体内容
运营阶段碳排放量	②饭店暖通空调系统、生活热水系统、照明电梯系统、可再生能源、建筑碳汇系统所产生的直接碳排放量和消耗的能源带来的间接碳排放量。 ③饭店修缮改造、建材更新等消耗的能源所产生的二氧化碳 ④其他间接排放:水资源消耗、垃圾处置、废水处理、饭店车辆行驶
拆除阶段碳排放量	⑤鉴于饭店建筑项目拆除阶段的碳排放量相对建筑全生命周期而言较低,可暂且不作计算

方法一:按建筑全生命周期考虑,建筑碳排放总量计算,见式(12-1)

$$C = C_{sc} + C_{ys} + C_{jz} + C_m + C_{cc} \tag{12-1}$$

式中　C_{sc}——建材生产阶段碳排放量;

　　　C_{ys}——建材运输过程碳排放量;

　　　C_{jz}——建筑建造阶段碳排放量;

　　　C_m——建筑运行阶段碳排放量;

　　　C_{cc}——建筑拆除阶段碳排放量。

(1)饭店建筑在建筑材料生产阶段的碳排放量计算,见式(12-2)

$$C_{sc} = \sum_{i=1}^{n} M_i \times F_i \tag{12-2}$$

式中　C_{sc}——建材生产阶段碳排放;

　　　M_i——第 i 种主要建材的消耗量(t);

　　　F_i——第 i 种主要建材的碳排放/碳足迹因子,数据参照相关国家及行业标准,或者权威机构公开发布的数据库取值。

(2)饭店建筑在建筑材料运输阶段的碳排放量计算,见式(12-3)

$$C_{ys} = \sum_{i=1}^{n} M_i \times D_i \times T_i \tag{12-3}$$

式中　C_{ys}——建材运输过程碳排放;

　　　M_i——第 i 种主要建材的消耗量(t);

　　　D_i——第 i 种建材的加权平均运输距离(km);

　　　T_i——第 i 种建材的运输方式下,单位重量运输距离的碳排放因子,计(t·km),数据参照相关国家及行业标准,或者权威机构公开发布的数据库取值。

(3)饭店建筑在建造阶段的碳排放量计算,见式(12-4)

$$C_{jz} = \sum_{i=1}^{n} E_{jzi} \times F_{ji} \tag{12-4}$$

式中　C_{jz}——饭店建筑建造阶段碳排放总量;

　　　E_{jzi}——饭店建筑建造过程第 i 种能源总用量(kWh 或 kg);

　　　F_{ji}——第 i 种能源的碳排放因子($kgCO_2/kWh$ 或 $kgCO_2/kg$)。

(4)饭店建筑在运行阶段的碳排放量计算:

获取饭店建筑运营阶段涉及的能源种类和消耗量后,默认饭店建筑设计寿命50年,

按照以下公式进行碳排放量计算:

建筑运行阶段碳排放量根据各系统不同类型能源消耗量和不同类型能源的碳排放因子确定,计算公式见式(12-5)、式(12-6)

$$C_M = \frac{\left[\sum_{i=1}^{n}(E_i EF_i) - C_P\right] y}{A} \tag{12-5}$$

$$Ei = \sum_{j=1}^{n}(E_{i,j} - ER_{i,j}) \tag{12-6}$$

式中　C_M——建筑运行阶段单位建筑面积碳排放量($kgCO_2/m^2$);

　　　E_i——建筑第 i 类能源年消耗量(/a);

　　EF_i——第 i 类能源的碳排放因子,相关国家及行业标准,或者权威机构公开发布的数据库取值;

　　$E_{i,j}$——j 类系统的第 i 类能源消耗量(/a);

　$ER_{i,j}$——j 类系统消耗由可再生能源系统提供的第 i 类能源量(/a);

　　　i——建筑消耗终端能源类型,包括电力、燃气、石油、市政热力等;

　　　j——建筑用能系统类型,包括供暖空调、照明、生活热水系统等;

　　　C_P——建筑绿地碳汇系统年减碳量($kgCO_2/a$);

　　　y——建筑设计寿命(a);

　　　A——饭店建筑面积(m^2)。

饭店建筑中生活热水系统和电梯系统的能耗占比较大,可参照下面的公式进行能耗计算后代入上面的碳排放计算公式:

1)建筑生活热水系统能耗可参照式(12-7)计算:

$$E_w = \frac{\dfrac{Q_r}{\eta_r} - Q_s}{\eta_w} \tag{12-7}$$

式中　E_w——生活热水系统年能源消耗(kWh/a);

　　　Q_r——生活热水年耗热量(kWh/a);

　　　Q_s——太阳能系统提供的生活热水热量(kWh/a);

　　　η_r——生活热水输配效率,包括热水系统的输配能耗、管道热损失、生活热水二次循环及储存的热损失(%);

　　　η_w——生活热水系统热源年平均效率(%)。

2)电梯系统能耗按式(12-8)计算:

$$E_e = \frac{3.6 P t_a VW + E_{standby} t_s}{1000} \tag{12-8}$$

式中　E_e——年电梯能耗(kWh/a);

　　　P——特定能量消耗(mWh/kgm);

　　　t_a——电梯年平均运行小时数(h);

　　　V——电梯速度(m/s);

　　　W——电梯额定载重量(kg);

$E_{standby}$——电梯待机时能耗（W）；

t_s——电梯年平均待机小时数（h）。

方法二： 按照现行行业推荐标准《饭店业碳排放管理规范》SB/T 11042 中给出的"排放系数法"进行量化和计算，具体表示如式（12-9）

$$CO_2 \text{ 当量数} = 活动数据 \times 排放因子 \times GWP \text{ 值} \tag{12-9}$$

该方法的具体量化方法和排放因子见标准附录 A，活动数据收集表格见标准附录 B，温室气体全球变暖潜值 GWP 应选取权威机构最新发布数据，如无法获取可参照标准附录 D。

方法三： 按照现行地方推荐标准《饭店低碳评价规范》DB 33/T 2317，对于运营一年以上的饭店、度假村，包括新建、改建、扩建的饭店及度假村等进行碳排放计算。

饭店的碳排放总量等于饭店所消耗的化石燃料燃烧的碳排放量，电力、热力等二次能源折算的碳排放量以及废水处理产生的碳排放量之和，按式（12-10）计算。

$$C = (C_{燃烧} + C_{电和热} + C_{废水} - C_{可}) \tag{12-10}$$

式中　C——饭店碳排放总量，单位为千克二氧化碳当量（$kgCO_2$）；

$C_{燃烧}$——饭店消耗的化石燃料燃烧的碳排放量，单位为千克二氧化碳当量（$kgCO_2$）；

$C_{电和热}$——饭店消耗的电力、热力等二次能源折算的碳排放量，单位为千克二氧化碳当量（$kgCO_2$）；

$C_{废水}$——废水厌氧处理产生的碳排放量，单位为千克二氧化碳当量（$kgCO_2$）；

$C_{可}$——采用可再生能源（太阳能光伏）所产生的碳减排量，单位为千克二氧化碳当量（$kgCO_2$）。

一、设立背景

应对气候变化、减少温室气体排放等问题已是全球发展日益高度关注的问题之一。中国是一个发展中的经济大国，目前正处于举世瞩目的城市化进程当中，资源环境约束问题逐渐突出，减排温室气体、探索低碳发展道路的需求也日益迫切。2009 年 11 月，中国宣布到 2020 年单位 GDP 二氧化碳排放比 2005 年下降 40％至 45％的行动目标，并将其作为约束性指标纳入国民经济和社会发展中长期规划。2015 年 6 月，中国提交应对气候变化国家自主贡献文件，2015 年 12 月的联合国气候变化大会（UNCCC）通过《巴黎协定》：本世纪（21 世纪）全球平均气温上升幅度控制在 2℃以内，并将全球气温上升控制在前工业化时期水平之上 1.5℃以内，大会首次将建筑节能单独列为会议议题。2020 年 9 月 22 日，习近平主席提出："中国二氧化碳排放力争于 2030 年前达到峰值，努力争取 2060 年前实现碳中和。"

按照欧盟从 20 世纪 90 年代碳达峰，到预计 21 世纪中叶实现碳中和目标，差不多需要历经 60 年，而中国从碳达峰到碳中和仅有 30 年的时间。如此对照来看，中国将面临着比发达国家时间更紧、幅度更大的减排要求。如果碳达峰的峰值越高，后续实现碳中和的难度也将越大。在双碳的宏观目标下，各行各业都将面临着更严格的约束。

饭店建筑是大型公共建筑中能耗较高的建筑类型之一，具有巨大的节能减碳潜力和社会示范效应，因此，饭店行业的低碳发展，不仅是饭店实现自身可持续发展、为全社会低碳节能树立典范的需要，同时也是实现建筑领域低碳节能的重要路径，对推动全社会的低碳发展及应对全球气候变化意义重大。

二、设立依据

现行行业推荐标准《饭店业碳排放管理规范》SB/T 11042 内容上涵盖了饭店业碳排放指标体系设计、饭店基准数据采集、边界核查、碳足迹计算标准、服务碳标签申请及核证流程等，同时，标准中所涉及的碳排放管理数据和计算方法集合了饭店行业的实际情况所制定的，具有较强的普遍性，适用于指导饭店建筑运营阶段碳排放的计算。

已颁布实施的现行国家推荐标准《建筑碳排放计算标准》GB/T 51366 及现行行业推荐标准《民用建筑绿色性能计算标准》JGJ/T 449 两项标准均是参照建筑全寿命周期评估（LCA）理论方法，对于建材生产及运输、施工、运营、拆除等各建设环节的碳排放计算进行了详细规定，内容涵盖了计算边界、计算方法、数据因子选用等方面，适用于指导饭店建筑的建设阶段碳排放的计算。

本节主要参照上述标准规范中计算方法和相关数据附录，供绿色饭店碳排放计算提供参考。目前我国已发布多个行业的企业温室气体排放核算方法和报告指南，如国家《公共建筑运营单位（企业）温室气体排放核算方法和报告指南（试行）》《上海市旅游饭店、商场、房地产业及金融业办公建筑温室气体排放核算与报告方法（试行）》SHMRV-009、《深圳市建筑物温室气体排放的核查规范及指南（试行）》等碳排放核算和报告方法学，也可供绿色饭店建筑碳排放计算时参考。希望一方面能够为饭店行业提供相关信息，制定减碳策略；另一方面有利于饭店建筑运用标准方法和统一原则进行碳排放计算，进而开展有效的碳排放分析和管理，树立良好的社会责任形象，或参加自愿性的温室气体报告，甚至参与碳排放市场交易。

三、实施途径

1. 策划阶段——饭店业主（开发建设方）

明确绿色饭店建筑碳排放计算和管理工作的重要性，进行统一策划，了解不同阶段碳排放计算涉及的关键指标和具体内容。

2. 设计阶段——饭店业主（开发建设方）

明确不同设计专业与绿色饭店建筑碳排放计算的关联性，安排人员和任务分工。

3. 设计阶段——各设计专业

绿色饭店建筑在设计阶段重点在于选用碳排放量较小的建筑材料上，因此结构建材专业需要提高对碳排放指标和计算方法的关注度，其他专业（如暖通、给水排水、电气等），因为与建筑后期运营阶段碳排放量存在一定的关联，因此在设计阶段也需予以关注。

纳入建材生产阶段碳排放计算范围的建材主要为建筑主体结构材料和围护结构材料，包括水泥、混凝土、砂浆、钢材、玻璃、保温材料等，对于其他装饰材料、家具、设备等可以不予考虑。要求纳入计算范围的建材总重量不低于建筑主体结构材料和围护结构材料总重量的 95%，在满足上述要求的前提下，重量占比小于 0.1% 的建材可不予考虑。

各类建材用量可通过查询相关设计图纸、工程采购清单、材料决算清单等资料确定。

建材碳排放因子 F_i 的数据来源，可优先选用国家或行业标准发布的碳排放因子数据库，或者经过相关验证的第三方权威机构公开发布的碳足迹因子数据库。当部分建材不能从公开数据库中获取因子数据时，可采信由厂家提供的碳足迹数据，但应说明数据来源及可靠性。

4. 施工及验收阶段——施工方

（1）统计主要建材及构配件运输碳排放量

建材的平均运输距离为建材从生产场地运输到施工现场的距离，该阶段的碳排放主要为各类交通运输工具在运输过程中所消耗的能源的生产和使用过程的碳排放，根据各类交通运输方式单位重量运输距离碳排放因子进行计算。

建材运输阶段主要建材的运输距离应通过查询建材采购合同、运输合同、财务报表等方式确定。

建材运输阶段的碳排放因子 T_i 应包含建材从生产地到施工现场的运输过程的直接碳排放和上述运输过程所耗能源的生产过程的碳排放。T_i 可采用现行国家推荐标准《建筑碳排放计算标准》GB/T 51366 附录 E 给出的数值，或者采用其他国家或行业标准及权威机构公开发布的数据。

（2）计算施工阶段碳排放量

施工阶段碳排放计算边界主要为饭店建筑施工过程中施工机械设备产生的直接碳排放量和消耗的能源带来的间接碳排放量。

现场搅拌的混凝土、砂浆，现场制作的构件、部品的生产和加工能耗产生的碳排放应计入。而施工阶段使用的预拌混凝土、预拌砂浆、预制构件和部品在场外的生产能耗可不计入本部分计算，应放入该类建材及制品生产阶段碳排放计算中。施工阶段使用的办公用房、生活用房和材料库房等临时设施的施工和拆除可不计入。

施工阶段的设备机具燃料动力用量宜采用施工工序能耗估算法，将分部分项工程总燃料动力用量和措施项目总燃料动力用量叠加进行计算（具体算法详见现行国家推荐标准《建筑碳排放计算标准》GB/T 51366 5.2 节的规定）。施工阶段的各种燃料碳排放因子可采用现行国家推荐标准《建筑碳排放计算标准》GB/T 51366 附录 A 给出的数值，也可采用其他国家或者行业标准及权威机构公开发布的数据。

5. 运营阶段——运维管理方

按照方法一进行碳排放量计算时，应考虑饭店运营期间空调通风、照明、电梯、生活热水等系统的碳排放，根据全年各类能源消耗总量进行统计和计算。运营阶段所消耗电力的碳排放因子应按项目所在区域大电网的排放因子确定。在进行评价计算时，应以可以获取的最新数据为准。2011 年和 2012 年中国区域电网平均 CO_2 排放因子表如表 12-4 所示。

2011 年和 2012 年中国区域电网平均 CO_2 排放因子表（$kgCO_2/kWh$）　　表 12-4

名称　　　　年份	2011 年	2012 年
华北区域电网	0.8967	0.8843
东北区域电网	0.8189	0.7769
华东区域电网	0.7129	0.7035
华中区域电网	0.5955	0.5257
西北区域电网	0.6860	0.6671
南方区域电网	0.5748	0.5271

按照方法二进行碳排放量计算时，步骤如下：

（1）识别排放源

首先确定运营边界，识别与饭店运营有关的排放源，并按范畴分成直接排放（范畴一）、能源间接排放（范畴二）、其他间接排放（范畴三）以下三种类别：

1）直接排放（范畴一）：由饭店所拥有或控制的排放源排放。如锅炉、厨房炉灶等。

2）能源间接排放（范畴二）：饭店能源使用的间接排放，外购电力、热能或蒸汽产生有关的间接温室气体排放。

3）其他间接排放（范畴三）：由饭店其他相关活动产生的碳排放，非属能源间接温室气体排放。如采购的设备和物品和供应商活动、其他商务活动等。

排放源的识别可参见现行行业推荐标准《饭店业碳排放管理规范》SB/T 11042 附录 C。

（2）收集和记录活动数据

排放源识别后，应收集和记录与排放源有关的活动数据，如天然气、柴油的消耗量，电的消耗量、汽车里程数、热水消耗量、供暖面积，活动数据的选择和收集应与选择的量化方法要求一致。

活动数据的来源包括分为连续计量的数据（如电表，燃气表数据），间歇计量数据（如加油量，采购量数据）和估算值（供暖面积、制冷剂逸散量数据）三种，数据质量依次递减，饭店应优选选择质量较高的数据。

活动数据收集表格可参见现行行业推荐标准《饭店业碳排放管理规范》SB/T 11042 附录 B。

（3）选择排放因子

排放因子的选择可参见现行行业推荐标准《饭店业碳排放管理规范》SB/T 11042 附录 A。

使用排放系数法应确保选择的排放因子：

① 满足相关性、一致性、准确性的准则。

② 取自认可的来源并且是最新的。

③ 适合所选择量化的排放源。

④ 在计算期内有时效性。

饭店建筑在运维期间会定期进行修缮改造，也经常会发生建材的更新，因此在运营阶段碳排放量计算中应将这两部分纳入一并考虑。建筑物修缮改造的碳排放量可参照建造阶段碳排放量计算方法进行统计，建材更新等消耗的能量所产生的二氧化碳可参照建材生产及运输过程中碳排放量计算方法进行统计。

12.3 饭店碳排放统计和管理

12.3.1 【推荐项】对绿色饭店建筑进行碳排放统计和管理，有助于降低建筑运营阶段的碳排放。

参考现行地方推荐标准《饭店低碳评价规范》DB 33/T 2317，饭店碳排放统计基本要求包括如下几方面：

1. 饭店应按照现行国家推荐标准《能源管理体系要求及使用指南》GB/T 23331、《环境管理体系要求及使用指南》GB/T 24001、现行行业推荐标准《绿色旅游饭店》LB/T 007 建立碳排放管理体系。

2. 饭店应明确低碳管理的职责，建立低碳管理责任制度，落实相关人员负责实施碳排放管理工作。

3. 饭店应当加强碳排放计量管理，配备和使用经依法检定合格的能源计量器具，建立分户、分类、分项碳排放计量系统。计量工具的配备和管理应符合现行国家标准《用能单位能源计量器具配备和管理通则》GB 17167 的要求。

4. 饭店应当建立能源消费统计和能源利用状况分析制度，对各类能源的消费实行分类计量和统计，并确保能源消费统计数据真实、完整。

5. 鼓励可再生能源的利用，节能新技术和节能减碳管理信息化的应用。

碳排放管理基本要求包括如下几方面：

1. 饭店应制定合理的年度用能计划，根据现行行业推荐标准《饭店业碳排放管理规范》SB/T 11042 制定用碳目标并实施监管。

2. 饭店应在经营过程中节约用能，及时关闭设备、设施，减少碳排放。

3. 新建、改扩建的饭店采购制冷机组、电动机、泵、风机、变压器、锅炉、厨房冰箱等通用耗能设备时，应选用 1 级能效的产品。

4. 饭店应使制冷机组、电动机、泵、风机、变压器、锅炉、厨房冰箱等通用耗能设备符合相关用能产品经济运行工况。

5. 饭店应积极推行节能技改，淘汰落后的用能设备。

6. 应强化对饭店低碳化运营的管理，提高智能化水平，实现相关软件的平台化、智能化，逐步实现用大数据分析不断改善低碳管理目标。

本章参考文献

［1］中国建筑科学研究院等.GB/T 51366—2019 建筑碳排放计算标准［S］.北京：中国建筑工业出版社，2019.

［2］中国饭店协会等.SB/T 11042—2013 饭店业碳排放管理规范［S］.北京：中国标准出版社，2013.

［3］清华大学等.JGJ/T 449—2018 民用建筑绿色性能计算标准［S］.北京：中国建筑工业出版社，2018.

［4］浙江省能源研究会饭店节能专业委员会等.DB33/T 2317—2021 饭店低碳评价规范［S］.北京：中国建筑工业出版社，2021.

13

绿色饭店项目案例

13.1 新建绿色饭店项目——首开仙海龙湾喜来登饭店

一、项目概况

首开仙海龙湾 D 地块饭店位于四川省绵阳市，净用地面积 38360.64m²，总建筑面积 46109.14m²。其中包含地上八层，建筑面积 31012.27m²，主要功能为客房、宴会厅和餐饮等，地下两层，建筑面积 15096.87m²，主要功能为游泳池、健身、办公、会议、车库和设备用房，建筑高度 29.85m。建筑效果图如图 13-1 所示。

图 13-1　首开仙海龙湾喜来登饭店效果图

二、创新点设计理念

首开仙海龙湾喜来登饭店项目已于 2019 年 10 月 15 日获得三星级绿色建筑设计标识，在绿色建筑设计中，绵阳首开仙海龙湾喜来登饭店项目始终坚持以人为本，人与自然和谐相处的原则，从室外风、光、热角度出发规划建筑布局，对场地外环境进行整体优化。采用被动优先主动优化的策略，以被动式技术为主，加强自然采光和自然通风，辅以高效设备、智能照明控制等主动技术，打造适宜的人居环境同时，降低运行成本。项目从人的角度出发，注重使用者感受，通过开阔的视野、室内空气污染物监控、室内声环境优化等，打造健康、安全和舒适的建筑空间，在四川省打造了一个高品质的旅游饭店项目。

（1）建筑策划

符合生态环保理念的建筑规划设计是实现绿色饭店建筑目标的良好开端，本项目在规划设计阶段就明确了绿色饭店建筑的建设目标，实现饭店建筑在整个生命周期的绿色可持续。合理的建筑朝向、间距、布局、功能分区、动线设计等，合理利用土地资源、建筑空间，合理运用自然资源，以及建筑内部空间、围护结构和外部空间设计等因素，都为饭店资源能源节约、绿化、排水和对外交通等功能实现打下良好基础。

（2）规划与场地

场地环境噪声符合现行国家标准《声环境质量标准》GB 3096 的要求。项目的主体外墙采用 200mm 加气混凝土砌块＋40mm 不燃型聚苯乙烯保温板，外窗采用断桥 LOW-E 铝合金中空玻璃（6＋12A＋6），具有良好的隔声性能。

沿街建筑玻璃幕墙可见光反射比小于 0.2，满足现行国家推荐标准《玻璃幕墙光热性能》GB/T 18091 中规定的要求，并且注意对窗的分割和玻璃面积的限制使用，以减少玻璃反射光对环境的干扰。

本项目饭店临近仙海湖，紧邻环湖路，距离公共交通枢纽 1500m，为方便饭店客人绿色出行，饭店设置从项目出入口到公共枢纽的免费接驳车，10min 一班，公共出行方便快捷。

场地设置下凹式绿地等调蓄雨水，下凹式绿地面积占绿地面积的比例为 33.01%，室外设施植草砖、透水沥青、透水混凝土和透水砖，硬质铺装地面中透水铺装面积的比例为 89%，场地年径流总量控制率达到 70%。

通过优化建筑布局，改善室外风环境。利用流体力学软件对冬季、夏季和过渡季室外风环境进行模拟：冬季建筑物周围人行区距地 1.5m 高处风速 $v<5m/s$，不影响人们正常室外活动。夏季、过渡季建筑周边未出现无风区或涡旋区，不影响室外散热和污染物消散，如图 13-2、图 13-3 所示。

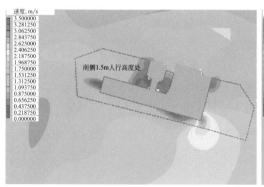 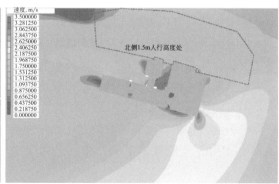

图 13-2 冬季典型工况 1.5m 人行高度处室外风速云图

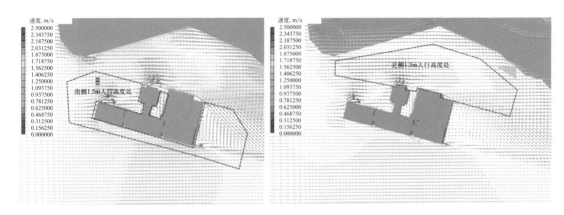

图 13-3　春秋季典型工况 1.5m 人行高度处室外风速矢量图

（3）建筑设计

各部分围护结构均做了节能优化设计，且建筑的体形系数、窗墙面积比均小于规范限值，经权衡判断后，设计建筑全年能耗小于参照建筑的全年能耗，达到现行国家标准《公共建筑节能设计标准》GB 50189 的节能要求。

（4）建筑结构建材

全部采用预拌混凝土和预拌砂浆，在确保工程质量的同时，大大缩短工期，实现机械化施工，提高建设速度，同时可有效避免砂石、水泥等材料的浪费。

采用了大量的三级及以上钢材，高强度钢在钢材中的用量比例达到了 85.31%，有效减少了钢材用量。

可变换功能的房间包括宴会厅、包间、会议室、中餐厅等，采用灵活隔断的面积占可变换功能的室内空间面积的比例为 45.79%。

（5）暖通空调专业

冷源采用一台制冷量为 988kW 的电制冷螺杆式冷水机组和两台制冷量为 2461kW 的电制冷离心式冷水机组，其中一台电制冷离心式冷水机组为变频（带热回收）。冷量调节范围为 30%～100%。地下一层和一层后勤区采用变冷媒流量一拖多空调机组。热源采用三台 25000kW 油气两用常压热水锅炉，配置两台板式换热器，可分别提供 60℃/50℃ 的热水供空调母端，45℃/35℃ 的热水供地板辐射，以及生活热水和泳池热水。设计建筑与参考建筑全年能耗分项分析详见图 13-4。

供暖空调的冷热源机组性能均优于现行国家标准《公共建筑节能设计标准》GB 50189 的规定。经模拟计算，供暖空调系统可实现 27.02% 的节能率。

客房采用风机盘管加新风系统，客房新风机组设置板式显热回收装置，经计算，客房全年回收的冷量为 46.29 MWh，全年回收热量 1325.25MWh。宴会厅、会议前厅组合式空调机组设置转轮式全热回收装置，全年回收的冷量为 1082.60MWh，全年回收的热量为 944.49MWh。节能效果显著，全年共可节省运行费用 11.83 万元。如图 13-5、图 13-6 所示。

（6）电气节能

各主要功能房间的灯具均以 LED 灯具为主，照明功率密度满足目标值要求，同时照

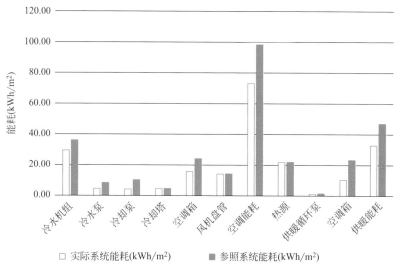

图 13-4 设计建筑与参考建筑全年能耗分项分析图

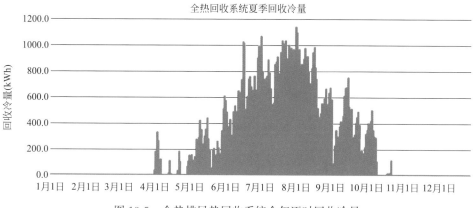

图 13-5 全热排风热回收系统全年逐时回收冷量

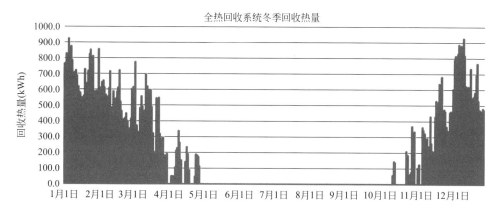

图 13-6 全热排风热回收系统全年逐时回收热量

明系统采用智能化集中控制，并按建筑使用条件和天然采光状况采取分区、分组控制。

设置了能耗管理系统，如图 13-7 所示，该系统可实现各用电设备的独立分项计量，在运行过程中设置专人进行数据核查，并对能耗数据进行统计分析，及时反馈不合理能耗，从而指导运行，建立健全合理的运行策略。

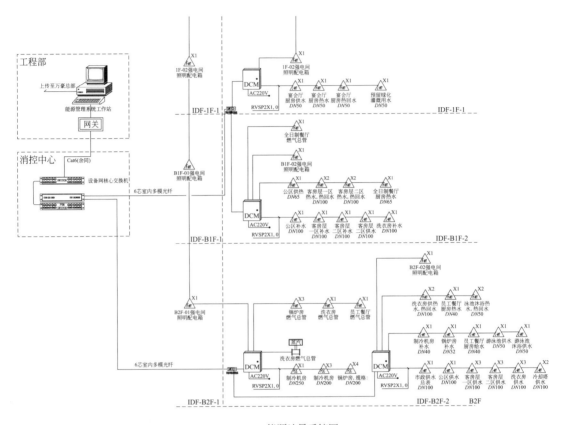

能源计量系统图

图 13-7　能耗管理系统

（7）给水排水专业

卫生间均采用节水器具，如感应式水龙头、感应式小便器等，均满足现行城市建设标准《节水型用水器具》CJ 164 节水效率等级为一级的要求。

设置三级计量水表，实现管网漏损监测。在市政给水引入管设置生活给水总表，地下车库冲洗引入管、公区加压供水总管、客房层一区加压供水总管、客房层二区加压供水总管、洗衣房加压供水管、冷却塔加压补水管分别设置二级计量水表。公区各供用水点用水量（厨房、健身房、游泳池、锅炉房、制冷机房、员工餐厅、垃圾房空调机房、大堂吧、公共卫生间等）以及客房各给水立管设置三级计量水表，如图 13-8 所示。

在室外设雨水回收系统，收集屋面雨水处理后用于场地内绿化浇洒和道路冲洗。雨水机房位于外广场西侧地下，屋面面积 7401m²，本项目年可收集雨水量为 4285.88m³/a，场地内绿化浇洒和道路冲洗用水量为 4638.99m³/a，项目屋面年可收集雨水总量基本能够满足项目室外绿化浇灌和道路冲洗在内的全年杂用水总量需求，部分月份降雨量不足时，

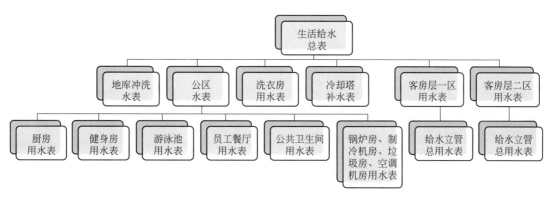

图 13-8　分级水表设置示意图

可采用市政补水，全年雨水利用总量占道路冲洗和绿化灌溉用水总量的 67.71%，如图 13-9 所示。

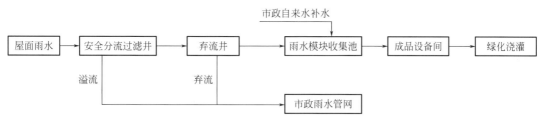

图 13-9　雨水回用系统处理流程

（8）室内环境质量

建筑室内照度、统一眩光值和一般显色指数均满足现行国家标准《建筑照明设计标准》GB 50034 的有关要求。

对噪声源和噪声敏感房间进行合理布局，有效控制室内噪声，同时对产噪设备进行隔声减振处理，机房设置吸音墙体及隔声门。主要功能房间的室内噪声级应满足现行国家标准《民用建筑隔声设计规范》GB 50118 中的低限要求。

设置了完善的无障碍设施，首层设有无障碍出入口，地下车场设有无障碍停车位，各层均设置无障碍卫生间，同时设有无障碍电梯可直达各层。

通过合理设置外窗使主要功能房间获得较高的采光系数，主要功能房间的采光系数满足现行国家标准《建筑采光设计标准》GB 50033 要求的面积比例为 92.98%。采用地下庭院等方式改善内区和地下空间的自然采光效果，地下空间平均采光系数不小于 0.5% 的面积与首层地下室面积的比例为 37.88%。如图 13-10、图 13-11 所示。

宴会厅及前厅 AHU（Air Handing Unit，空气处理机组），餐厅可以根据室内 CO_2 浓度传感器所监测的 CO_2 浓度来自动调节新风量。宴会厅及前厅 AHU，餐厅设对甲醛、颗粒物等室内污染物浓度监测装置，实现超标报警。地下车库设置 CO 传感器，并与排风系统联动控制，以确保地下车库的空气质量。

宴会厅属于高大空间，本项目通过对室内气流组织设计进行优化，使宴会厅的热环境设计参数满足室内人员的舒适度要求。宴会厅送风采用一次回风全空气系统，送风口采用旋流风口，回口采用铝合金百叶风口，气流组织形式是上送上回。经模拟分析，在夏季典

采光和照明分析
采光系数
数值范围:0.0~2.4%

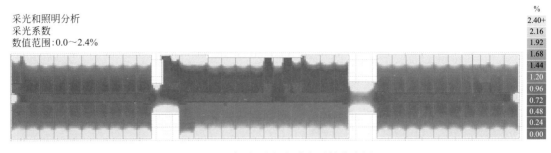

图 13-10　标准层室内采光系数分布图

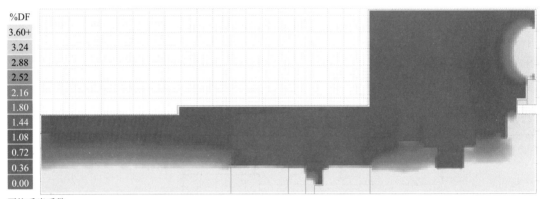

平均采光系数
　2.9%DF

图 13-11　地下二层室内采光系数分布图

型工况下人行区域温度均在 23℃以下，平均风速均在 0.3m/s 以内，报告厅的气流组织合理，满足人员舒适需求。如图 13-12、图 13-13 所示。

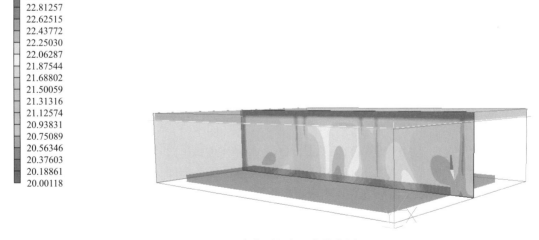

图 13-12　宴会厅竖向温度分布图

温度(℃)
22.95599
22.77131
22.58664
22.40196
22.21729
22.03261
21.84794
21.66326
21.47858
21.29391
21.10923
20.92456
20.73988
20.55521
20.37053
20.18586
20.00118

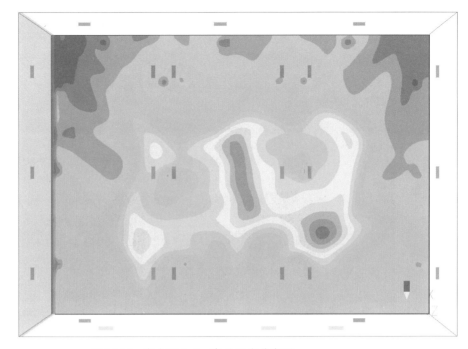

图 13-13 宴会厅 1.5m 高处温度分布图

三、项目总结

将可持续发展的理念贯穿于规划设计、建筑设计、建材选择、绿色施工，并将最终落实到物业管理的建筑全寿命周期内，营造出人与自然、资源与环境的和谐发展。从而引导建筑设计向良性、环保、可持续方向发展，为绵阳市乃至四川省的绿色饭店建筑的推广提供实际经验，让使用者切实感知到绿色生态建设带来的环境改善和提升，具有非常重要的推广价值。

13.2 绿色饭店改造项目——京师大厦节能绿色化改造探索

一、工程概况

京师大厦是一座集办公、会议、高级写字间、客房、餐饮、健身等功能为一体的综合性建筑。该建筑位于北京师范大学东南角，东临新街口外大街，南临学院南路，总建筑面积为 48114.23m²，占地面积为 10000m²。其中地上 16 层，面积为 39927.04m²，地下 2 层，面积为 8187.19m²，总建筑高度 60.8m。京师大厦于 2002 年建成并投入使用，并于 2014 年 1 月至 2016 年 12 月进行节能改造。大厦外观如图 13-14 所示。

二、节能改造技术路线

1. 照明系统改造

京师大厦在改造前主要使用节能灯、T8 荧光灯、白炽灯、筒灯等传统光源满足大厦

图 13-14　大厦外观

的照明，但传统光源有功耗大、寿命短、维护成本高等缺点，所以有必要对其进行改造。根据大厦照度具体情况、市场调研、产品反复试验等工作，确定最终改换方案：将上述传统光源更改为 LED 光源，如表 13-1 所示。

LED 灯具对比常见传统灯具　　　　　　　　　　　　　　　　　　　　　　　表 13-1

灯具类型	光通量（lm/W）	发光效率（%）	使用寿命（h）
LED 灯	80～120	90	25000
卤素灯	20	30	500
节能灯	50～60	60	17520

由表 13-1 可知，LED 光源相比传统光源，具有光通量大、发光效率高、使用寿命长等特点。经改造，大厦换装了 11323 套 LED 灯具，在满足现有照明系统的照度、显色指数、色温、配光曲线、功率因素、无级调光及智能控制的基础上，降低了照明系统的能耗。对于大堂西侧转角楼梯处位置受限、升降机无法摆臂进行操作（12m）等位置，在确保人员安全的前提下，使用人工搭架的形式，完成此项更换灯具工作，具体细节见表 13-2。改造后的 LED 光源如图 13-15 所示。

改造明细　　　　　　　　　　　　　　　　　　　　　　　表 13-2

位置	改造前灯具数量（套）	改造后灯具数量（套）	节能量（kW）	节能率（%）
一层大堂	79	79	1.91	53.20%
二层大宴会厅	551	551	17.57	76.29%

续表

位置	改造前灯具数量（套）	改造后灯具数量（套）	节能量（kW）	节能率（%）
三层会议室	788	788	11.87	61.31%
六层楼道区域	160	160	2.89	65.38%
七层楼道区域	166	166	2.94	62.55%
二层小宴会厅	306	306	5.74	52.61%
二层大宴会厅	7	7	0.23	82.14%
三层会议室	19	19	0.29	47.54%
客房	1376	1376	48.36	89.74%
一～十六层客梯间	384	384	7.70	41.85%
四～十六层机房	74	74	1.50	41.67%
走道内照明	773	773	10.57	47.34%

图 13-15 改造后的 LED 光源

2. 太阳能热水系统改造

太阳能热水器具有安装使用方便、节能效果明显的优点。将太阳能供热系统作为本项目生活热水辅助加热的主要热源之一，利用晴好天气为贮热水箱蓄热，可以节约热水系统对常规能源的消耗。

（1）系统形式

本工程中平板太阳能集热器安装在十七层平台南侧，占地面积共 240m²，排列分为 3 组，每组 38 块，共计 114 块。该系统由太阳能集热器、贮热水箱、盘管换热器、循环水泵、补液系统等设备组成，采用太阳能集中集热、闭式承压循环、间接换热系统，如图 13-16 所示。

图 13-16 改造后的太阳能集热板

（2）太阳能控制系统的设计

本工程中太阳能系统采用集热循环，当水箱底部温度 $T4<55℃$ 时，且当集热器出口温度 $T1>$ 水箱底部温度 $T4+$ 启动温度值 8℃时，集热循环泵组启动，经太阳能集热器加热的热媒，通过集热循环泵管道进入屋顶机房半即热式换热器内换热，加热贮热水箱内热水，当水箱底部温度 T4$\geqslant$60℃时或当 T1$\leqslant$T4$+$2℃时，集热循环泵组停止运行。太阳能系统控制可实现远程操作，值班人员在办公室可以进行数据采集、监控、操作以及故障报警等，如图 13-17 所示。

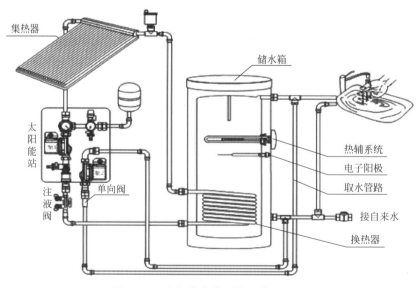

图 13-17 太阳能集热系统工作原理图

3. 空调系统改造

空气源热泵以空气中的能量作为主要动力，通过少量电能驱动压缩机运转，实现能量从低品位到高品位的转移。空气源热泵在能效比上远高于传统冷水机组，且没有水源热泵的地下水回灌问题、土壤源热泵的土壤热堆积问题等。

在本工程中，空调冷热源改为模块式空气源热泵空调机组，机组设置在大厦东侧广场地面上，根据现场调研，国际学术交流中心制冷季空调最大运行冷负荷 27000kW，改造设计时，空调冷负荷配置在满足最大运行冷负荷的基础上，预留部分日后的升级改造空间，因此，此次按照 4000kW 冷负荷进行设备选型，选用 28 台 138kW 空气源热泵机组用于夏季制冷，冬季制热，设备编号 L-W-1。选用 4 台三联供形式的模块式空气源热泵机组用于夏季制冷，冬季制热，且在夏季制冷时做全热回收用于制备生活热水，设备编号 L（H）-W-1。新增的空气源热泵机组如图 13-18 所示，空气源热泵设备参数如表 13-3 所示。

图 13-18　新增的空气源热泵机组

空气源热泵设备参数　　　　　　　　　　　　　　　　表 13-3

设备编号	制冷量（kW）	制冷电量（kW）	制热量（kW）	制热电量（kW）	制热水能力（kW）	制热水电量（kW）	台数	制冷 COP	制热 COP
L-W-1	138	38	120	36	/	/	28	3.36	3.33
L（H）-W-1	60	19.7	70	20.5	80	/	4	3.05	3.4

4. 水泵变频改造

改造前京师大厦补水泵、加压泵等多台水泵仍为定流量运行，长期满载运行，造成耗电量的巨大浪费，对其进行变频改造势在必行。

（1）改造原理分析

水泵在满足三个相似条件：几何相似、运动相似和动力相似的情况下遵循相似定律；对于同一台水泵，当输送的流体密度 ρ 不变，仅转速改变时，其性能参数的变化遵循比例定律：流量与转速的一次方成正比，扬程与转速的二次方成正比，轴功率则与转速的三次方成正比。具体见式（13-1）、式（13-2）、式（13-3）。

$$\frac{Q}{Q_e}=\frac{n}{n_e}\tag{13-1}$$

$$\frac{H}{H_e}=\left(\frac{n}{n_e}\right)^2\tag{13-2}$$

$$\frac{P}{P_e}=\left(\frac{n}{n_e}\right)^3\tag{13-3}$$

由流体力学可知，P（功率）$=Q$（流量）$\times H$（压力），流量 Q 与转速 N 的一次方成正比，压力 H 与转速 N 的平方成正比，功率 P 与转速 N 的立方成正比，如果水泵的效率一定，当要求调节流量下降时，转速 N 可成比例地下降，而此时轴输出功率 P 成立方关系下降。即水泵电机的耗电功率与转速近似成立方比的关系。例如：一台水泵电机功率为 55kW，当转速下降到原转速的 4/5 时，其耗电量为 28.16kW，省电 48.8%，当转速下降到原转速的 1/2 时，其耗电量为 6.875kW，省电 87.5%。如图 13-19 所示。

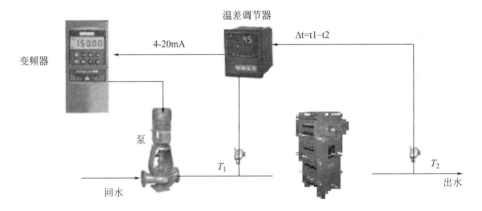

图 13-19　变频控制原理图

（2）改造结果

改造前设备参数		表 13-4
设备名称	数量（台）	电机功率（kW）
补水泵	2（一用一备）	18.5
加压泵	3	3
加压泵	1	1.5

改造后设备参数		表 13-5
设备名称	数量（台）	功率（kW）
变频电机	3（两用一备）	5.5

由表 13-4、表 13-5 可知，经改造后水泵变频功率差为 23.3kW，节能率达到 80%。

5. 电气系统改造

由于太阳能热水系统改造和空气源热泵机组空调冷源改造需要，本项目增加负荷总量约为 1023kW。大厦现有 1、2 号变压器安装负荷约增加至 2800kW。经负荷计算现有变压器可以满足本项目用电要求，仅需增设配电箱，进行局部线路优化和集成。

三、对于核算节能率的数据处理

1. 分析基准值

现汇总京师大厦 2014 年总体能源消耗数据如表 13-6。

京师大厦 2014 年总体能源消耗统计表

表 13-6

项目	2014 年用量	标煤（tce）	费用（元）
电（kWh）	3060920.00	878.48	2717845.60
天然气（m³）	627925.00	835.14	1733874.01
水（t）	62171.00	5.33	407516.85
合计	/	1718.95	4859236.46

通过表 13-6 可知，京师大厦 2014 年总体能耗为 1718.95tce，总能耗费用为 4859236.46 元。但其中数据中心机房设备占有一部分能耗，现对数据中心机房设备汇总如表 13-7。

数据中心设备参数表

表 13-7

设备名称	安装位置	每层台数	数量	设备功率（W）	总功率（W）
交换机	1F～3F	3	9	60	540
交换机	4F～7F	6	24	60	1440
交换机	8F～11F	2	8	60	480
交换机	12F～16F	2	10	60	600
交换器	数据机房	—	8	60	480
服务器	数据机房	—	8	250	2000
合计	—	—	67	—	5540

由表 13-7 可知，京师大厦数据机房设备总功率为 5540W，按全年运行时长 8760h 计算，每年约消耗 48530kWh 电量，折算标煤为 13.93tce。

综上所述，京师大厦基期（2014 年）除数据中心机房设备电耗后，总能耗为 1705.02tce。

2. 分析报告期

现汇总京师大厦 2017 年总体能源消耗数据如表 13-8。

京师大厦 2017 年总体能源消耗统计表

表 13-8

项目	2017 年用量	标准煤（tce）	费用（元）
电（kWh）	3661640.00	1050.89	3368708.80
天然气（m³）	196205.00	260.95	514669.00
水（t）	41671.00	3.57	395874.50
合计	—	1315.41	4279252.30

通过表 13-8 可知，京师大厦 2017 年总体能耗为 1315.41tce，总能耗费用为 4279252.30 元。其中数据中心机房设备能耗为 13.93tce。

为贯彻市政府节能环保的指示精神，方便师范大学及社会新能源环保车辆的使用，经与北京市海淀供电公司沟通协商，国网北京市电力公司在京师大厦室外东侧安装新能源直流充电桩 6 台。该充电桩在 2016 年安装完成，2017 年正式投入使用。其 2017 年全年共消耗电量 51051kWh，折算标煤为 14.65tce。

综上所述，京师大厦报告期（2017 年）除数据中心机房设备、充电桩电耗后，总能耗为 1286.83tce。

3. 整体节能效果分析

根据《北京市公共建筑节能改造节能量（率）核定方法》规定：

（1）旅馆建筑校准后的非供暖能耗按式（13-4）～式（13-6）计算：

旅馆建筑：

$$E_{校准后的非供暖能耗} = E_{基期非供暖能耗} \cdot \theta_1 \cdot \theta_2 \qquad (13\text{-}4)$$

$$\theta_1 = 0.4 + 0.6 \frac{H_{报告期}}{H_{基期}} \qquad (13\text{-}5)$$

$$\theta_2 = 0.5 + 0.5 \frac{R_{基期}}{R_{报告期}} \qquad (13\text{-}6)$$

式中　θ_1——入住率修正系数；

　　　θ_2——客房区面积比例修正系数；

　　$H_{报告期}$——旅馆建筑报告期入住率；

　　$H_{基期}$——旅馆建筑基期入住率；

　　$R_{基期}$——旅馆建筑基础经营周期（基期）客房区面积占总建筑面积比例；

　　$R_{报告期}$——旅馆建筑报告期客房区面积占总建筑面积比例。

综合类建筑：

对于同一建筑中包括办公、旅馆、商场等多种功能的综合性建筑，应按公式对各功能区域分别计算其校准后的建筑非供暖能耗。

（2）改造项目节能量和节能率应按式（13-7）、式（13-8）计算：

$$E_{节能} = E_{校准} - E_{报告期} \qquad (13\text{-}7)$$

$$\eta = \frac{E_{节能}}{E_{基期}} \times 100\% \qquad (13\text{-}8)$$

式中　$E_{节能}$——节能量（kgce）；

　　　$E_{校准}$——校准能耗（kgce）；

　　$E_{报告期}$——报告期建筑能耗（kgce）；

　　　η——节能率（%）；

　　　$E_{基期}$——基期建筑能耗（kgce）。

根据《北京市公共建筑节能改造节能量（率）核定方法》，改造项目节能量和节能率计算应采用账单分析法。京师大厦属于综合类建筑，在基期和报告期内，办公区域的年使用时间、人员密度和供暖度日数均未发生变化，所以该部分校准能耗等于该部分基期能耗。现对京师大厦直燃机用气量进行汇总如表 13-9。

京师大厦基期直燃机用气量表　　　　　　　　　表 13-9

月份	直燃机用气量(m³)	折算标煤(tce)	是否供暖期
1	81229.00	108.03	是
2	65022.00	86.48	是
3	106909.00	142.19	否
4	0	0	否
5	24483.00	32.56	否
6	39519.68	52.56	否
7	48951.32	65.11	否
8	71803.00	95.50	否
9	23332.00	31.03	否
10	19564.00	26.02	否
11	21410.00	28.48	是
12	89778.00	119.40	是

由表 13-9 可知，京师大厦基期供暖能耗合计为 342.39tce，所以京师大厦基期非供暖能耗＝基期能耗－基期供暖能耗，为 1362.63tce。

由于大厦没有采用分项计量，现采取按比例估算的方法，已知严寒和寒冷地区 A 类四星饭店的非供暖能耗的约束值为 85kWh/（m²·a）。严寒和寒冷地区 A 类商业办公建筑的非供暖能耗的约束值为 65kWh/（m²·a）。已知京师大厦饭店区域面积为 8352.58m²，所以可得出该建筑饭店区域非供暖能耗占整体非供暖能耗比例为 21.55%。综上，可估算出京师大厦饭店区域基期非供暖能耗为 293.65tce。

由于该饭店区域基期与报告期的供暖度日数没有变化，所以饭店区域的供暖能耗等于基期供暖能耗。由此可知，京师大厦基期除饭店区域非供暖能耗外的其他能耗为 1411.37tce。

根据式（13-6）以及京师大厦饭店入住率（2014 年入住率为 62.9%；2017 年入住率为 67.38%）计算可得京师大厦饭店区域校准后的非供暖能耗为 306.20tce。所以京师大厦经校准后的总能耗为 1717.57tce，又根据式（13-7）、式（13-8）计算可得京师大厦节能改造后节能量为 430.74tce，节能率为 25.26%。

四、节能收益

1. 能源消耗的数据分析

节能绿色化改造的目的就是降低建筑的能源消耗，所以基于基期和报告期能源消耗对比不可或缺。改造前后能源消耗对比如图 13-20 所示。

由图 13-20 可以看出，京师大厦在经过节能绿色化改造后，虽然在二、三、四季度中由于安装的空气源热泵机组导致耗电量略微增加，但对燃气的消耗大幅减少，并在 2017 年第四季度彻底摆脱了对燃气供暖的依赖，显著减少了建筑的碳排放。

2. 投资效益分析

本项目投资模式为业主自主投资，项目改造金额共计 8276781.00 元。以节能改造后

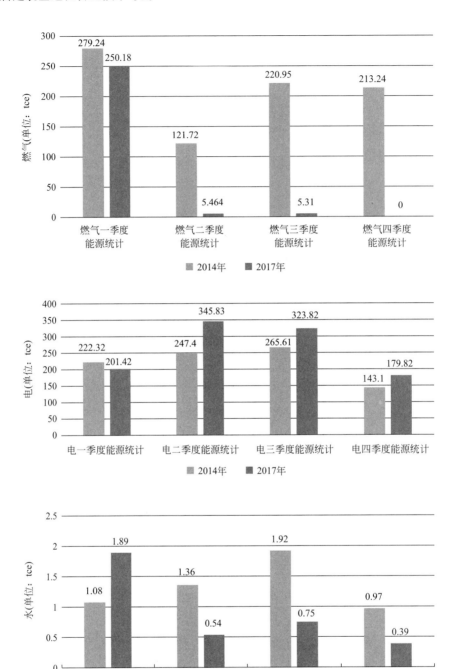

图 13-20　改造前后能源消耗对比

的节能收益作为回收方式。

　　由表 13-10 可知，报告期对比基期，电费多花费 650862.4 元，燃气费节约 1219205.01 元，水费节约 579984.16 元。经计算本项目平均每年可节省 579984 元。静态投资回收期为：投资金额/（基期能源费用－报告期能源费用）＝14.3（年）。

基期与报告期能源费用表　　　　　　　　　表 13-10

	电费(元)	天然气费(元)	自来水费(元)	能源费用合计(元)
基期	2717845.60	1733874.01	407516.85	4859236.46
报告期	3368708.80	514669.00	395874.50	4279252.30

五、结语

本文以京师大厦建筑节能绿色化改造工程为例，简要阐述了节能改造的设计思路与技术路线。以数据为支撑，通过校核节能率、分析改造前与改造后建筑用能情况。结果表明，对高能耗建筑进行照明系统改造、空调机组改造、大功率用电设备改造等手段切实可行，节能效果显著。

13.3　绿色饭店改造项目——兴国宾馆节能绿色化改造实践

一、工程概况

上海兴国宾馆（以下简称兴国宾馆）位于上海市兴国路 78 号，业主为上海市东湖集团。兴国宾馆占地面积约 15500m²，宾馆总建筑面积约 59643m²，本次改造范围内建筑面积 29139.7m²，包括兴国大楼、8 号楼。宾馆 8 号楼为宴会厅，与兴国大楼共用一套冷热源系统。

兴国大楼建成于 2001 年，地上 16 层，地下 3 层，建筑面积 26578.84m²，大楼共有客房 190 间，六～十六层为宾馆客房，一～五层为办公、餐饮、会议、健身和室内游泳池，地下一层为车库，地下二层有员工洗浴、办公室和仓库，地下三层为机房。兴国大楼外立面如图 13-21 所示。

图 13-21　兴国大楼外立面

宾馆 8 号楼为宴会厅，建筑面积 2560.83m²，位于兴国大楼正前方。

2017—2019 年宾馆对大楼和 8 号楼的空调供冷系统、供暖系统、热水系统和照明系统逐步实施改造，改造涉及的建筑面积及功能见表 13-11。

兴国宾馆各建筑面积及功能统计表 　　　　表 13-11

序号	建筑名称	建筑面积（m²）	幢号	功能
1	兴国大楼	26578.84	72 号 24 幢	客房、会议、餐饮
2	8 号楼	2560.86	72 号 26 幢	会议餐饮
合计		29139.7		

二、节能改造技术路线

1. 空调冷源系统

上海兴国宾馆原空调冷源系统使用的是 3 台螺杆式冷水机组，改造后将原来的一台水冷式螺杆机组更换成模块式磁悬浮无油变频离心式冷水机组，剩下的两台螺杆机保留作为备用。

磁悬浮离心设备节能高效，机组部分负荷最高能效比达 26，运行费用低，稳定可靠维保费用低，无油运行，避免摩擦损失，使用寿命长，安装简单施工费用低，无需软启动器，在节省数十万元变压设备的同时，对电网无冲击，机组可实现 2%～100% 负荷连续智能调节，抗喘振，运行可靠，静音无振动，运动部件在磁悬浮作用下完全悬浮，压缩机内完全无摩擦，结构振动接近 0，无须昂贵的减振配件，绿色环保，采用环保型冷媒 R134a，对臭氧层损耗为 0，属正压型冷媒，避免系统混入空气的危险。

3 台 150Rt 的模块化磁悬浮离心冷水机组可以满足绝大部分时间的供冷需求，如遇极热天气可启动一台原有螺杆式冷水机组协同供冷，新老系统配合运行时通过手动切换阀门实现。模块化磁悬浮离心冷水机组参数如表 13-12，新增的磁悬浮离心机组如图 13-22 所示。

磁悬浮无油变频离心冷水机组参数 　　　　表 13-12

主机设备	数量	单台制冷量	单台功率	供冷范围
模块化磁悬浮离心冷水机组	3	150Rt	102.3kW	兴国大楼、8 号楼

2. 冷却塔免费供冷系统

冷却塔免费供冷是为原有暖通水系统增设相应的水管阀门、板式换热器和相应的控制设备，在过渡季节，通过冷却塔利用室外空气冷源，向存在供冷需求的区域提供空气调节冷水的一项节能技术。免费供冷系统改造后的系统如图 13-23 所示。

3. 大楼空调供暖系统

兴国宾馆原燃气蒸汽锅炉主要供应兴国大楼、8 号楼的空调供暖及生活热水，该燃气蒸汽锅炉使用多年，已达使用寿命，且燃气蒸汽锅炉效率很低，配置容量较大，也无冷凝水热回收，宾馆燃气蒸汽锅炉整体效率很低。改造后新装 4 台燃气热水锅炉，拆除原来的蒸汽锅炉，降低能耗的同时保证兴国大楼空调及生活热水供应。燃气热水锅炉参数如表 13-13。兴国大楼改造后燃气热水锅炉如图 13-24 所示。

图 13-22 新增的磁悬浮离心机组

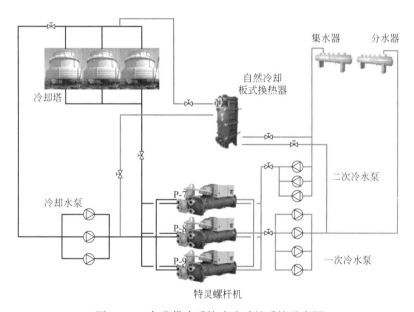

图 13-23 免费供冷系统改造后的系统示意图

燃气热水锅炉参数 表 13-13

设备名称	数量(台)	额定热负荷	燃气耗量(Nm³/h)	供暖区域
燃气热水锅炉	4	1020kW	93.3	兴国大楼、8 号楼

4. 生活热水系统

以 CO_2 为冷媒的热泵热水机组，可实现高温制热、运行环保且低温工况运行等，这是常规冷媒产品所不具备的特色。CO_2 热泵热水机组可为用户提供生活热水或热源，制热 COP 可达 4.5，高于常规空气源热泵热水机，出水温度最高达 90℃。原兴国大楼、8 号楼的生活热水由蒸汽锅炉提供，改造后，生活热水由 2 台 CKYS-120Ⅱ型 CO_2 热泵热水机组

241

图 13-24　兴国大楼改造后燃气热水锅炉

提供，并增加保温水箱。CO_2 热泵热水机组安装位置在宾馆院子 2 号楼北侧的边房屋面及绿化内。CO_2 热泵热水机组参数如表 13-14 所示。大楼 CO_2 热泵热水机组如图 13-25 所示。

大楼 CO_2 热泵热水机组　　　　　　　　　　　　表 13-14

设备名称	数量	制热量 （kW）	单台功率 （kW）	热水流量 （m³/h）	供能范围
CO_2 热泵热水机组	2	120	32	2.5	兴国大楼、8 号楼

图 13-25　大楼 CO_2 热泵热水机组

5. 照明系统

上海兴国宾馆照明设备已分批更换为 LED 节能灯，有效降低了饭店照明能耗。饭店照明灯具共计更换灯具 6577 盏，改造后灯具总功率为 82kW。根据照明改造合同采购的灯具清单，统计改造后照明灯具型号及数量如表 13-15。

更换灯具一览　　　　表 13-15

序号	型号	功率（W）	数量	改造后灯具总功率（W）
1	WL-F120-T5-9.6W 调光	9.6	1196	11481.6
2	WL-F90-T5-7.2W 调光	7.2	391	2815.2
3	WL-F60-T5-4.8W 调光	4.8	404	1939.2
4	WL-F30-T5-2.4W 调光	2.4	84	201.6
5	T5 调光驱动 24V-150W	150	239	35850
6	T5 调光驱动 24V-75W	75	30	2250
7	WL-Par38 调光	12	352	4224
8	WL-MR16 调光	5	595	2975
9	LED 灯丝蜡烛灯 B40	4	1405	5620
10	LED 灯丝蜡烛灯 B40-2300K	4	18	72
11	LED 灯丝球泡灯 Q40	4	70	280
12	B1 层指示导向牌：WL-F90-T5-7.5W	7.5	4	30
13	WL-F120-T5-10W	10	553	5530
14	WL-F90-T5-7.5W	7.5	113	847.5
15	WL-F60-T5-6W	6	187	1122
16	WL-Par38 不调光	12	144	1728
17	WL-F30-T5-2.5W	2.5	134	335
18	WL-MR11（带驱动）	2.9	7	20.3
19	LED-吸顶灯-18W-6500K	18	5	90
20	WL-F60-T5-2.4W 调光	2.4	25	60
21	制作铝硬灯条 L100-10W 调光	10	179	1790
22	制作铝硬灯条 L50-5W 调光	5	172	860
23	制作铝硬灯条 L20-2.5W 调光	2.5	17	42.5
24	WL-Par30 不调光	10	31	310
25	WL-MR111（豆胆灯带驱动）	12	71	852
26	LED 筒灯	8	85	680
27	B1 层客梯门口水晶吸顶灯	22	2	44
28	LED 甜筒沙泡灯	7	12	84
29	LED 灯丝蜡烛灯 B40-2400K	4	40	160
30	LED 软灯带-YDD-9.5W/m	9.5	12	114
合计			6577	82407.9

三、对于核算节能率的数据处理

1. 分析基准值

兴国宾馆消耗的能源种类主要为电力和天然气，汇总改造前兴国宾馆 2016 年总体能源消耗数据如表 13-16。

兴国宾馆 2016 年总体能源消耗统计表 表 13-16

项目	2016 年用量	标准煤(tce)	费用(元)
电(kWh)	5133162.5	1478.35	4616610
天然气(m³)	665483	864.94	2677670
合计		2343.29	7294280

通过表 13-16 可知，兴国宾馆大楼和 8 号楼 2016 年总能耗为 2343.29tce。

2. 分析报告期

兴国宾馆整体改造时间为 2017 年 1 月—2019 年 6 月，考虑 2020 年年初新冠肺炎疫情的影响，选取 2020 年 4 月—2021 年 3 月作为分析期。兴国宾馆 2020 年 4 月—2021 年 3 月总体能源消耗数据如表 13-17。

改造后兴国大楼、8 号楼能耗 表 13-17

项目	2020 年 4 月—2021 年 3 月用量	标准煤(tce)	费用(元)
电(kWh)	4408399	1269.62	3039985
天然气(m³)	311032	404.25	1202925
合计		1673.87	4242910

通过表 13-17 可知道，兴国宾馆 2020 年 4 月—2021 年 3 月总能耗为 1673.87tce。

3. 整体节能效果分析

上海兴国宾馆综合节能改造的理论算法主要参考现行地方推荐标准《建筑改造项目节能量核定标准》DG/TJ 08-2244，对空调系统、热水系统和照明系统改造的节能量进行计算，同时选取 2016 年的能耗值作为基准能耗。

根据现行地方推荐标准《建筑改造项目节能量核定标准》DG/TJ 08-2244，建筑改造项目节能量应按下式计算：

$$E_s = E_b - E_r + \Delta E + \Delta E'$$

式中　E_s——节能量（kgce 或 kWhe）；

E_b——基准期能耗（kgce 或 kWhe）；

E_r——核定期能耗（kgce 或 kWhe）；

ΔE——基准期拟合能耗修正量（kgce 或 kWhe）；

$\Delta E'$——基准期非拟合能耗修正量（kgce 或 kWhe）。

其中基准期拟合能耗修正量（ΔE）指的是在建筑功能未发生变化的情况下，根据核定期工况条件推算得到的基准期能耗与实际基准期能耗的差值；基准期非拟合能耗修正量（$\Delta E'$）指的是由于建筑功能发生变化造成的基准期能耗与实际基准期能耗的差值。

本项目中改造前后建筑功能未发生变化，所以基准期非拟合能耗修正量（$\Delta E'$）为零。则节能量按式（13-9）计算：

$$E_s = E_b - E_r + \Delta E \tag{13-9}$$

节能率按式（13-10）计算：

$$e_s = E_s / (E_b + \Delta E) \times 100\% \tag{13-10}$$

式中 e_s——节能率（%）。

符合下列情况之一时，应对基准期能耗进行修正：

1. 核定期空调度日数 $CDD26$ 与基准期空调度日数 $CDD26$ 相比，变化率绝对值大于 60%。

2. 核定期供暖度日数 $HDD18$ 与基准期供暖度日数 $HDD18$ 相比，变化率绝对值大于 25%。

3. 核定期建筑使用量与基准期建筑使用量相比，变化率绝对值大于 12%。

4. 核定期建筑运行时间与基准期建筑运行时间相比，变化率绝对值大于 8%。

5. 其他建筑能耗影响因素对能耗产生较大影响时，应对基准期能耗进行修正。

基准期拟合修正量宜按下列方法计算：

1. 建立基准期能耗与影响能耗的主要因素的相关性模型，按式（13-11）计算且复相关系数 R2 宜大于 0.8。

$$E_b = f(x_1, x_2, \cdots, x_i) \tag{13-11}$$

式中 x_i——基准期主要影响因素的值。

2. 基准期拟合能耗修正量按式（13-12）计算。

$$\Delta E = f(x'_1, x'_2, \cdots, x'_i) - E_b \tag{13-12}$$

式中 x'_i——核定期主要影响因素的值。

基准期能耗与主要影响因素的相关性模型可通过回归分析等方法建立，基准期拟合能耗修正量 ΔE 计算过程如下：

（1）收集改造前（基准期）主要影响因素数据，主要包括室外温度、建筑使用量（如入住率、客流量、接待量）和运行时间等。

（2）建立基准期能耗与室外温度、建筑使用量和运行时间等主要影响因素的相关性模型，即公式 $E_b = f(x_1, x_2, \cdots, x_i)$。

（3）收集改造后（核定期）主要影响因素数据，包括室外温度、建筑使用量（如入住率、客流量、接待量）和运行时间等；代入公式 $E_b = f(x_1, x_2, \cdots, x_i)$ 中，计算得到修正后基准期能耗。

（4）修正后基准期能耗与实际基准期能耗的差值，即为基准期拟合能耗修正量 ΔE，即公式 $\Delta E = f(x'_1, x'_2, \cdots, x'_i) - E_b$。

此项目的基准期为 2016 年 1 月至 2016 年 12 月，核定期为 2020 年 5 月到 2021 年 4 月，根据历史天气数据和饭店的运营情况，可知：

（1）核定期空调度日数 $CDD26$ 为 204，基准期空调度日数 $CDD26$ 为 254，变化率绝对值为 16.68%，小于 60%，不需要进行修正。

（2）核定期供暖度日数 $HDD18$ 为 1348，基准期供暖度日数 $HDD18$ 为 1432，变化率绝对值为 5.88%，小于 25%，不需要进行修正。

（3）作为宾馆饭店建筑，兴国宾馆的建筑使用量与饭店入住率密度相关，饭店核定期入住率为48%，基准期入住率为55%，变化率绝对值为11.5%，不需要修正。

（4）作为宾馆饭店建筑，兴国宾馆营业时间及建筑使用面积基准期和核定期内没有发生变化，不需要修正。

因此，不需要建立回归模型对饭店的基准期能耗进行修正。如表13-18所示。

改造节能率＝（基准期能耗－核定期能耗）÷基准期能耗×100%

账单法节能量计算 表 13-18

	单位	标准煤
基准期能耗 （2016年1月—2016年12月）	tce	2343.29
核定期能耗 （2020年4月—2021年3月）	tce	1673.87
节能量	tce	669.42
节能率	%	28.56%

四、节能收益

1. 能源消耗的数据分析

节能绿色化改造的目的是降低建筑的能源消耗，所以基于基期和报告期能源。改造前后电力消耗对比如图13-26所示，改造前后天然气消耗对比如图13-27所示。

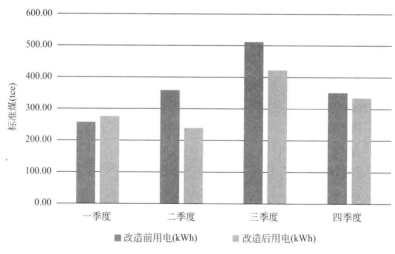

图 13-26　改造前后电力消耗对比

从图13-26、图13-27可以看出，兴国宾馆在经过节能绿色化改造后，虽然一季度用电量由于生活热水使用热泵导致用电量比改造前增加，但是二季度～四季度用电量均比基期下降，改造后天然气用量比改造前天然气用量有大幅度减少，显著减少了建筑的碳排放。

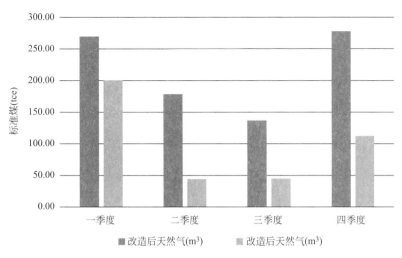

图13-27 改造前后天然气消耗对比

2. 投资效益分享

本项目由业主自主投资，根据相关改造专项财务审计报告，项目投入费用6065549元。

基期与报告期能源费用表　　　　　　　　　　　　　　　　表 13-19

	电费(元)	天然气费(元)	能源费用合计(元)
基期	4616610	2677670	7294280
报告期	3039985	1202925	4242910

由表13-19可知道，报告期总能源费用与基期比较，节约电费1576625元，节约天然气费用1474745元，年总能源费用节约3051369元。据此计算项目静态投资回收期为1.98年，不到两年就可以通过能源费用收回投资成本。

项目总投资÷（基期能源费用－报告期能源费用）＝1.98年

五、结语

本文以兴国宾馆建筑节能绿色化改造工程为例，简要阐述了本次绿色化改造的设计思路和设计路线。通过改造前后数据的比对，对改造节能率、改造前和改造后建筑用能情况进行分析。结果表明，在宾馆中进行空调能效提升、生活热水改造和照明改造等技术手段切实可能，节能效果显著。本项目获得了"上海市既有建筑绿色更新改造评定"金奖。

13.4　绿色运营管理案例——济南鲁能贵和洲际饭店绿色运营管理

作为"五叶级中国绿色饭店"，饭店坚持环保健康的安全理念，坚持绿色管理，倡导绿色消费，保护生态和合理使用资源。为顾客提供舒适、安全、有利于人体健康要求的绿色客房和绿色餐饮，并且在生产经营过程中加强对环境的保护和资源的合理利用。贯彻以满足市场客户求新、求变的消费体验为导向，以多维创新产品、优质服务体验为主线，深挖个性化、定制化服务，推动服务向高品质和多样化升级，全力打造济南最好的五星级饭店。

一、饭店经营方向

积极贯彻落实绿色饭店的服务宗旨。饭店经营在做优提升传统业务的基础上，打造核心产品，提升客人体验，致力人才培养和员工满意度建设。结合后疫情时代饭店客源市场的变化，客人消费习惯的变化，科技创新带来的机遇，饭店经营倡导"饭店＋"创新经营理念，促进多元增收，是饭店的核心工作方向。促进饭店个性化、健康化、低碳化、智能化产品的应用，夯实基础，专注核心产品创收能力，与时俱进，突破创新，新产品赋能饭店收益增长，是济南鲁能贵和洲际饭店作为现代化服务业发展赋能工作任务的两个核心工作总体目标。

二、经营亮点

2021年上半年收入亮点，上半年饭店克服疫情带来的不利影响，积极开源节流，深耕本地市场，截至2021年6月，主要经营指标完成情况好于同期分解预算，部分指标达到或超过2019年同期水平。2021年上半年累计收入完成5971.96万元，较预算增加130.46万元，同比增加2744万元，达到2019年同期的99％，除会议收入低于2019年同期，客房及餐厅收入基本达到或超过2019年同期水平。

1. 创新服务提升

（1）绿色产品及绿色服务提升

1）倡导绿色环保、绿色运营，践行央企社会责任。

饭店作为"绿色饭店""绿色旅游饭店"双认证企业，倡议、引领、绿色生产生活方式，实行绿色环保运营举措，积极践行绿色发展，推广环保低碳运营的行业主张。一是利用洲际饭店集团在线可持续发展管理系统（IHG Green Engage），这是一个创新的在线环境可持续系统。使我们的饭店能够衡量和管理其对环境的影响。旨在帮助饭店监控、减少和管理能源、水、碳排放。共有4级181项饭店最佳实践方案，通过可快速降低能耗和节约成本的措施给予其有力的支持。帮助饭店削减能源损耗造成的经济损失。2021年饭店从Green Engage系统有关"20项绿色参与创新实践"方案中至少在2019年完成的基础项中增加完成3项节能措施，通过热量回收系统、锅炉凝水回收、冷却塔水管理等方面来帮助饭店节能降耗，减少对环境的影响。2021年饭店碳排放指标较2019年同期下降，碳排放的降低意味着饭店能源使用量的降低，饭店成立了绿色管理团队及能源管理委员会。总经理担任小组长，各部门负责人为组员，由饭店总工程师主抓，明确责任，落实到人，力争从设备降耗、管理节能和减少使用损耗等多方面节能降耗。2020年饭店碳排放较2019年同期下降14％。荣获洲际集团"绿色参与"奖。如图13-28所示。

开展系列绿色节能活动：无纸化办公、餐饮杜绝塑料用品减塑运营、低碳出行、垃圾分类及减量、光盘行动等绿色节能活动。

努力打造"节约、环保、放心、健康"的绿色餐饮服务体系，树立"安全、健康、环保"的经营管理理念。推行采购安全健康的食材、食品安全操作的绿色生产方式，厨房设备使用低温烹饪机、电能炒锅替代燃气炒锅、明确餐厨垃圾收集、废弃油脂处置、油烟排

酒店名称 (Essbase)	子区域	建筑空调 (m²)	总面积 (m²)	2018总 能源消耗 (kWh)	2019总 能源消耗 (kWh)	2020总 能源消耗 (kWh)	2018年每平方 米空调耗电量 (平均)	2019年每平方 米空调耗电量 (平均)	2020年每平方 米空调耗电量 (平均)	总能源 (2020年比 2019年)	2020年每平方 米空调耗电量 (品牌中位数)	入住率 (2020年比 2019年)	2020年 碳性能
南京港口酒店	中国东部	33500	36000	3709021	6184666	5333833	103.03	171.80	148.16	−14%	150.92	38%	−10%
清水湾度假酒店	中国南部	33200	41720	3998090	3907866	3245849	95.83	93.67	77.80	−17%	150.92	−9%	−16%
张家界武陵源酒店	中国西部	73300	95000	9420069	9305709	7358300	99.16	97.95	77.46	−21%	159.99	−1%	−18%
济南城市中心酒店	中国北部	72840	80366	10904245	10820278	8983573	135.68	134.64	111.78	−17%	192.79	−23%	−14%

图 13-28　洲际集团"绿色参与碳减排"排名

放等要求。

做好热能回收，洗衣房加装 4 台空气源热泵，将洗衣房区域的热空气转化为热水，降低区域温度并将产生的热水投入给洗衣房使用，达到节能降耗的作用。每年节省电费用约 1.5 万余元。洗衣房空气源热泵热水回用，将此部分热水二次利用到卫生热水，从而降低能源消耗。此项投资预计 1.5 万元左右，3 个月即可收回成本。空气源热泵如图 13-29 所示。

图 13-29　空气源热泵

进行了洗衣房蒸汽凝水回收工作。现洗衣房蒸汽是由 8 台电蒸汽发生器供给，将洗衣房蒸汽产生的凝水通过水箱回收再利用，达到节能降耗的作用。每年可节省电费约 2 万余元。凝水回收箱如图 13-30 所示。

饭店卫生热水节能改造工作。饭店原卫生热水系统是由市政蒸汽供给，2015 年 3 月 15 日市政蒸汽停用后饭店启用自己的两台柴油锅炉，月柴油用量 30t 左右，月费用 15 万左右，考虑到设备耗能高、安全系数低等缺陷，于 2015 年 7 月份新上 4 台（500kW/台）常压电热水锅炉，利用夜间谷值电价开启电锅炉水箱蓄热，保证全天生活热水的正常需求。电锅炉使用后，每月可节省费用约 3 万余元。常压电热水锅炉如图 13-31 所示。

2）大力推行健康化产品

依据市场需求，饭店结合自身情况，全力推行健康产品，提高饭店产品市场绿色竞争力。一是饭店全面执行洲际集团推行的"洲全计划"，旨在为宾客和员工提供安全健康舒

图 13-30　凝水回收箱

图 13-31　常压电热水锅炉

适的服务环境与消费体验。饭店在出入口设置体温检测，并提供手部清洁消毒服务。入住登记严格执行政府防疫政策，并实时更新工作标准。客房内为客人准备了防疫安心包，提供口罩、消毒湿巾、免洗洗手液等防疫备品。洲际集团推出"洲全计划"如图 13-32 所示。

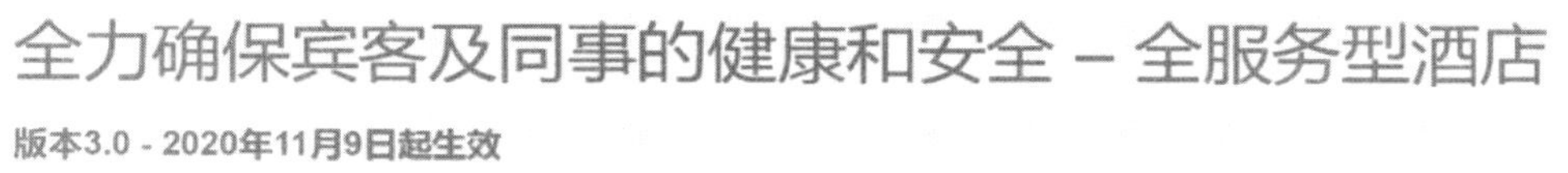

全力确保宾客及同事的健康和安全 – 全服务型酒店

版本3.0 - 2020年11月9日起生效

图 13-32 洲际集团推出"洲全计划"

二是作为后疫情时代消费者所注重的健康消费观念，饭店适时推出健身主题房，将动感单车、瑜伽等健身设备配入房间，满足宾客健身需求的同时丰富饭店客房产品，提升饭店客房产品竞争力。健身主题房如图 13-33 所示。

图 13-33 健身主题房

三是对于受到广泛关注的房间清洁热点问题，饭店严格遵照洲际集团"清洁宝典"操作规范，每月进行培训，确保员工严格执行清洁消毒操作规范，做到一客一清，杯具配备专用消毒间，由专人负责进行清洁消毒。确保为客人提供干净卫生的舒适入住体验。如图 13-34 所示。

四是饭店遵照洲际集团品牌标准要求，积极推进大瓶装洗浴用品更新工作，秉承绿色可持续发展的目标，减少塑料制品对环境危害。遵照政府及饭店管理集团要求，饭店率先进行客房大瓶装洗沐用品的更新换代工作。

饭店目前每月小瓶装洗沐用品的平均每月使用量约为 6 万元，由此产生的塑料包装垃圾约为 5500 余个。根据饭店出租率及双开率测算，改用大瓶装洗沐用品后，该项成本将会较小瓶装节约 10%～15% 的成本费用，同时大大降低了由此产生的塑料制品垃圾及环境危害。

Project Objectives
项目目标

Identify the GC Cleanliness *process* that delivers for all brands and is endorsed by the Housekeeping Teams.	Specify the *chemicals and tools* that will ensure a clean room and efficient workflow from approved suppliers.	Develop clear, consistent, brand agnostic *standards* that ensure hotels use and embed the GC Cleanliness Process.	
各品牌通用的标准，并且大中华区所有酒店都必须执行的清洁流程。	使用指定清洁工具和药剂，从而确保房间的清洁度和有效的工作流程。	确保将流程传达给IHG大中华区所有品牌酒店，并得到客房团队的认可。	

图 13-34 洲际集团"清洁宝典"

此次大瓶装洗沐用品为洲际饭店客户群体度身定制，香气纯净而简单，但组成却极具特色，由此带来的沐浴体验效果更佳。瓶身采用 450mL 设计，瓶体材料采用可回收塑料制成，有助于环保。同时采用卡扣式设计泵，防止被打开并有效防止产品被污染。

员工在清洁房间时，只需进行瓶内液体余量检查，瓶体清洁。无需进行产品更换，减少了工作步骤，提高工作效率。

随着大瓶装洗沐用品的使用及推广，越来越多的客人对这款品质、环保、体验更佳的大瓶装洗沐用品青睐有加。饭店客房沐浴体验成绩较去年同期提升 1.3 分，整体满意度达到 94.75 分，排名大中华区洲际饭店前十名。更换后大瓶装洗沐用品如图 13-35 所示。

这项针对洲际酒店的全球性计划致力于支持并改善日用品对生态环境所产生的影响，旨在减少塑料浪费，同时一如既往地通过高品质产品为宾客提供卓越的酒店住宿体验。

图 13-35 更换后大瓶装洗沐用品

3）着力打造"绿色餐饮"的优质形象

面对食品安全、营养健康、节能减排、绿色餐饮的消费趋势，餐饮只有跟上时代的步伐，走绿色餐饮发展之路才是最佳选择。"关注营养健康，打造绿色餐饮"将成为我们未来发展的方向和增强企业核心竞争力，放大餐饮品牌效应步入绿色餐饮时代。

一是根据后疫情时期客人对健康化产品的市场需求，分餐制将成餐饮业常态，我们将继续完善和改进餐饮的相关流程和制度，更好地保证客人的健康用餐。按照《餐饮业分餐制设计实施指南》及洲际计划标准要求，实施"分餐位上""分餐公勺""分餐自取"的服务模式。让客人改变原有的消费观念和习惯，提倡和尝试健康绿色的消费理念。促使餐饮工作向着更精细化、更标准化、更安全化发展。

二是更加注重食品的生产过程绿色化，绿色餐饮的一切活动要围绕"节约、环保、放心、健康"的餐饮服务宗旨。要将绿色餐饮理念和行动贯穿到采购、加工、服务三大生产环节中。①"绿色餐饮，源头为重"，采购是绿色餐饮的第一关，我们将积极调查市场，始终坚持采购绿色健康食材，拒绝使用野生动植物作为食品原材料。发挥洲际行家主厨的餐饮文化，打造洲际行家主厨绿色菜单服务，将绿色、健康、人文理念融入餐饮文化，并在此基础上不断创新。②减少餐饮生产环节中的浪费，充分利用好下脚料。减少厨余垃圾。建立出入库标准。坚持"先存放先取用"的原则。每日厨师长检查垃圾桶并做好记录，同时要严格规定原料的净料率。③服务过程中，要将绿色消费理念传导给消费者，通过适量点餐、打包服务等绿色服务方式，实施服务的绿色化。④积极使用环保材料的产品，例如使用有"QS"标志的可降解植物纤维一次性餐具，减少使用"一次性餐盒、筷子等餐具"，取消塑料吸管的使用。

三是餐饮企业会引进和采用更多的"绿色技术"。绿色餐饮的发展离不开高新技术的应用，强调"天人合一，生态保护"的理念下，餐饮企业只有插上科技的翅膀，才能加快绿色餐饮的发展进程。饭店结合自身实际情况，餐饮引入机器人送餐服务，提升服务的时效性，提升客户智能化体验。

四是营销上更加强化"绿色餐饮"宣传。餐饮企业在努力打造迎合市场和满足消费者需求的产品的同时，餐饮部根据市场调研，从满足客人对美好用餐体验的需求出发，"绿色餐饮"概念将成为餐饮企业吸引消费者的重点工作，引起更高关注度的最佳营销点。通过电视、广播传统媒体和互联网、微博、微信、公众号、App等新媒体，向消费者进行绿色餐饮的宣传，引起消费者共鸣，让更多的消费者认知我们的绿色餐饮文化，达到强化企业品牌，树立企业绿色形象的目的，同时，也起到唤起消费者绿色消费的意识和增强企业的社会责任感的目的。针对现市场经常出现的餐饮食品卫生负面报道，做好风险管控。严抓食品安全，充分发挥洲际集团食品安全管理体系，加强内部自查。

五是做好餐饮节能管理工作。①是重视节约资源的宣传教育工作，定期对员工进行设备使用培训。②提高全体人员的节能环保意识，积极鼓励员工进行节能减排创新。③对员工的节水、节电、节气行为实施制度化监控。禁止员工用流动水冲融冰冻食品。减少设备在无工作时的运转，做到人走灯灭。④提高客人的节能意识，在餐桌上摆放宣传节约光荣浪费可耻的宣传牌。⑤在员工中开展节能培训和讨论工作，并设立员工节能创新奖。

六是更加重视人才的引进与培养。积极引进技术型人才，打造技术型、学习型团队。成立创新小组加强产品研发、每周召开一次绿色餐饮工作会议，总结和完善我们的"绿色餐饮"工作，每月组织一次绿色产品汇报展示，每季度进行一次绿色创新产品比武，年底做一次表彰大会。建立奖励机制，鼓励创新，打造绿色餐饮的文化基础。

4）推行绿色运营物资集采，执行绿色采购

一是继续配合业主公司和山东区域饭店做好集采工作，尤其是粮油、奶制品、工程服务类和劳务外包等方面挑选出优质供货商和最优采购价格，做好物资集采。二是积极跟进已完成的集采项目，例如食材类供货的品质和定价优越性、劳务外包的服务品质及消防安全等重点服务项目的专业性等，将在合作中存在的问题及时提出和反馈，不断完善以确保集采工作成果。三是不断扩大采购渠道，充分利用优质采购平台，简化物资采购流程，节省成本支出，如在日常运营所需的办公用品、劳保用品、运营设备、员工福利等。

（2）科技创新，赋能绿色品牌

随着后疫情时代客户群体及消费观念的改变，智能化逐渐成为饭店最大的趋势和潮流。智能化对于饭店运营来说，不仅是提升消费体验，降低成本，核心价值在于能够最大化地帮助饭店提升服务、管理及运营效率。饭店结合自身实际情况，大力推行智能化应用及智能化提升工作。一是使用机器人迎宾、客房送餐、递物，并计划在餐饮送餐环节、派送环节也引入机器人服务，提升服务的时效性，降低人员成本，提升客户智能化体验。二是第六层自助餐厅推出"码上点"新服务，打造"一家可以点餐"的自助餐厅，将顾客在其他自助餐享受不到的菜品从"码上点"上呈现，现场制作、无需排队、减少取餐接触，各选所需，送餐到桌的服务形式深得广大顾客信赖，将自助餐厅逐步往精品化、零点化、个性化、绿色用餐理念发展，引领济南自助餐的新潮流。在 2020 年 1 月 25 日开始使用，截至 2020 年 6 月底，洲际"码上点"产品共计吸纳公众号粉丝 1 万人，平均每天增加公众号粉丝 66 位，不断扩充私域流量池，在 2020 年 4 月份的微商城大促中，3 天时间即创造了 70 万的销售额，"码上点"产品等主动引流举措在本次大促中功不可没，也是取得大促制胜收益的关键。洲际"码上点"预计全年将为公众号增加 2.1 万名粉丝，预测将为饭店线上商城每年增收 50 万元，如图 13-36 所示。

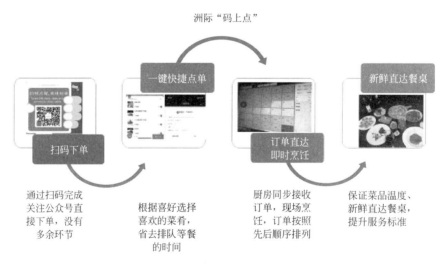

图 13-36　洲际"码上点"

一是根据客户市场对远程会议设施需求，改变现有会议室的使用模式，增加网络视频会议设备，组建可移动网络会议平台，与会者无需坐到传统的会议室中，仅使用手机、平板、笔记本等设备均可接入会议，给企业、公司等有远程会议需求的客户提供便利，不仅为饭店增大会议市场竞争力，同时也为给饭店带来可观的经济效益。二是升级车场收费系统，实现与饭店 opera 系统相连，客人在入住、就餐、会议期间即可轻松实现车辆出入管理，更加智能化、便捷化，停车效率得到提升，在一定程度上缓解等待时间过长，有效提升客人体验。三是采用智慧能源管控系统，摒弃传统单一的能源计量方式及能源管理模式，采用智慧能源管控系统后可以做到实时采集信息、统计能源消耗量、针对不同场景进行不同分析，能够给出合理化的数据分析结果与建议，可以做到统筹地节能减排，规范化能源管理流程，优化能源利用，减少运营成本。

（3）做好饭店资产维护，提高饭店整体经营效率

注重饭店设备日常使用与维护保养，严格执行设备操作规范，确保资产优良，安全稳定运行，解决资产开发建设期工程遗留问题，优化公区功能，创新盈收途径，提高饭店整体经营坪效。

1）根据洲际集团标准要求，合理安排设备的保养周期，明确每一阶段维护保养内容，提前做到设备的预防性维护，所有设施设备都有详细的保养计划，严格执行日保养、周保养、月保养及季度保养，严格的维护保养确保了饭店设施设备的安全正常运行。

2）特种设备定期维护保养检测，定期组织特种设备应急演练。对 24h 不间断运行的设备及大功率设备定期维护。夏季对配电系统每月做一次红外热成像检测。每年聘请第三方公司对饭店电梯、电气系统安全及消防设施等进行全面检测。对检测中存在的风险的项目，进行全面整改落实。

3）优化饭店公共区域功能，提升饭店单位经营坪效。一是通过梳理经营区域和市场调查，将香槟吧和康乐动感单车区域外租，提升营业区的营收水平，新的业态分别是日式料理和西装定制，二是现有餐厅经营模式的调整，屋顶花园计划引进合作方将餐厅经营模式调整为"餐＋吧"的形式，通过增加设施设备，改善现有经营环境，从而增加餐厅酒水收入，屋顶啤酒花园为露天餐厅，营业时间为 18 点至 24 点，主要收入来自 21 点以前，为了充分利用现有资源，我们在屋顶啤酒花园原有的餐厅经营模式上，增加了 21：00 以后由常规餐厅经营模式向酒吧营业模式的转变，实现餐＋吧的经营理念，21 点以后转为酒吧经营模式，打造天地坛 3 号露台酒吧。充分利用时间和空间进行延展和拓展，增加新的客源群和收入增长点从而提升整体收入。实现消费者寻求复合式餐＋吧的新型用餐体验，从而使整体经营模式能够增加品牌效应和消费者体验，在时间空间人力能耗都不增加的基础上创造更大的利润和体验空间。天地坛 3 号露台酒吧如图 13-37 所示。

三是借助上半年车场改造，提升车场品质和客人体验的同时，优化现有车位及广告位布局，通过工程部的现场勘测，预可增加 8 个车位和 11 个广告位，年收益约 17 万元。

2. 营销创新，深挖"饭店＋"多元化服务供给

（1）深化亲子主题产品创新

挖掘饭店多元化服务供给，加大自有 IP 产品创新力度，深化亲子产品运营，深度打造"星奇宝贝"亲子房品牌系列产品。第二季度饭店计划增加 5 间"星奇宝贝"亲子房的配备，以满足"清明""五一"、暑期和国庆节期间的家庭出游的需求，因为目前硬件物料的制作周期较长，在现有 5 套亲子房配备的基础上，"星奇宝贝"亲子房预计年增收 72 万元。

图 13-37　天地坛 3 号露台酒吧

（2）饭店与贵和购物中心奢侈品牌跨界联动合作

饭店的总统套房和大使套房承接奢侈品牌的高端系列展示活动和高端客户的体验活动，增加总统套房和大使套房的租金，2020 年 4 月份开始品牌新品推介的开始阶段，饭店已经同一些奢侈品品牌进行逐一接洽。商场茶歇如图 13-38 所示。

图 13-38　商场茶歇

（3）继续深度打造饭店"私人定制"聚会产品

充分利用饭店小型会议室的空间，不断完善公司小型聚会、联合婚庆或者庆典公司策划"宝宝宴""生日宴""升学宴""谢师宴"等高端定制聚会系列包价产品和服务，力争到 12 月份收入增加 86 万元。私人定制生日宴现场照片如图 13-39 所示。

图 13-39　私人定制生日宴现场照片

（4）创新渠道营销手段，线上、线下联动，提升饭店收入

疫情改变了人们的消费方式和理念，催生了更多的营销手段和渠道，饭店单一性的产品更加多元化，消费场景从线下转为线上进行，因此我们利用多个社交平台将饭店的产品推广出去。

三、提升服务效能，开创服务高质量发展

1. 创新服务产品，升级服务体验，是饭店核心竞争力

饭店以"扬品牌，重品质，满足客人美好生活体验"为工作核心，始终将宾客体验作为落脚点，着力打造洲际品牌的核心产品为客人提供个性化、定制化的专享体验。员工通过诚挚态度、真正自信、用心倾听、积极响应，为每一位宾客传递正直的待客之道。在践行品牌标准的同时，坚持做好品牌标准管理和维护。洲际集团品牌标准依据 GEM（Global Entrepreneur ship Monitor，全球创业观察）全球评估管理体系，每年审核一次，审核内容为两部分：品牌标准和品牌安全标准；包含五大项：清洁、设施设备、品牌安全、服务、产品，所有成绩均达到 85 分以上，才获得总体通过。

根植"服务闭环处理"的意识，不让客人带着问题离开。在饭店各个服务环节，重视客人的满意度，深挖客人的意见反馈。制定严格的服务闭环处理流程，确保在客人离店之前圆满解决问题，传递真正的待客之道。

以品质制胜，关注客人整体感官体验。通过洲际品牌香氛、音乐、优雅的鲜花绿植，给宾客带来品质感。

2. 硬件设施升级改造是保障

（1）车场升级改造。目前饭店地下停车场正在进行一期维修改造施工，通过车场地

面、墙面、天花、灯光改造，提升车场整体品质。

（2）提升客房整体体验。每年三次 PMM 房间检修，做好客房全面维护。今年将全面改造客房家具破损桌面、卫生间镜面更换、写字椅加装不锈钢护角、卫生间大理石地面翻新等工作提升客房整体品质。另外，每三个月对客房淋浴花洒、马桶长流水、密封条等立项工作安排专人维护检查，提高客人的整体体验。

（3）提升会议品质。加强会议室维护保养，每季度对会议室全面保养一次。根据每日会议预测，提前检查会议室温感，加强会议服务提升，严格按照客人要求布置会场，会议期间安排专人顶岗。同时，今年计划对会议区域木饰面进行翻新、色衰的灯光进行更换，提高会议客人的整体体验。

3. 认可员工，提升员工归属感是核心

（1）创造安全、温馨的工作环境，接纳、尊重、关爱每一个员工。

（2）加强对员工的认可文化。推进洲际"真正的待客之道"服务技巧及全球礼仪品牌服务文化，对于获得洲际及第三方网站上点名表扬的员工，给予大力的认可和奖励。形成文化推进、员工行为改变、宾客满意度提高、员工获得认可、行为加强、文化得以巩固的良性循环。

（3）在员工薪酬福利方面，做到济南五星级饭店行业的前列，增强饭店在同行业竞争力，做好员工的收入保障，保留和吸引人才。

4. 倡导社会公益服务活动，践行央企责任担当

饭店积极助力慈善公益事业，履行企业责任，帮助社会上更多需要帮助的人。

总之，要在确保服务品质的前提下，做到尽量节省能源、降低物质消耗，减少污染物和废弃物的排放。以环境友好为理念，将环境友好行为、环境管理融入饭店经营管理中，贯彻环保、节约、健康和安全的宗旨，坚持绿色管理和节约资源，建设绿色消费，保护生态环境和合理使用资源的饭店。

13.5　合同能源管理案例——天津天诚丽绚饭店合同能源管理

一、项目概况

天诚丽绚饭店位于天津市河东区新开路 66 号，五星级饭店。该饭店建筑面积约 30771m^2。设有餐厅、健身中心、SPA 等娱乐设施，饭店共有客房 270 间。饭店的 1~4 层为整个饭店的裙楼楼层，主要以大宴会厅、会议室为主。5~22 层为饭店客房层，设有 3 个餐厅、健身中心、SPA 等娱乐设施等。该项目的实施单位是远大低碳技术（天津）有限公司。

二、改造前问题

饭店原有直燃机效率低空调系统能耗极高，照明没有进行节能改造，饭店能耗费用较高，且设备保养"欠账"较多，系统整体老化严重，已无法满足饭店空调需求，运行存在一定的安全隐患。改造前问题见表 13-20。

改造前问题   表 13-20

项目	存在问题
空调系统	空调主机使用年限较长，效率低下
	空调系统的冷却水泵无变频控制
	空调主机运行策略人为控制，控制不精确
	直燃机烟气预热未回收
	直燃机冷凝热未回收
照明系统	大部分空间仍使用传统的非 LED，耗电量大
	照明系统没有合理的控制
生活热水系统	锅炉烟气余热未回收
	生活热水成本较高，系统设计不合理
给水系统	给水系统无节能控制措施

三、主要改造内容

对中央空调系统设备节能技术改造，照明 LED 改造，输配系统蒸汽系统、自来水系统、卫生热水系统、泳池循环加热系统改造。包括中央空调主机的替换施工、机房内管道重新优化布局、楼内老化空调管线翻新/更新维护、蒸汽锅炉替换改造施工，已老化的蒸汽管线翻新更新维护、自来水系统高/中/低区恒压供水节能改造、卫生热水系统无压热水炉替换改造、卫生热水高/中/低区重新布局增加调峰热水罐和管线改造、卫生热水水源热泵机组改造、泳池蒸汽加热系统改造，如图 13-40 所示。

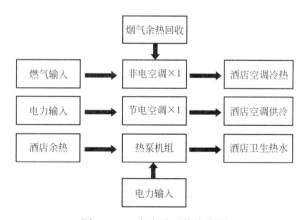

图 13-40　改造后工艺流程图

改造后取得的效果如表 13-21：

改造后效果   表 13-21

序号	对比项目	节能改造前	节能改造后	对比效应
1	能源消耗	先天设计不足导致运行能源消耗居高不下	依靠技术，结合实际，采取各种节能措施降低空调能耗，强化系统管理，提高能源利用率	节省能耗 20% 以上

续表

序号	对比项目	节能改造前	节能改造后	对比效应
2	维护费用	各厂家多头服务难于协调,"救火式"或"抢修式"服务抬高维护费用	所有维护工作由节能服务公司承担,无需客户另行付费	节省费用15%
3	设备管理	增加额外管理人员,增加人力成本,管理麻烦不断	由经专业培训经验丰富的节能服务公司工程师管理,免除用户管理麻烦	省却人力成本,节约大量时间和精力
4	空调效果	不可预知,难以保证	专业化运营并以合同形式保障空调效果	避免停机和名誉损失
5	机组寿命	维护保养不当可能导致提前报废	定期保养,不间断监控,延长机组寿命50%	节省主机二次投资50%
6	风险衡量	产品风险、商务风险、道德风险、能源价格风险	风险转移到节能服务公司,节能服务公司承担全部责任	用户零风险
7	社会效益	能源浪费,增加环境压力	提高能效,促进环保	社会效益高

四、项目实施情况

项目于2017年4月1日实施,2017年6月15日竣工。

五、项目年节能量及年节能效益

1. 年节能量

(1)改造前后系统(设备)用能情况及主要参数,如表13-22。

改造前后用能情况对比 表 13-22

改造前 2016 年用能情况					改造后 2017 年用能情况				
月份	电(kWh)	电折标煤(tce)	燃气(m³)	燃气折标煤(tce)	合计标准煤(tce)	月份	电(kWh)	电折标煤(tce)	燃气(m³)	燃气折标煤(tce)	合计标准煤(tce)
1月	300360	95	129679	157	252	1月	—	—	—	—	—
2月	245260	77	94531	115	192	2月	—	—	—	—	—
3月	254680	80	60312	73	153	3月	—	—	—	—	—
4月	241540	76	34288	42	118	4月	—	—	—	—	—
5月	304080	96	58216	71	166	5月	358400	113	25960	32	144
6月	310060	98	66902	81	179	6月	348500	110	22260	27	137
7月	354660	112	78776	96	207	7月	416920	131	21127	26	157
8月	367040	116	77764	94	210	8月	362560	114	42631	52	166
9月	314920	99	54643	66	166	9月	345600	109	14982	18	127
10月	266460	84	42426	52	136	10月	254600	80	20811	25	105
11月	274380	86	71645	87	173	11月	250664	79	40334	49	128
12月	288840	91	95682	116	207	12月	—	—	—	—	—
合计	3522280	1110	864864	1050	2160	合计	2337244	736	188105	228	965

（2）项目节能量计算方法和过程

因项目为五星级饭店，不能中断饭店空调、蒸汽、热水、照明等使用，为确保运行需要边运行边改造，全部改造完毕在 2017 年 6 月 15 日。改造后空调在 2017 年 4 月底投入使用，因此选取 2017 年 5 至 11 月能耗进行节能量核算。

1）改造前 2016 年 5 至 11 月能耗为 1237tce，改造后 2017 年 5 至 11 月能耗合计为 965tce，降低能耗量为 1237tce－964tce＝273tce。

2）改造后 2017 年 10 月与改造前 2016 年 10 月的能耗费用相比，节能率为（136tce－105tce）÷136tce＝22.8%。因为每年的 10 月份和 4 月份室外气象参数相近，都无需空调，耗能部分相差不大，所以改造后 2018 年 4 月份的节能率参照 10 月份的节能率计算。因此 2018 年 4 月份节能量为（241540kWh×3.15kgce/kWh＋34288m³×1.2143kgce/m³）×22.8%＝27tce。

3）改造后 2017 年 11 月与改造前 2016 年 11 月的能耗费用相比，节能率为（173tce－128tce）÷173tce＝26%。因为每年的 11 月至次年 3 月为饭店的供暖季，耗能部分相近，所以改造后 2017 年 12 月至 2018 年 3 月的节能率参照改造后 2017 年 11 月份的节能率计算。因此 2017 年 12 月至 2018 年 3 月节能量为 805tce×26%＝209tce。

经过改造前后实际运行数据对比计算，本项目年节约标煤量为 27＋273＋209＝509tce。

2）年节能效益

（1）天津能源价格：电价 1.05 元/kWh，天然气 2.66 元/m³，水 7.85 元/t。

（2）天然气每年节省约 256648m³，折合 68.27 万元。

（3）电力每年节省约 1045236 kWh，折合 109.75 万元。

（4）以上合计每年能耗节省约 178 万元。

六、商业模式

本项目采取节能效益分享型＋节能量保证型＋能源费用托管型模式运作。

（1）合同期从 2017 年 2 月 15 日至 2023 年 2 月 14 日，共计 6 年。

（2）服务内容包括：

1）工程改造，对中央空调系统设备节能技术改造，照明 LED 改造，输配系统蒸汽系统、自来水系统、卫生热水系统、泳池循环加热系统改造。

2）能源运营管理服务，包括饭店中央空调及相关系统的日常运行、能源采购、维修、维保、水质管理、人工服务等。

（3）节能效果验证以实际运行饭店整体能耗节省作为验证方法。

（4）效益分享的比例和方式以饭店自行运营期间总费用 713.14 万元作为基准费用，节能服务公司接手运营后年能源管理费为 680 万元，饭店每年节省运营费用为 33.14 万元作为节能效益分享，即饭店每年节能效益分享为 33.14 万元。

本合同能源管理项目预计节能率为 25%，即每年节省费用 178.29 万元，饭店节能效益分享 33.14 万元，分享比例为 18.6%。节能服务公司分享 145.15 万元，分享比例为 81.4%。

（5）节能量保证

以饭店往年自行管理期间能耗作为费用依据，节能服务公司承诺在此基础上以低于自管费用每年 33.14 万元作为运营价格，若达不到相应节能指标和数据，节能服务公司将自行承担能耗上升带来的损失，以此作为节能动力和压力，对节能效果做相关保证。

（6）款项支付的方法、数量及时间

款项依照双方合同，每年支付 6 次，即每两月支付相关费用。

（7）项目（设备）所有权归属/转移

在双方合同执行期间，相关投资的节能改造设备产权归节能服务公司所有。在合同期满且用能单位应付款项全部支付完毕，合同解除后节能改造设备无偿归用能单位所有，节能服务公司配合用能单位获得设备的所有权。

七、投资额及融资渠道

投资额为 729 万元，全部为节能服务公司自有资金。

八、优惠政策

本项目符合财税［2010］110 号等文件规定的减免税条件，并通过天津市税务部门审核，已享受"三免三减半"等税收优惠政策。

13.6 绿色改造设计方案——北京朝阳悠唐皇冠假日酒店项目

一、项目概况

2010 年兆泰集团股份有限公司建设完成北京朝阳悠唐皇冠假日酒店（以下简称"酒店"），酒店位于北京市北京朝阳区三丰北里 3 号（外交部东南侧），酒店总建筑面积为 38741.17m²，供暖、制冷面积为 37967.17m²，客房区域面积约 21600m²。首层为酒店大堂，7～20 层客房区域（包含行政酒廊）。酒店拥有 360 间客房，含一个五星级标准的会议、宴会设施包括一个无立柱大宴会厅、一个婚礼堂和多间会议室，总面积达 3000m²，如图 13-41 所示。

二、现状及历史能耗

（1）设备设施现状

1）配电系统概况：

酒店用电负荷由两台 1600kVA 的变压器供电，总装机容量为 3200kVA。具体现状如图 13-42 所示。

2）制冷及空调系统概况：

冷源为 2 台制冷量 600RT 特灵品牌离心式电制冷机组。

制冷季时间根据天气情况和入住情况进行调整，以 2018 年为例，制冷季时间为 4 月 11 日—10 月 15 日，共 188 天，每天运行 24h。

制冷季初期开启 1 台冷机，正常供冷期间开启 2 台冷机。

制冷机房内配备有 1 套自然冷源系统，用于过渡季向酒店供冷，并于 2021 年正式投入使用，开启时间约为 3 月 31 日—5 月 19 日。具体现状参见表 13-23 和图 13-43。

图 13-41 悠唐皇冠假日酒店建筑外观图

变压器

低压柜

图 13-42 变压器和低压柜

制冷机房设备参数 表 13-23

序号	设备名称	规格参数	单位	数量
1	离心式冷水机组	制冷量 2110kW(600RT),电功率 381kW	台	2
2	冷水泵	150m³/h,44m,30kW	台	3
3	冷却水泵	250m³/h,36m,37kW	台	3
4	冷却塔	500m³/h,11kW	台	2

冷水机组

冷却水泵

冷却塔

屋面新风机组

图 13-43　冷源系统

图 13-44　供暖循环泵

3）供暖系统概况：

酒店用热需求为供暖、生活热水和泳池加热，热源为市政热力。

供暖季时间为 11 月 15 日—3 月 15 日，共 120 天，每天 24h 运行。

酒店供暖系统配备 2 台循环泵，1 用 1 备。具体现状参见图 13-44。

4）生活热水及泳池加热系统概况：

生活热水和泳池加热系统热源为市政热力。

全年提供生活热水和泳池热水，每天 24h 运行。

生活热水系统配备 3 台容积式换热器，另配备 5 台 90kW 电锅炉作为备用热源，在市政热力检修期间使用。具体现状参见图 13-45。

(a) 容积式换热器

(b) 电锅炉

图 13-45　换热器和电锅炉

5）给水排水系统概况（表 13-24）：

6 层以下由市政自来水直供。

酒店低区供水采用不锈钢水箱＋变频给水泵的方式，供七～十层使用。

酒店高区供水采用不锈钢水箱＋变频给水泵的方式，供十一～十八层使用。

给水排水系统参数　　　　　　　　　　　表 13-24

序号	设备名称	规格参数	单位	数量	备注
1	生活水低区供水泵	格兰富 APV20-80，流量 20m³/h，扬程 94m，电功率 11kW	台	3	
2	生活水高区供水泵	格兰富 APV20-120，流量 20m³/h，扬程 142m，电功率 11kW	台	3	

具体现状参见图 13-46。

图 13-46　生活水泵房

6）电梯系统概况：

客梯 4 部，消防兼货梯/员工梯 2 部，具体现状参见图 13-47。

（2）现状及预评估

参考现行国家推荐标准《绿色饭店建筑评价标准》GB/T 51165，对北京朝阳悠唐皇冠假日酒店现状进行预评估，预评估参考如表 13-25：

预评估表　　　　　　　　　　　表 13-25

	节地与室外环境	节能与能源利用	节水与水资源利用	节材与材料资源利用	室内环境质量	施工管理	运营管理	自评估总得分
设计评价	0.16	0.28	0.18	0.19	0.19	—	—	
运行评价	0.13	0.23	0.14	0.13	0.16	0.10	0.11	
设计评价（自评估）	9.6	13.02	8.28	10.735	13.49	0	0	55.125
运行评价（自评估）	7.8	10.695	6.44	7.345	11.36	6.2	6.93	56.77

目前绿色饭店建筑分为一星级、二星级、二星级 3 个等级。3 个等级的绿色饭店建筑均应满足本标准所有控制项的要求，且每类指标的评分项得分不应小于 40 分。当绿色饭店建筑总得分分别达到 50 分、60 分、80 分时，各分值所对应的绿色饭店建筑等级分别为一星级、二星级、三星级。改造前经预评估，目前北京朝阳悠唐皇冠假日酒店满足一星级设计与运行的标准。

（3）能源及水资源消耗情况

由于近两年的能源及水资源的消耗减少，主要是由于疫情下入住率降低导致的，如图 13-48 所示。为了数据的全面性，我们选取了 2017—2021 年（疫情前三年及疫情后两

客梯

消防梯/员工梯

图 13-47 电梯系统

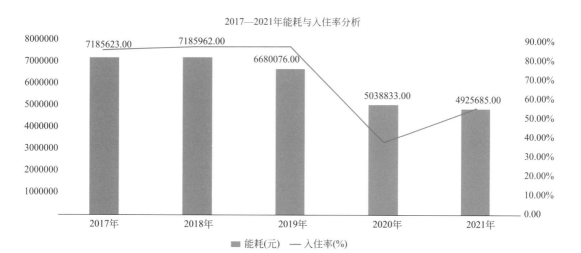

图 13-48

年）的相关数据。如表 13-26 所示，在资源支出与酒店入住率百分比方面，2020 年比 2021 年低 2.25%，这说明酒店在 2021 年总体能耗水平有所降低。但是相对于同级别同地区的酒店，北京朝阳悠唐皇冠假日酒店的单位建筑面积能耗处于较高水平，具有较大的节能潜力。

2017—2021 年能源消耗 表 13-26

年份（年）	电（kWh）	燃气（m³）	给水（m³）	中水（m³）	热（元/GJ）	资源总支出（元）	年平均入住率(%)	单位面积能耗费用（元/m²）
2017	5327150	68212	65383	9235	10304	7,185,623	84.63%	189.10
2018	5312806	68008	65203	9206	10275	7,165,962	86.24%	188.58
2019	4954655	71308	61371	9066	8778	6,680,076	86.58%	175.79
2020	3551072	38086	32775	4997	10710	5,038,833	37.22%	132.60
2021	3162960	41699	36557	4727	8349	4,925,685	54.80%	129.62

注：为方便运行费用对比，燃气价格均按照 3.18 元/m³ 计算，电费价格均按 0.993 元/kWh 计算，水费给水按 9.5 元/m³，中水按 4.18 元/m³ 计算，热力按照 98.9 元/GJ 计算。

在四种资源费用方面，以 2017 及 2021 年为例，电费分别占总支出的 73.88% 及 70.33%，热力占比 13.83% 及 18.49%，燃气占比 3.27% 及 2.97%，水费 9.18% 及 7.45%。由此可见，节电、节热、节水将是本次酒店绿色改造的重点。

重要用电设备信息如表 13-27 所示：

设备表 表 13-27

序号	设备名称	电量	数量	位置	能效	使用年限
1	离心式制冷机组 600RT	180kW	2 台	三层	5.5	15～20
2	冷水循环泵	30kW	3 台	三层	2 级	15～20
3	冷却水循环泵	37kW	3 台	三层	2 级	15～20
4	冷却塔风机	22kW	2 台	屋面	2 级	10～15
5	供暖循环泵	55kW	2 台	三层	2 级	15～20
6	低区热水循环泵	0.37kW	2 台	三层	2 级	15～20
7	高区热水循环泵	0.55kW	2 台	三层	2 级	15～20
8	生活水低区补水泵	11kW	3 台	三层	2 级	15～20
9	客梯	30.8kW	4 台	四～二十一层	1 级	15～20
10	货梯/员工梯	17.3kW	2 台	四～二十一层	1 级	15～20
11	新风机组（楼层）	1.1kW	12 台	标准层	1 级	10～15
12	组合式空气处理机	69.5kW	kW	裙房	1 级	10～15
13	新风机组（全日餐）	15kW	kW	裙房	1 级	10～15
14	空气处理机（泳池）	75kW	kW	裙房	1 级	10～15
15	风机（卫生间＋泵房）	20kW	kW		2 级	10～15

序号	设备名称	电量	数量	位置	能效	使用年限
16	公共区照明(裙房+后勤+标准层走道含设备间)	428.53kW	kW	裙房	—	10
17	厨房油烟净化设备	56kW	kW		2级	10～15
18	给水排水设备	33kW	kW		1级	10～15
19	厨房电器	80kW	kW		2级	10～15
20	洗衣房设备	55kW	kW		2级	10～15
21	其他设备	32kW	kW		—	10～15

（4）碳排放监测现状

在悠唐酒店的历时运营过程中，尚未关注运营碳排放情况，缺乏碳排放的数据计量和监测，这一点在后续的运营管理中亟待加强。

三、绿色酒店改造设计理念及方案

本着在建筑的全寿命周期内，最大限度地节约资源，保护环境和减少污染，为人们提供健康，适用和高效的使用空间，与自然和谐共生的建筑的理念，本次绿色改造主要围绕着如下三点进行：

一是节能降耗，主要是强调减少各种资源的浪费。

二是保护环境，强调的是减少环境污染，减少二氧化碳的排放。

三是满足人们使用要求，为人们提供"健康""适用"和"高效"的使用空间。可以说，这三个词也是绿色建筑概念的缩影：健康"代表以人为本，满足人们使用需求"；适用"则代表节约资源，不奢侈浪费，不做豪华型建筑"；高效"则代表着资源能源的合理利用，同时减少二氧化碳排放和环境污染"。

（1）建筑策划（室内空间规划）

符合生态环保理念的建筑规划设计是实现绿色酒店建筑目标的良好开端，本项目在规划设计阶段就明确了绿色酒店建筑的建设目标，实现酒店建筑在整个生命周期的绿色可持续。合理的建筑朝向、间距、布局、功能分区、动线设计等，合理利用土地资源、建筑空间，合理运用自然资源，以及建筑内部空间、围护结构和外部空间设计等因素，都为酒店资源能源节约、绿化、排水和对外交通等功能实现打下良好基础。

本次室内建筑空间规划的改造重点打造可变换功能的房间包括宴会厅、包间、会议室、中餐厅等，采用灵活隔断的实现室内空间的多元组合。

（2）建筑改造设计

鉴于原有项目各部分围护结构已做了节能优化设计，且建筑的体形系数、窗墙面积比均小于规范限值，经权衡判断后，设计建筑全年能耗小于参照建筑的全年能耗，可达到现行国家标准《公共建筑节能设计标准》GB 50189 的节能要求，但由于项目使用年限已有11 年，因此需要进行如下改造工作：

部分外围护结构存在保温材料或保护层出现破损，需要考虑局部更换。

幕墙局部密封胶老化，需要考虑局部更换。

由于宴会厅挑空超过 10m，存在夏季过热的情况，建议考虑外遮阳或水幕方案以较少夏季热辐射，如图 13-49 所示。

图 13-49　宴会厅图

考虑到酒店客户的多元需求，在酒店内设置了无障碍通道（路）、电（楼）梯、平台、房间、卫生间、席位、盲文标识和音响提示以及通信，尤其是卫生间无障碍设施（坐便区设施、淋浴区设施、盥洗区设施）、无障碍扶手，沐浴凳等、走廊防撞扶手等建议在改造期间在缺失的房间或区域补充配套的服务设施。

本次改造过程中不应有排放超标的污染物，因此改造方案中应考虑通过合理布局和隔离等措施降低污染源的影响。

现有外窗、玻璃幕墙的可开启部分能使建筑获得良好的通风，如需新增，可根据改造区域功能要求进行调整。

本次改造时，玻璃幕墙需采用耐候性优于相关标准要求的结构密封胶。

本次改造时，建议新增室内绿植墙，实现自然的空气净化功能，吸收二氧化碳、甲醛、尼古丁、一氧化碳、二氧化硫等有害气体，并释放出氧气，且植物表层有绒毛或凹凸脉络可以吸附空气中粉尘、细菌并释放负氧离子。提升环境的舒适度、降低噪声。植物对声波具有吸附能力，当噪声等声波通过稠密的枝叶冠幅时，约有百分之二十六的声波被吸附掉，而植物墙使平面种植变为立体种植增加了植物的密稠度并节约空间，更能起到吸音降噪的作用。节能降耗，通过植物释放出的负氧离子，增加了空气中的湿度，在夏季高温的情况下，能够降低 2~5℃，而冬季植物基质及植物形成一层保护层，从而减少空调等调温设备的使用率，降低能耗。增加室内环境的观赏性，通过绿植墙种植的大小、形态、色彩各异的植物请我们在都市的喧嚣中，享受一份恬淡与宁静。

（3）建筑结构建材

本次改造过程，全部采用预拌混凝土和预拌砂浆，在确保工程质量的同时，还可大大缩短工期，实现机械化施工，提高建设速度，同时可有效避免砂石、水泥等材料的浪费。

在可变换功能的房间包括宴会厅、包间、会议室、中餐厅等，建议采用可降解可回收的装饰装修材料，大大提高材料的复用率及回收率。

（4）暖通空调专业

改造前，冷源采用两台制冷量为600RT的电制冷离心式冷水机组，极端天气下开启全部制冷机组，存在负荷调节性差、小负荷设备喘振的问题。计划改造后，冷源采用一台制冷量为350RT的电制冷螺杆式冷水机组、一台制冷量为600RT的电制冷离心式冷水机组和一台制冷量为1000RT的电制冷离心式冷水机组，能够根据负荷情况调整制冷主机运行台数，实现冷机合理匹配、高效运行，预计实现制冷系统节能5%以上，年节约电量约为7.4万kWh。

制冷机房内配备有1套自然冷源系统，用于过渡季向酒店供冷，如图13-50所示。

图13-50　改造前制冷机房

酒店用热需求为供暖、生活热水和泳池加热，热源为市政热力。供暖系统安装有单独的热计量表，采用热计量收费的方式。酒店供暖系统二次侧温度由自力式温控阀进行调节，但阀门精准度较差，虽然物业运行人员会根据酒店通知定期调整二次侧供水温度，但无法根据室外天气实时调整二次侧供水温度，温度调节不及时，且自动化运行程度较低。计划改造后，在换热站内加装气候补偿控制器，根据室外天气情况，修正二次侧供暖温度，通过优化分析计算得到二次网系统供水温度的最佳值，调节一次网供水管上的电动阀，调整进入换热器的流量，使二次网供水温度达到最佳值，实现按需供热的目的。预计实现节能率3%～5%，年节约热量约为240～400GJ，如图13-51所示。

改造前，酒店供暖系统配备2台循环泵，1用1备，设备功率55kW，采用变频控制。本项目对供暖循环泵进行节能优化改造，改造后的水泵所需功率仅为37kW，并能够根据"供回水压差"实现变频自动控制，实现设备节电10%～15%，年节约电量约为1～1.5万kWh，如图13-52所示。

客房采用风机盘管加新风系统，改造前屋顶热回收机组部分零件已损坏、缺失，无法正常投入使用，未能发挥热回收功能。计划改造后，将屋顶原有新风机组更换为"组合式能量回收新风换气机"，同时在客房区域每层机房内安装"静音管道风机"，实现客房内通风换气和余热回收，在保证房间内空气品质的同时，最大限度地节约供暖、空调能耗。

建议裙房部分更换更加高效节能的AHU机组，降低系统能耗，升级机组过滤器，提

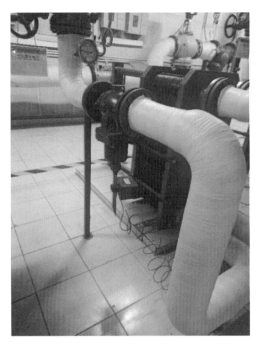

图 13-51 改造前自力式温控阀

改造前供暖循环泵

改造后供暖循环泵变频控制柜

图 13-52 供暖设备

高室内空气质量。并实现主楼所有公共区域空调系统单独送风,每段可控,与场馆、会议室、办公室分开。风机采用变频风机提高系统能效。全空气系统过渡季最大新风比不低于60%,冬夏季最大新风比 20%～30%,可变新风运行。

建议室外新风引入室内前，需设置入口清洁系统，AHU 及 PAU 机组拟采用新风热回收技术，且设置排风热回收效率不低于 60%。由于空调工程中处理新风的能耗大约占总能源的 25%～30%，本次改造拟增设回收功能段，利用新风中的热量，可以在很大程度上节约处理新风的能耗，实现节能。综合以上空气处理设备的改造建议，预计年节约热量约为 480GJ，年节约电量约为 1.65 万 kWh。

建议过渡季采用冷却塔＋板式换热器的免费冷源，进行冷水系统的供应。系统使用情况分析，酒店制冷系统夏季空调冷水温度 6℃/12℃，校核风机盘管不同工况下制冷量，空调冷水供回水温度 17℃/20℃ 可以满足过渡季商业内区所需要的冷负荷。根据项目实际运行经验，换热器换热温差取值 3℃，得出冷却塔侧供回水温度 14℃/17℃，按冷却塔冷幅为 4℃时考虑，得出室外空气湿球温度为 10℃。因此此工况下，冷却塔满足换热使用要求。结合北京地区的气象局提供的室外湿球温度可知，按每个月份来看，过渡季节 4 月、10 月的冷却塔供冷时数分别占全月时间的 68.33%、82.9%。可见，在过渡季节时，冷却塔供冷运行时长相当可观。由此通过对建筑内部的空调负荷特点、室外气象参数的条件、空调系统末端的形式、冷却塔供冷的运行时数等各类条件的分析，过渡季设置冷却塔＋板式换热器的免费冷源可降低制冷能耗，更多元地实现项目节电减碳的节能要求，如图 13-53 所示。

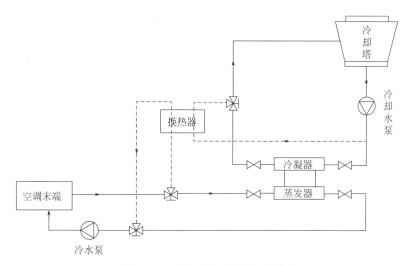

图 13-53　冷却塔间接供冷系统图

建议在原有高静电吸附式的处理工艺基础上，为了提升厨房油烟的净化效果，增设 UV 紫外线处理功能段，利用高能 254nmUV 光束裂解恶臭气体中分子键，使之变成极不稳定的 C 键、—OH、O 离子。利用 185nmUV 紫外线光束分解空气中的氧分子产生游离氧，即活性氧，因游离氧所携正负电子不平衡所以需与氧分子结合，进而产生臭氧。

$$UV+O_2 \longrightarrow O—+O* （活性氧） O+O_2 \longrightarrow O_3 （臭氧）$$

臭氧与呈游离状态污染物质聚合生成新的、无害的物质，如 CO_2、H_2O 等，对恶臭气体及其刺激性异味有明显效果。

该设施可降低运行成本，无任何机械动作，无噪声，无需专人管理和日常维护，只需做定期检查，本设备能耗低，设备风阻极低＜50Pa，可节约大量排风动力能耗。

建议地下停车场设置诱导风机＋CO 监测。根据多点 CO 浓度的监测，当第一点 CO

273

浓度超标时暂不开启整个系统的诱导风机，而是只开启检测点的诱导风机进行稀释，但当同一台在工作时设定稀释时间后，CO浓度还是超标，系统有理由认为整个车库已经饱和，此时必须开启整个防火分区的诱导风机进行通风。整个诱导通风系统开启后，只是在车库内形成流场，使空气按照设计路线输送到排风口。此时必须开启排风竖井里的排风机才能形成并实现有组织排风的足够压差，实现污浊气体的排放。所以，通过弱电智能化系统的联锁控制，确保整个诱导通风系统开启后，风机联动排风主机。同理，如果是完全内区，则要联动送风风机，补充新风，从而确保地下车库内的空气品质满足规范要求，如图13-54所示。

图13-54 风机单元

建议通风风机单位耗功率满足要求。新风送风温度可调、分区独立启停控制、空调机组 *IPLV* 值满足标准要求。

建议水系统、风系统均采用变频设计。

建议暖通设备可远程启停、监控、报警，总冷量在线监测，机组群控（具体参见智能化设计）。

改造管路设计时，优化暖通空调的输配系统，减少输配系统的运行能耗。

（5）电气方面

建议电气改造时，各主要功能房间的灯具均以 LED 节能灯具为主，照明功率密度满足目标值要求，同时照明系统采用智能化集中控制，并按建筑使用条件和天然采光状况采取分区、分组控制。在分回路、分区、分组控制的基础上，实现走廊、楼梯间、门厅、大堂、大空间等场所的照明系统采取分区、定时、感应等节能控制措施。

建议停车场的车库照明，采用了智能雷达感应照明灯具，通过雷达感应，自动控制高、低亮度相结合的智能 LED 灯具。

建议合理布局宴会厅、包间、会议室、餐厅等，最大限度地利用自然采光。

合理改造时，选用节能型电气设备。

客房内设置节能控制总开关，插卡取电，人离开房间后，房间内电源切断，实现节能控制。

建议酒店电梯分高低区设置后，并设置群控。同时通过电梯管理系统实现电梯运载的最佳状态。

建议设置电能动能回馈系统。

建议设置智能远传电表，不仅实现了实时传输重要供电设备或回路的能耗情况，更便于酒店运维人员通过实时数据的统计，根据数据变化的情况，及时发现运行异常或机组故障等问题，大大提升了维修人员的工作效率及对设备及系统的预判性。

（6）给水排水专业

建议本次改造卫生间均采用节水器具，如感应式水龙头、感应式小便器等，均满足现行城市建设推荐标准《节水型生活用水器具》CJ/T 164 节水效率等级为一级的要求。

建议本次改造的阀门管件符合行业标准要求。

建议测试末端管网压力，对于超压回路需设置减压阀，阀后压力小于 0.2MPa。

建议若新增公用浴室需采取节水措施。

建议将空调凝结水由立管收集后，用作中水水源接至中水站。冷却水均采用循环水，优质杂排水均做中水回收系统。中水用于冲厕、绿化、洗车和浇洒道路，如图 13-55 所示。

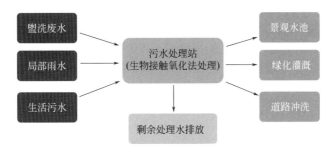

图 13-55 污水回用流程图

建议改造时排水立管通过设置螺旋消音管，从而大大降低了排水过程中水流通过时的噪声，从而确保房间内的噪声得到良好的控制，创造良好的环境体验。

建议游泳池采用高效性过滤设备，供水管网采购抗腐蚀性强的 UPVC 管道，使用寿命可达 30～40 年，根据专业的水处理管网设计，可实现系统水力自动化、无阀门、无操作全水力自动化的水处理系统。不依靠投加混凝剂、助凝剂、灭藻剂等对河湖水造成化学污染的任何药剂。使水体良性循环，永不更换。运转费低，全部无压水处理，扬程只有 5～6m，大大降低运行能耗，现运行能耗不到传统压力罐水处理的 1/3，水处理设备的反冲洗时间从以前的 5～8min 降低到了现在的 2.5min，反冲洗彻底干净，自动化度高。该类游泳池水处理系统具有节省材料及土建 60%；节电 70%，节水 80%，节省药品 90%～100%（不计清除剂），节省人力 100% 的综合节能收益。

建议计量水表采用采集计量水表，不出现无计量支路。并按使用用途、付费单位设置智能远传水表，不仅实现了实时传输重要用水设备或回路的能耗情况，更便于酒店运维人员通过实时数据的统计，根据数据变化的情况，及时发现运行异常或机组故障等问题，大大提升了维修人员的工作效率及对设备及系统的预判性。

（7）弱电智能化专业

建议设置酒店楼宇控制系统进行能源管理，该系统可实现空调机组、新风机组、热回收机组的自动开启，并设有计量装置，可以统计能耗数据并对能耗数据进行统计分析，这样可以做到及时反馈不合理的能耗，从而指导运行，建立健全合理的运行策略。

空调用电占本酒店的 40％以上，其中空调冷源的耗能在整个空调系统能耗中占有相当的比例，酒店工程部一直在采取各种运营措施降低冷水机组的能耗，但因为酒店的冷源系统都是手动运行，在此情况下节能潜力受到极大的约束，为进一步降低空调系统能耗，建议采用机房群控系统，将系统主控制器和操作站设置在冷机机房的控制室内。主要监控内容包括冷水机组、冷水系统、空调供暖系统、冷却水系统、冷却塔、压差旁通监控：

1）通过冷机自带的通信接口，全面实现冷水机组内部参数无缝读取，并能够提供功能完善的冷水机组的远程监测、设定、控制和保护。

2）空调冷水供、回水温度、冷水水流量监测。

3）冷却水供、回水温度监测。

4）供、回水压差测量及旁通控制。

5）最不利端压差监测。

6）冷却水泵、冷水泵、供暖热水二次泵：启停控制，水泵手动/自动开关状态监测，水泵运行状态监测，水泵故障报警。

7）冷水泵、供暖热水二次泵：变频调节控制及频率反馈。

8）冷却塔风机启停控制，风机手动/自动开关状态、运行状态等。

9）过渡季冷却塔风机启停控制，风机手动/自动开关状态、运行状态等，及板式换热器一次/二次侧温差，压差及回水管网上电动阀的开关状态、运行状态等，与冷水泵，冷却水泵进行互锁。

通过机房群控系统，可依据环境与负荷的变化，实现空调系统运行参数的优化和冷媒流量根据负荷需要动态调节，保障空调系统冷源设备在任何负荷条件下，都能保持高效率运行，从而最大限度地降低空调系统能耗，为中央空调系统的节能控制提供了一种先进的技术装备，对降低中央空调能耗具有重要的作用。通过配置系统的硬件和软件，实现测量各类工艺、设备状态的参数、设置并控制设备启停、提供设备运行报告等功能，运用节能计算以及先进的控制技术，达到节能的效果。主要从以下几方面入手：

1）需求侧管理。

2）冷/热量计算以及冷/热量匹配运行。

3）最优化设备运行点设定。

4）确定几种最优化运行模式，进行运行模式切换。

5）根据系统记录，管理分析当前和过去运行过程。

6）提供计算和预测工具、用于优化操作参数并组合、建立新的运行方式。

7）实现节能自控系统与其他系统数据交换。

8）对受控设备实现遥控操作。

9）系统方便、友好的修改、扩展、检测工具。

冷源目前的控制系统只具备基础功能，系统缺少配套相关的压力、流量等传感器的监控，对进一步优化控制系统带来困难。如何在现有基础上，挖掘节能潜力，提升供冷品质，需要建立一套先进的智能化冷机群控冷源能效控制系统平台。

使用智能化冷机群控系统加载冷水泵设备模型。实现多维变频控制，把变频器的节能效益开发出来。同时需要增加冷却水变频设备，冷却塔变频设备。设备的能源耗电需要与智能化冷机群控平台集成。在必要的管路上增加流量计、压力传感器、温度传感器等。以提高系统设备及各个运行模式的高效运行。

酒店各房间卫生间设置了紧急报警按钮系统，当酒店有客人发生意外，可以按下紧急报警按钮，管理人员接到报警后会来到报警人的房间进行救助。

（8）室内环境质量

建议本次改造时，建筑室内照度、统一眩光值和一般显色指数均满足现行国家标准《建筑照明设计标准》GB 50034 的有关要求。

建议本次改造过程中，对噪声源和噪声敏感房间进行合理布局，有效控制室内噪声，同时对产生噪声设备进行隔声减振处理，机房设置吸音墙体及隔声门。主要功能房间的室内噪声级应满足现行国家标准《民用建筑隔声设计规范》GB 50118 中的低限要求。

建议本次改造在宴会厅、会议室及餐厅可以根据室内 CO_2 浓度传感器所监测的 CO_2 浓度来自动调节新风量。地下车库设置 CO 传感器，并与排风系统联动控制，以确保地下车库的空气质量。健身房设置空气净化装置，实现甲醛、PM2.5 净化处理，如图 13-56 所示。

宴会厅属于高大空间，建议通过对室内气流组织合理设计，使宴会厅的热环境设计参数满足室内人员的舒适度要求。

项目所在区域内的吸烟控制，要求全楼禁烟，在场地内设吸烟区，或是场地内禁烟。

建议改造过程中严格把控好功能房间室内噪声级。

建议改造过程中确保主要功能房间的隔声性能良好。

（9）装饰材料的选用

建议本次改造时建筑与装饰使用的密封剂黏合剂的 VOC 含量不能超 ASHRAE 要求。

图 13-56　健身房空气净化装置

建议本次改造时采用北京市推广使用的建筑材料，确保建筑、机电及装饰材料的供货半径满足绿建标准。

建议采用可再循环材料和再利用材料。

建议室内空气中的氨、甲醛、苯、总挥发性有机物、氡等污染物浓度应符合现行国家推荐标准《室内空气质量标准》GB/T 18883 的有关规定。

不采用国家和北京市禁止、限制使用的建筑材料及制品。

本次改造过程中建议一些设备或管道可采用共用支架的方式，以利于项目节材。

（10）特种设备

建议设置微型消防站，以满足应急管理与响应。

建议设置垃圾回收基础设施，如干湿垃圾回收站，垃圾压缩打包装置。

建议设置智慧废弃物管理系统，塑料或金属包装回收器，废旧电池回收机等。

建议设置感应智能垃圾分类回收系统实现：①生活垃圾智能分类；②自动称重与溢满提醒系统。

建议设置有机垃圾的处理。

（11）施工阶段的管理

本次改造过程中严格做好施工期间污染物防治。

本次改造过程中严格做好施工期室内空气质量的管理。

本次改造过程中应采用低逸散材料选择。

本次改造过程中应考虑永临结合的施工方案。

（12）项目改造实施中的管理工具

本次改造方案建议使用 BIM 技术。

（13）酒店改造碳排放计算模型和监测软件平台的搭建

在酒店改造工程中，涉及的碳排放包含运营碳排放和隐含碳排放。其中，运营碳排放又可分为直接碳排放和间接碳排放。直接碳排放指在建筑行业发生的化石燃料燃烧过程导致的碳排放，间接碳排放指外界输入建筑的电力、热力包含的碳排放，其中热力部分可包括热电联产及区域锅炉送入建筑的热量。隐含碳排放指改造施工过程及改造涉及的建材生产中的碳排放。

在悠唐酒店的绿色改造项目中，搭建酒店改造碳排放计算模型和碳排放监测软件平台，为后续改造后运维过程中的碳减排提供数据支持，并相应地优化用能策略。

四、预测节能效果

（1）制冷机组方案优化节能效果预测（表 13-28）

制冷机组节能效果预测 表 13-28

系统总冷负荷（Tons）	机组配置	运行时间	冷负荷百分比	设备运行策略	预测运营功率(kW)	电费（元/kWh）	年运行费用（元）
原有酒店中央冷水机组							
1200	2 台 600RT 机组	388.8	25%	1 台机组的 50%	60734.448	0.993	1305721.01
		1458	50%	1 台机组的 100%	555498		
		1360.8	75%	2 台机组的 75%	674004.24		
		32.4	100%	2 台机组的 100%	24688.8		
改造后中央冷水机组							
1200	350RT 600RT 1000RT 机组各 1 台	388.8	25%	350 机组的 75%	50544	0.993	937737.78
		1458	50%	600 机组的 75%	311720.4		
		1360.8	75%	1000 机组的 90%	467843.04		
		32.4	100%	350+1000 机组的 100%	17201.16		
优化后的节能费用							367983.23
优化后的节能率							28.18%

1）冷水机运行费用的计算必须按照 ARI 标准。（$NPLV＝0.01×0.45＋0.42×75\%＋100\%×50\%＋0.12×25\%$），等冷吨的设备配置方案时：

100％冷负荷百分比＝2 台制冷机在 100％运行策略下运行，

75％冷负荷百分比＝2 台制冷机在 75％运行策略下运行，

50％冷负荷百分比＝1 台制冷机在 100％运行策略下运行，

25％冷负荷百分比＝1 台制冷机在 50％运行策略下运行。

不等冷吨的设备配置方案，则根据不同百分比总负荷下，大小机的总冷负荷可设置为一台 75％及或一台 75％或双台 100％的运行策略进行最优匹配。

2）冷却水温度必须符合 ARI 标准

3）营业时间＝6 月×30 天×18h＝3240h

（2）水泵方案优化节能效果预测（表 13-29）

水泵方案优化节能预测　　　　　　　　　　　　　　　　表 13-29

设备名称	规格参数	单位	数量	预测不同负荷下工作时间				预测年总用电量 kWh
				25％	50％	75％	100％	
原设计方案								
冷水泵	150m³/h,44m,30kW	台	3	388.8	1458	1360.8	32.4	
冷却水泵	250m³/h,36m,37kW	台	3	388.8	1458	1360.8	32.4	
冷却塔	500m³/h,11kW	台	2	388.8	1458	1360.8	32.4	488257.62
供暖循环泵	流量 346m³/h,扬程 37m,电功率 55kW	台	2	345.6	1296	12096	28.8	
改造后方案								
冷水泵	150m³/h,25m,22kW	台	3	388.8	1458	1360.8	32.4	
冷却水泵	200m³/h,22m,27kW	台	3	388.8	1458	1360.8	32.4	
冷却塔	500m³/h,11kW	台	2	388.8	1458	1360.8	32.4	357428.52
供暖循环泵	流量 340m³/h,扬程 25m,电功率 37kW	台	2	345.6	1296	1209.6	28.8	
优化后的节能费用								130829.10
优化后的节能率								26.80％

（3）LED 灯具更换方案优化节能效果预测（表 13-30）

本节能量测量验证方案涵盖如下节能技改措施：

照明系统光源升级及控制优化；

本项措施节电量按以下公式计算：

$$E_s = \sum_{i=1}^{n} (P_{i1} - P_{i2}) \times N_i \times t_i$$

式中　E_s——改造后每月节电量，kWh（$i＝1$、2、3……n，第 i 种灯具）；

P_{i1}——第 i 种灯具改造前光源功率（抽样实测一天耗电量，求平均功率），kW；

P_{i2}——第 i 种灯具改造后光源功率（抽样实测一天耗电量，求平均功率），kW；

N_i——第 i 种灯具的实际改造数量，个；

t_i——第 i 种灯具的月开灯时间，h，取改造前根据实际情况确定的各类型光源的月运行时间。对个别存在异议的，由酒店方安装测试仪表实测。

LED 灯具更换方案优化节能效果 表 13-30

节能措施	区域	当前光源功率（W）	新灯源功率（W）	每年使用小时数(h)	数量	年节电量（kWh）
照明升级及控制优化	客房	25	7	584	3600	37843.2
	宴会厅	25	7	624	300	3369.6
	中餐厅	25	7	4380	100	7884
	大堂	25	7	5840	500	52560
	走廊	25	7	5840	2000	210240
	合计					311896.8

（4）电梯管理策略优化节能效果预测（表 13-31）

电梯节能预测 表 13-31

设备名称	规格参数	单位	数量	预测 E-LINK＋群控管理软件节能率	年运行时间(h)	节能量 kWh
客梯	30.8kW	台	4	5％	56210	11242
货梯/员工	17.3kW	台	2	5％	31572.5	3157.25
改造后节能费用						14298.45

（5）主要节能措施节能预测（表 13-32）

主要节能预测 表 13-32

节能措施	节电量	节气量	节水量
制冷主机优化	367983.23	—	约系统补水总水量的 15%
水泵优化	130829.1	—	约系统补水总水量的 15%
照明升级及控制优化	311896.8	—	
电梯管理策略优化	14298.45	—	
预计总节约费用(元)	825007.58		
预计总 CO_2 减排(t)	828.33		
按 2019 年能耗费用(元)	4954655		
节能率(%)	16.65%		

注：为方便运行费用对比，燃气价格均按照 3.18 元/m³ 计算，电费价格均按 0.993 元/kWh 计算，水费给水按 9.5 元/m³，中水按 4.18 元/m³ 计算，热力按照 98.9 元/GJ 计算。

五、项目总结

以国家双碳目标为指引，秉承绿色可持续发展理念，旭曜科技作为建筑节能低碳综合服务商，承担悠唐酒店绿色化改造的实施工作。本次绿色改造，有如下几个亮点和示范意义：

1. 将绿色低碳的理念贯穿于规划设计、建筑设计、建材选择、绿色施工，并将最终落实到物业管理的建筑全寿命周期内，促进人与自然、资源与环境的和谐发展。从而引导建筑设计向良性、环保、可持续方向发展，为绿色酒店建筑的推广提供实际经验，让使用者切实感知到绿色生态建设带来的环境改善和提升，具有非常重要的推广价值。

2. 将碳减排理念贯穿到酒店改造设计及酒店改造后全生命周期运维管理中。本次改造中，同步搭建酒店改造碳排放计算模型和碳排放监测软件平台，为后续改造后运维过程中的碳减排提供数据支持，并相应地优化用能策略。且本项目中所搭建的改造碳排放模型，包含运营碳排放及改造施工及材料隐含碳排放，全面合理，将为酒店改造项目碳减排效果的量化分析，提供模型和数据借鉴。

饭店建筑用于新型冠状病毒肺炎疫情临时隔离区的应急管理操作指南

目录

1. 编制背景和目的

鉴于疫情流行期间的严峻形势，亟须解决隔离场所紧缺的棘手问题，饭店建筑具备独立房间和生活起居必要条件，在非常时期可用于临时隔离场所之一，对需要隔离医学观察人员、疑似和轻症患者进行集中隔离。作为临时隔离用途的饭店，在运营管理等方面有别于正常饭店运营管理。本指南主要对作为临时隔离用途的饭店建筑提供运营管理指导，使其在疫情期间进行正确有效的应急管理操作。

2. 接收的目标群体

作为临时隔离用途的饭店建筑，主要可接收四类群体，包括：疫情服务的一线医护工作人员、需要隔离医学观察的人员、疑似患者以及确诊病例（核酸病毒检测为阳性或CT胸片）但未出现明显不适症状的患者。**这四类群体应分别安置于不同饭店进行隔离。作为临时隔离用途的饭店不宜接收危重症患者。**危重症患者宜送至专业医院进行医疗救治。

3. 选址条件

作为临时隔离区的**饭店建筑出入口应相对独立且交通便利，不得与附近居民共用出入通道。**在选址上应主要考虑**距离定点收治医院较近的饭店，**便于出现不适的患者及时送至医院就近医治，或是便于一线医护工作人员就近休息。此外，为便于返程及过境人员提供集中隔离，使需要隔离的人员及时隔离，减少途中接触传染，**也可选择距离飞机场、火车站等较近的饭店**用于集中隔离点。

4. 应具备的硬件条件

作为临时隔离区的饭店应具备如下几方面基本硬件条件：

（1）**客房**：应具备一定数量的客房，可解决一部分需要隔离人员的数量要求。每个房间应具备独立的卫生间，避免使用公共卫生间。建议客房数在50～200间为宜，客房数量过少不能满足隔离人员数量要求，且易造成医务服务人员浪费；客房数量过多增加了对突发情况应急处理难度，且饭店运营成本过高。无可开启外窗或外窗可开启通风面积小于$0.2m^2$的客房不建议使用。

（2）饭店**内部可分区**：可划分为两个区域：隔离区（污染区/半污染区），以及医务工作区和生活服务后勤区（清洁区）。（名词术语参见现行行业标准《新型冠状病毒感染的肺炎传染病应急医疗设施设计标准》T/CECS 661）

（3）**空调通风系统**：应优先选择采用分体式空调或变频变冷媒多联空调的饭店。每个房间应具备独立的新风送（排）风和过滤系统，防止病毒传播。如**客房采用集中回风处理且不带新风的空调系统，应关闭所有空调机组，封闭全部客房的出风口和回风口，**设置机械通风装置或具备可开启外窗。设备操控应由饭店运营管理专人负责。

（4）**给水排水系统**：饭店应有完善的给水、热水、排水及消防灭火设施。生活用水水质应符合现行国家标准《生活饮用水水质卫生标准》GB 5749（2023 年 4 月即将施行）的规定，生活热水加热设备出水温度不应低于 60℃。隔离确诊病例（核酸病毒检测为阳性或 CT 胸片）但未出现明显不适症状的患者的饭店客房的给水及污、废水排水系统与其他非客房功能的给水排水系统应分开设置，室外应具备设置污水处理设施的条件。

（5）**饭店电梯**：应具备大约等于 3 部电梯，包括 2 部工作电梯和 1 部及以上客用电梯。工作电梯应按使用用途分为清洁用途电梯（医务人员、医疗用品、送餐服务等）和污染/半污染用途电梯（垃圾收集与清运、使用过的布草等）。工作电梯应由工作人员控制，不得对外使用。

（6）**配套用房及服务**：可提供具有良好通风效果的医用消毒房间（可用饭店其他功能房间腾用或改造），餐厅可提供单独客房送餐服务，如采用餐饮外包方式时，应统一由专人送餐至每个房间门前，提供无接触送餐服务。

（7）宜选择客房区域为硬质瓷砖或木地板等铺设地面为主的饭店（非地毯铺设地面），便于日常及疫情后清洁消毒。

（8）有条件的应具备**疫情信息管理（Wi-Fi）网络，**可及时上报住客异常信息至社区防疫部门。

（9）**视频监控系统**：应设有视频监控系统，客房走廊应做到无死角全部监控。视频存储时间不小于 30 天。

5. 运营管理及应急操作指南

作为临时隔离使用的饭店，在入住登记、设备运行操作、公共区域清洁消毒及垃圾清运、标识提示、客房服务等方面，应有别于常规经营的饭店建筑。**在疫情期间，应关闭人流聚集场所，**如宴会厅、集中用餐的餐厅、健身房、室内外泳池等功能空间。

作为临时隔离用途的饭店，建议对不同工作服务人员在服装前胸后背涂上色标，以便监控活动区域内权限，以及需隔离人员及时获得必要帮助。医务人员可选绿色色标，饭店工作人员可选蓝色色标。

5.1 人员管理及入住退房流程指南

饭店建筑作为临时隔离使用时，需要提供待隔离人员入住和服务流程指南，引导待隔离人员按流程办理入住及退房手续，如图 1 所示。

（1）在饭店大堂入口处，应安排饭店工作人员进行体温测量，有条件下可使用红外线热成像测温仪测量，对出入饭店的人员进行体温检测。进入饭店人员必须佩戴口罩。如检测体温超过 37.3℃，应及时了解情况并通知医务工作人员。

（2）通过体温检测后，需要办理入住人员可到饭店前台 1，出示证件并办理入住手续。办理手续应避免人员聚集，接待疑似病例或确诊病例的饭店应由工作人员帮助办理手续。鼓励饭店前台提供免洗杀菌消毒手液和红外线拍照测温仪。

（3）拿到房卡后，到饭店前台 2 登记基本情况，由工作人员分发防护用品（口罩、手

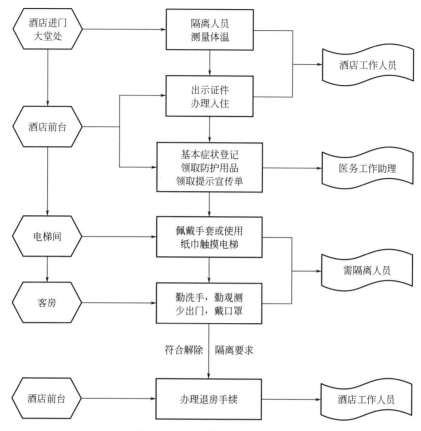

图 1　办理入住和退房流程图

套等）和温馨提示单。提示单要写明：住客及访客应主动告知近 14 天是否有湖北居住或旅行史，入住期间不应外出活动（第一类医护人员除外），饭店内不应串门，并按要求每日接受 2～3 次体温测量，如出现不适症状，应及时通知驻场医护人员。明确内部分区并利用客房门禁卡加强区域内人员管理，避免由于人员流动可能出现的交叉感染。

（4）隔离人员需乘坐指定电梯。建议在电梯门口提供免洗消毒杀菌洗手液，电梯按钮建议覆盖塑料膜便于日常消毒，可在电梯间内提供一次性纸巾，供入住人员触摸电梯按钮。使用后请扔入医用废弃垃圾桶中。

（5）如符合解除隔离条件，可到饭店前台 3 办理退房手续。（注意：入住与退房应分开在不同的区域和通道办理，不要交会或重叠，因入住与退房是两类完全性质不同的群体。）

5.2　设备运行操作指南

饭店建筑作为临时隔离场所使用时，应重点在空调新风系统、给水排水设备等方面进行应急科学操控，严格管理。

（1）空调新风系统操作指南（图 2）

1）空调管理和操控人员必须了解饭店空调、通风系统特点，明确每一系统所服务的楼层和房间详细情况。了解隔离区和工作区划分；了解人流、物流。制定疫情期间空调运

287

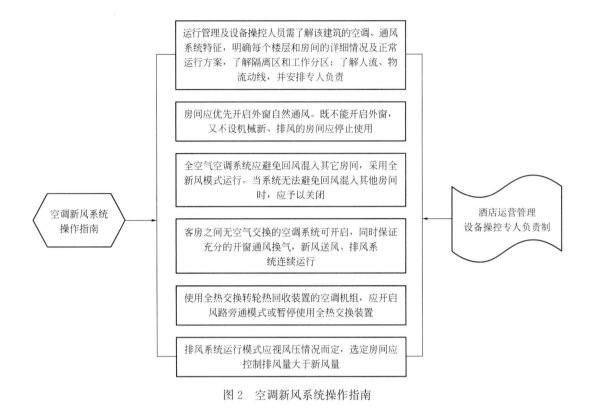

图 2　空调新风系统操作指南

行方案，落实专人负责，每日记录操作情况。空调系统启用前以及使用期间，应做好系统的清洁消毒工作。

2）客房应**优先开启外窗自然通风**（当室外空气质量指数 AQI 较差时可酌情适当减少通风时间）。当自然通风条件较差时，可参考以下条款辅以空调通风系统，加大新风通风换气量。**既不能开启外窗，又不设机械新、排风的房间应停止使用。**

3）北方地区供暖季为保障新风增加后的送风温度，可采用增加锅炉（热泵）台数、提高一次侧热源温度等措施，提高空调系统供水温度，以免室内温度过低或空调系统冻裂。

4）**全空气空调系统**一般用于饭店的咖啡厅、多功能厅、大堂等区域，建议北方地区供暖季时尽量停用这些区域，以免空调系统供暖能力不足而被冻裂。对于不得不使用的区域，全空气空调系统**应关闭回风**，避免回风混入其他房间：①单风机系统应全关回风阀（或用其他方法封闭空调机内的回风口），使其无渗漏。②双风机系统应关闭回风阀，使回风不渗漏向送风气流。在避免回风混入其他房间的前提下，全开新风阀和排风阀，尽可能采用**最大新风量连续运行**，有条件的系统应采用全新风运行（根据现行国家标准《传染病医院建筑设计规范》GB 50849，接待疑似患者或确诊患者的区域新风换气次数不低于 6 次/h）。**当系统无法避免回风混入其他房间时，应关闭中央空调系统，打开外窗，并使排风系统连续运行，以保证空气流通。**

5）**风机盘管加新风系统**，在南方地区如果气温允许，可以关闭风机盘管，使新风系统正常连续运行，同时各房间合理开窗通风、机械排风系统正常连续运行。在北方地区供暖季，应使新风系统正常连续运行。对于风机盘管系统，当每个盘管仅负责一个房间时可正常开启运行，并加强每个房间尤其是回风口及回风过滤网的清洁消毒；**当多房间共用同一盘管或多房间通过吊顶或走廊统一回风时，应关闭风机盘管**，此时如果新风系统供暖能力无法保证的话，建议停用此类房间或进行系统改造。

6）如果饭店客房采用各自相对独立、无空气交换的房间空调器或暖气设备，则可正常开启运行，并加强空调器的清洁消毒；同时应保证充分地开窗通风换气，并使排风系统连续运行。

7）对于使用全热交换转轮等具有"传质"特点的热回收装置空调机组，应开启风路旁通模式（不进行全热交换）。未设置旁通管路的这类热回收装置排风系统，应进行排风系统旁通改造或暂停使用全热交换装置。

8）建筑空调（供暖）系统如为设置亚高效过滤器以上等级的洁净空调系统，可以按原有方式正常使用。

9）如电梯轿厢内有空调设施而无通风换气功能，应予以关闭。

10）排风系统包括中央空调的排风系统、卫生间排风系统。排风系统开启数量应视风压情况而定，选用房间应控制排风量大于新风量，房间形成微负压，当中央空调的排风无法单独开启时，应保证具有独立机械排风的卫生间排风系统持续运行。

11）对于疑似病例或确诊患者的隔离饭店，宜对卫生间排风（屋顶排风机排风）、下水管的通气管进行改造，加装高效空气过滤器，避免污染物通过排风系统或下水管的通气管传播。

（2）给水排水系统及用水安全运行管理指南（图3）

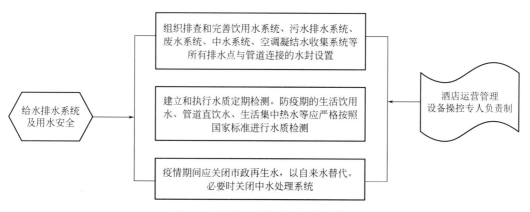

图3　给水排水系统及用水安全管理

1）饭店运营管理及给水排水系统负责人应组织排查和完善饮用水系统、污水排水系统、废水系统、中水系统（如有）、空调凝结水收集系统等所有排水点与管道连接的水封设置。

2）用水器具与排水系统的连接，必须通过水封阻断下水管道内的污染气体进入室内。控制客房卫生间地漏应保证沉水P弯有水，应定期灌注。

3）对于有漏水现象的应及时登记、更换带有完整水封的排水管道或将排水器具封闭，漏水应及时修理。封闭方法为用塑料布、湿毛巾、胶带等完全覆盖封严。

4) 应建立和执行供水水质定期检测制度。正常情况下，生活饮用水、管道直饮水、生活集中热水，应严格按照国家相关标准的规定进行水质检测。

5) 集中热水系统，应采用高温消毒等措施。高温消毒应保证最不利点水温不应低于60℃，持续时间应不小于1h。

6） 疫情期间应关闭市政再生水，以自来水替代。

5.3 公共区域清洁消毒及污废处理操作指南

（1）公共区域清洁消毒操作指南（图4）

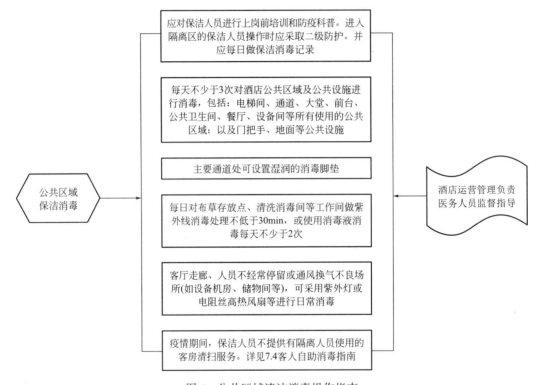

图4 公共区域清洁消毒操作指南

① 应对保洁人员进行上岗前培训及防疫科普。**进入隔离区的保洁人员操作时应采取二级防护**，建议穿工作服、防护服、戴一次性圆帽、医用防护口罩、护目镜（防护面屏）和手套，穿鞋套，注意手卫生。每日做清洁消毒记录。

② 饭店运营管理者应按国家和政府防疫指导部门要求，根据所在地疫情变化决定采用消毒防疫用品，并应及时了解最新和专用消毒方法。

③ 所有的保洁消毒均宜使用湿式拖扫法，以避免产生气溶胶污染。

④ 对电梯间、通道、大堂、前台、公共卫生间等公共空间，以及饭店出入口及各通道门拉手、楼梯扶手、电梯按键、地面地板等公共设施，应使用浓度应为1000～2000mg/L含氯消毒剂（或其他有效消毒剂），进行擦拭消毒，一天不少于3次。

⑤ 可在主要通道口（如大堂门口、电梯口等）设置湿润的消毒脚垫。

⑥ 每日对布草存放点、清洗消毒间等工作间做紫外线消毒处理不低于30min，或使用

消毒液消毒每天不少于2次。

⑦ 客房走廊，宜用移动式紫外灯或电阻丝高热风扇等其他方式在夜间进行消毒。对于人员不经常停留、通风换气不良场所（设备机房、储物间等）可采用设置紫外灯或电阻丝高热风扇等方式进行消毒。

⑧ 具备条件的饭店每天应采用二氧化氮低容量喷雾器对公共区域喷洒消毒一次。

⑨ 疫情期间，保洁人员不提供有隔离人员使用的客房清扫服务。请入住客人按房间内提示自行进行客房清扫消毒，详见7.4客房保洁消毒及客人自助消毒指南。

（2）垃圾分类收集和清运操作指南（图5）

1）应制定并执行垃圾分类收集管理制定，并每日对垃圾清运情况进行记录。**医疗垃圾应按《医疗废物管理条例》《医疗废物专用包装袋、容器和警示标识标准》及疾控中心等有关规定要求，**对医疗废弃物的包装、贮存和运输全过程严格管理，认真做好医疗废弃物运送和转移登记等管理工作。

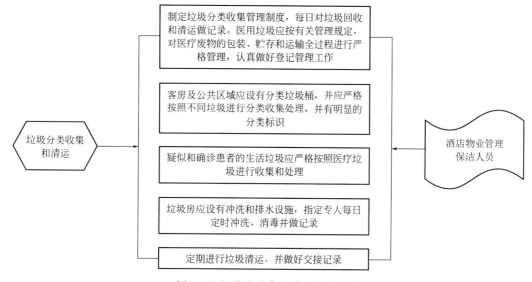

图5　垃圾分类收集和清运操作指南

2）垃圾分类可分为：生活垃圾（包括厨余垃圾，即湿垃圾）、固体废弃物垃圾（干垃圾）、医疗垃圾。应按不同类别进行垃圾分类收集，并有明显分类标识。医疗垃圾应采用黄色的专用垃圾袋。对于入住疑似患者和确诊患者的，应按新冠肺炎医疗废弃物处置的相关要求执行处理（**确诊和疑似隔离人员的生活垃圾应当做医疗垃圾处理**）。

3）客房内及公共区域应设置分类垃圾桶，包括生活垃圾和医用废弃物（口罩、手套、消毒用品等），并有明显标识。

4）垃圾房应设有冲洗和排水设施，做紫外线消毒等其他消毒方式处理不低于30min；喷洒擦拭消毒液每天应不少于2次。指定专人每日定时冲洗、消毒，并做清扫消毒记录。

5）定期进行垃圾清运，并对医疗废弃物做好交接记录。垃圾清运处置机构应按不同垃圾分类转运和规范处置。

（3）污废处理操作指南

1）污水处理应在当地疾控部门指导下，规范进行收集、预处理和终末处理。

2）不具备条件设置临时污水处理站的饭店，应因地制宜建设临时性污水处理罐，采取加氯、二氧化氯消毒。严禁未经消毒处理的污水排放。

3）对于隔离确诊病例（核酸病毒检测为阳性或 CT 胸片）但未出现明显不适症状患者的饭店，应严格执行现行国家标准《医疗机构水污染物排放标准》GB 18466、《新型冠状病毒污染的医疗污水应急处理技术方案（试行）》（环办水体函〔2020〕52 号）相关规定，对其污水进行处理达标后排放。

6. 标识提示

（1）应根据不同的入住对象进行不同类型的标识提示，包括行为要求、洁污分区、医患流线、洁污流线、污废处置要求和相关关键作业流程要求等。

（2）**在饭店入口、大堂、前台、走廊、电梯间等公共区域**明显位置，应设置标识提示：请外出佩戴口罩、少触摸公共部位、勤洗手等提示语。

（3）在饭店大堂及卫生场所建议提供正确洗手方法步骤的宣传易拉宝或宣传单，引导公众正确有效洗手。

（4）**在客房显明位置**，应设置标识提示：本房间用于隔离人员使用，请每日配合进行体温测量，勤洗手，禁止外出活动等提示语。

（5）**在工作人员服务间**，应设置标识提示：本饭店在此期间有新型冠状病毒肺炎隔离人员，请严格执行清洁消毒等提示语。

7. 客房日常服务指南

饭店建筑作为临时隔离区使用时，对入住客房的隔离人员提供日常的体温检测、送餐服务和（无客人使用的）客房消毒服务。

7.1 日常体温检测

由驻点医务人员对隔离人员进行每日体温检测并记录。如体温超过 37.3℃应及时报备通知，并按相关医疗流程处置。

7.2 日常医疗服务

对于收治疑似患者和确诊轻症患者的，应由驻点医务人员规范提供医疗服务。对于隔离观察的对象，应由相关医务人员提供医疗服务支持和指导。

7.3 送餐服务

饭店餐厅每日将三餐用一次性餐盒打包，请专人送至客房门口，并通知隔离人员到门外取走，避免直接接触。用餐后请将一次性餐盒放入垃圾桶中，待保洁人员清洁处置。

7.4 客房保洁消毒及客人自助消毒指南（图6）

保洁人员在进行客房保洁消毒时应采取二级防护，建议穿工作服、防护服、戴一次性圆帽、医用防护口罩、护目镜（防护面屏）和手套，穿鞋套，注意手卫生。**疫情期间，保洁人员不对有客人入住的房间进行日常保洁消毒，以免交叉感染。入住人员可按照如下第（2）～（4）条自行操作。**

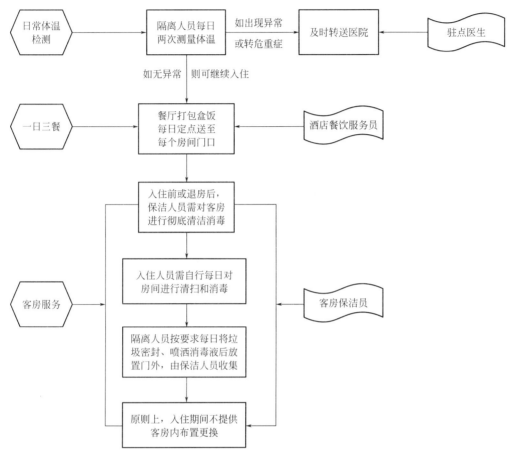

图 6 客房保洁及自助消毒指南

（1）入住前或退房后，需对客房进行全面清洁和消毒。做到先清洁，再消毒。除正常饭店房间清洁外，还需进行额外消毒工作，包括：对家具、家电设施用消毒液进行擦拭消毒；卫生间整体环境、马桶圈及家具表面和提供的部分物品（如吹风机和体重秤等）使用消毒液进行消毒；推荐使用紫外线至少照 30 分钟（如有）；饭店布草严格做到一客一换一消毒，必要时可采买密封客耗品。**对于有疑似患者和确诊患者入住的房间，房间内及布草用品应参照疾控部门要求及传染类医疗布草的终末处理要求，由专人进行处置。**

（2）在楼层中，每两间房外放置一份清洁消毒剂台。每个房间内放置所需的洁厕剂、清洁剂和消毒剂等，并写清使用说明。每个房间配置专用的抹布、拖把等清洁工具，由隔离人员自行进行房间清理和消毒，避免保洁人员进入发生交叉感染。同时要求每个房间每天清洁消毒后要在门外的清洁记录表上划钩。

（3）房间内有条件的配置分类垃圾桶，不能配置分类垃圾桶的应保证每个房间配置足够的垃圾袋，要求客人按照要求将垃圾分类放置。**隔离人员的垃圾应按医疗垃圾处理**。每天定时可将分类垃圾严格按照分类要求、将封口密封、喷洒消毒液后放置房间门外垃圾桶内。每天定时由穿防护服的保洁人员收集垃圾，消毒垃圾桶。

（4）原则上入住期间不提供一次性洗漱用品及更换布草服务。如需更换床单、被褥、毛巾等用品，需通知饭店服务人员，将更换用品用塑料袋包裹放置客房外，需由隔离人员到门外自取并自行更换，全程避免直接接触。隔离人员将换下的用品使**用消毒剂自行喷洒消毒后放入大垃圾袋中密封好，再经消毒喷洒放置在房间门口，由穿好防护服的工作人员对袋子表面再次喷洒消毒后收走**。保洁人员**需乘坐专用电梯**，注意在回收过程中避免袋子破损。换下的棉织品统一放置到规范地点由医用棉织专业清洗厂家专门收走，按照医用棉织品进行彻底消毒洗涤。

8. 疫情过后建议

作为隔离使用的饭店疫情结束后，可提供如下建议：

1. 建议地方财政对临时改造征用的饭店予以一定经济补偿或税费减免政策。例如：对确有特殊困难而不能按期缴纳税款的饭店服务行业，由企业申请，可依法办理延期缴纳税款。对于提供隔离场所的饭店，可按规定申请相关税费减免，经核实符合条件的，加快增值税留抵退税办理。

2. 饭店在疫情过后，应对房间及设备设施进行严格清洁和消毒，建议地毯、被褥、毛巾等布草让从事医院布草洗涤的专业机构进行处置，有条件的可更换软装设施（包括地毯、被褥、毛巾等），请相关检测机构提供检测报告。

3. 对疫情期间作为隔离的饭店，日后颁发证书，鼓励网上平台或旅行社在疫情过后积极选择饭店作为宾客入住场所，确保有责任担当的饭店日后有持续稳定客源，促进饭店餐饮行业健康、可持续发展。

附录 1 选用临时隔离用途饭店的评估条件及应急操作流程

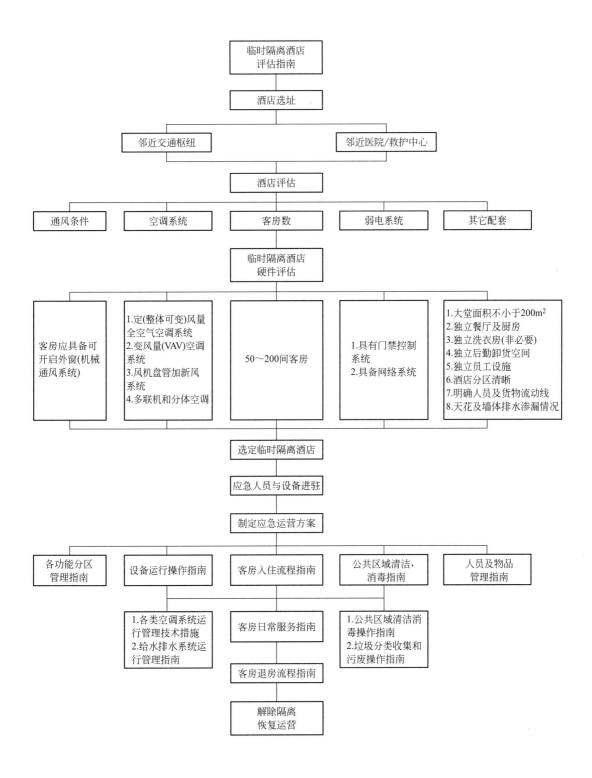

附录 2　术语

参考现行行业标准《新型冠状病毒感染的肺炎传染病应急医疗设施设计标准》T/CECS 61

1. 应急医疗设施（Emergency Medical Facility）

为应对突发公共卫生事件、灾害或事故，快速建设的能够有效收治其所产生患者的医疗设施。

2. 生活区（Living Area）

医护换班后的宿舍生活区，以及换岗后的医务人员须在该区域隔离两周，无状况后方可离开的临时居住区，卫生安全等级划分为清洁区。

3. 限制区（Restricted Area）

医务人员临时休息、应急指挥、物资供应的区域，卫生安全等级划分为半清洁区。

4. 隔离区（Quarantine Area）

医务人员直接或间接对患者进行诊疗和患者涉及的区域，卫生安全等级划分为半污染区和污染区。

5. 清洁区（Clean Area）

医务人员开展医疗工作前后居住、停留的宿舍区域。

6. 半清洁区（Semi-Clean Area）

限制区的功能区域以及由限制区通向隔离区的医护主通道和配餐、库房、办公等辅助用房。

7. 半污染区（Semi-Contaminated Area）

由医护主通道经过卫生通过后的医护工作区，包括办公、会诊、治疗准备间、护士站等用房。

8. 污染区（Contaminated Area）

医护人员穿上防护服后进入的直接对患者进行诊疗的区域，以及有患者进入有病毒污染的区域。

9. 负压区（Negative Pressure Area）

采用空间分隔并配置通风系统控制气流流向，保证室内空气静压低于周边区域空气静压区域。

10. 负压隔离区（Negative Pressure Isolation Area）

采用空间分隔并配置全新风直流空气调节系统控制气流流向，保证室内空气静压低于周边区域空气静压，并采取有效卫生安全措施防止交叉感染和传染的病房。